# 印刷电路板设计与制作 微课版

## ——基于Altium Designer

主　编　颜晓河　张佐理
副主编　郑泽祥　董玲娇
参　编　童玉林　于海成

清華大学出版社
北　京

## 内 容 简 介


本书按照印刷电路板设计的流程和制作方法，介绍了 Altium Designer 21 软件的各项功能和操作方法，以及快速制板系统的使用方法。本书共有 10 个项目，循序渐进地介绍了 Altium Designer 21 软件入门操作、电路原理图设计、元器件库的创建与管理、印刷电路板的设计、封装库的创建与管理、电路板的制作等知识。

本书结构清晰、入门简单，实用性、专业性较强，可作为高等院校电子信息、自动化、机器人、电气控制类专业课教材，也可以作为读者自学用书。





**图书在版编目（CIP）数据**

印刷电路板设计与制作：基于 Altium Designer / 颜晓河，张佐理主编 . —北京：清华大学出版社，2022.7

ISBN 978-7-302-60967-4

Ⅰ. ①印…　Ⅱ. ①颜…　②张…　Ⅲ. ①印刷电路－计算机辅助设计　Ⅳ. ① TN410.2

中国版本图书馆 CIP 数据核字（2022）第 089055 号

**责任编辑：** 郭丽娜
**封面设计：** 刘艳芝
**责任校对：** 李　梅
**责任印制：** 朱雨萌

**出版发行：** 清华大学出版社
**网　　址：** http://www.tup.com.cn，http://www.wqbook.com
**地　　址：** 北京清华大学学研大厦A座　　**邮　　编：** 100084
**社 总 机：** 010-83470000　　**邮　　购：** 010-62786544
**投稿与读者服务：** 010-62776969，c-service@tup.tsinghua.edu.cn
**质量反馈：** 010-62772015，zhiliang@tup.tsinghua.edu.cn
**课件下载：** http://www.tup.com.cn，010-83470410
**印 装 者：** 三河市铭诚印务有限公司
**经　　销：** 全国新华书店
**开　　本：** 185mm×260mm　　**印　张：** 15　　**字　　数：** 326千字
**版　　次：** 2022年7月第1版　　**印　　次：** 2022年7月第1次印刷
**定　　价：** 65.00元

产品编号：097492-01

# 前　言

Altium 系列软件是进入我国较早的电子设计自动化软件，因其具有易学易用的特点所以深受广大电子设计者的喜爱。它的前身是由 Protel Technology 公司推出的 Protel 系列软件，于 2006 年更名为 Altium Designer 系列软件。

Altium Designer 21 整合了过去一年中发布的一系列更新，包括新的 PCB 特性以及核心 PCB 原理和原理图工具更新。作为新一代的板卡级设计软件，其独一无二的 DXP 技术集成平台为设计系统提供了所有工具和编辑器的兼容环境。Altium Designer 21 是一套完整的板卡级设计系统，它真正实现了在单个应用程序中的集成。Altium Designer 21 PCB 原理图设计系统充分利用了 Windows 平台的优势，具有更好的稳定性、增强的图形功能和超强的用户界面，设计者可以选择最适当的设计途径以最优化的方式工作。

STR-FⅡ环保型快速制板系统使用简单，制板速度快捷，适合作为高等院校的教学仪器。

本书介绍使用 Altium Designer 软件进行原理图和印刷电路板图设计的整个过程，以及使用 STR-FⅡ环保型快速制板系统制作电路板的方法。本书的主要特色如下。

（1）完善的知识体系。本书详细介绍了 Altium Designer 21 的常用功能、基础操作以及利用 Altium Designer 进行电路设计的方法和技巧。

（2）丰富的实战案例。本书主要以全国大学生电子设计竞赛优秀作品的功能模块和企业产品为例，通过实例演练，引导读者在学习的过程中快速了解 Altium Designer 21 的使用方法，并加深对知识点的掌握。

（3）最新的软件版本。本书基于目前的新版 Altium Designer 21 编写而成，同样适合 Altium Designer 20、Altium Designer 19 等低版本软件的读者操作学习。

（4）便捷的学习视频。为了方便读者学习，本书中的重要知识点都配有相应的讲解视频，扫描书中二维码，边学边看，可大幅提高学习效率。

（5）课程思政的融入。把“学好技能、成就自己、服务社会、报效国家”的思想融入本书的编写过程，着重培养学生的安全意识、团队协作能力和精益求精的工匠精神。每个项目后都有“国之骄傲，行业引领”的案例，既高度概括了课程思政内容的要求，又体现了课程思政的灵魂，实现了课程思政与职业素养和技能培养的有机融合。

《印刷电路板设计与制作》是国家级职业教育教师教学创新团队课题（课题编号：SJ2020010102）支撑建设的课程教材，并入选 2020 年浙江省产学合作协同育人项目支撑建设的课程教材。

本书由温州职业技术学院的颜晓河（项目 1 ～ 5）、张佐理（项目 6 和项目 7）、郑泽祥（项目 7）、董玲娇（项目 8），兴机电器有限公司的童玉林和于海成（项目 9 和项目 10）编写，全书由颜晓河统稿。

由于编者水平有限，书中欠妥之处在所难免，敬请广大读者批评指正。

编　者

2022 年 3 月

电路板设计图

# 目　录

# 项目 1　印刷电路板与设计软件的基础知识

## 学习目标

★ 了解印刷电路板的基础知识；
★ 掌握 Altium Designer 21 的安装方法；
★ 掌握 Altium Designer 21 的激活方法；
★ 掌握 Altium Designer 21 的工程创建方法。

## 能力目标

★ 能独立完成 Altium Designer 软件的安装；
★ 能根据要求设置窗口界面；
★ 能根据要求创建工程文件。

## 思政目标

★ 具备积极主动的学习态度；
★ 严格遵守软件的操作规程；
★ 具备使用仪器和设备的安全意识；
★ 具备良好的团队合作意识。

## 任务 1.1　印刷电路板的认知

### 1.1.1　PCB 概述

印刷电路板（Printed Circuit Boards，PCB）又称印制电路板，是重要的电子部件，是电子元器件的支撑体。由于它是采用电子印刷术制作的，故被称为印刷电路板。

印刷电路板的发明者是奥地利的保罗·爱斯勒（Paul Eisler），他于 1936 年在一个收音机装置内采用了印刷电路板。1943 年，美国人将该技术大量用于军用收音机。

1948 年，美国正式认可这个发明，并用于商业用途。自 20 世纪 50 年代中期起，印刷电路板技术才开始被广泛采用。

简单地说，印刷电路板就是安装有集成电路和其他电子组件的薄板，其主要功能是为上面安装的各项零件提供相互电气连接。印刷电路板将零件与零件之间复杂的电路铜线，经过细致整齐的规划后，蚀刻在一块板子上，是电子元器件安装与互连时的主要支撑体。在印刷电路板出现之前，电子元器件之间的互连都是依靠电线直接连接实现的。而现在，从人们日常使用的手机、数码照相机、计算机、电视机，到飞机、数控机床、机器人、卫星等大型工业产品，几乎所有的电子产品中都用到印刷电路板。印刷电路板在电子工业中已经占据了绝对统治地位。

### 1.1.2 PCB 的组成元素

PCB 是通过一定的制作工艺，在绝缘度非常高的基材上覆盖上一层导电性能良好的铜薄膜构成覆铜板，然后根据具体的 PCB 图的要求，在覆铜板上蚀刻出 PCB 图上的导线，并钻出印刷板安装定位孔以及焊盘和导孔。所以，印刷电路板主要由焊盘、过孔、安装孔、导线、元器件、接插件、填充、电气边界等组成。

各组成部分的主要功能如下。

（1）焊盘：用于焊接元器件引脚的金属孔。

（2）过孔：用于连接各层之间元器件引脚的金属孔。

（3）安装孔：用于固定电路板。

（4）导线：用于连接元器件引脚的电气网络铜箔膜。

（5）接插件：用于电路板之间连接的元器件。

（6）填充：用于地线网络的覆铜，可以有效地减小阻抗。

（7）电气边界：用于确定电路板的尺寸，所有电路板上的元器件都不能超过该边界。

### 1.1.3 PCB 的分类

PCB 的分类方法比较多。根据制作板材不同，PCB 可以分为纸质板、玻璃布板、玻纤板、挠性塑料板。其中，挠性塑料板由于可承受的变形较大，常用于制作印制电缆；玻纤板可靠性高、透明性较好，常用作实验电路板，易于检查；纸质板的价格便宜，适用于大批量生产且要求不高的产品。

根据 PCB 的结构，其可以分成单面板、双面板和多层板三种。这种分法主要与 PCB 设计图的复杂程度相关。

单面板（Single-Sided Boards）是零件集中在其中一面，导线则集中在另一面上（有贴片元器件时和导线为同一面，插件器件在另一面）。因为导线只出现在其中一面，所以这种 PCB 称为单面板。单面板结构比较简单，制作成本较低。但是单面板只有一面布线，布线间不能交叉而必须绕独自的路径。对于复杂的电路，单面板布线难度很大，布通率往往较低，因此通常只有比较简单的电路才采用单面板的布线方式。

双面板（Double-Sided Boards）是两面都有布线，一面称为顶层（Top Layer），另一面称为底层（Bottom Layer）。对于插件元器件，顶层一般放置元器件，底层一般为焊接面。对于贴片元器件，元器件放置与焊接同一面。双面板两面都敷上铜箔，因此 PCB 图中两面都可以布线，并且可以通过过孔在不同工作层中切换走线。相对于多层板而言，双面板制作成本不高。对于一般电路的应用电路，在给定一定面积的时候通常都能 100% 布通，因此目前双面板使用概率较高。

多层板（Multi-Layer Boards）为了增加可以布线的面积，用上了更多单或双面的布线板。用一块双面作内层、二块单面作外层或二块双面作内层、二块单面作外层的印刷线路板，通过定位系统及绝缘黏结材料交替在一起，且导电图形按设计要求进行互连的印刷线路板就成为四层、六层印刷电路板，也称为多层印刷线路板。板子的层数并不代表有几层独立的布线层，在特殊情况下会加入空层来控制板厚，通常层数都是偶数，并且包含最外侧的两层。多层板可以在极大程度上解决电磁干扰问题，提高系统的可靠性，同时也可以提高布通率，缩小 PCB 的面积，但也增加了制作成本。

### 1.1.4　PCB 设计规范

在进行印刷电路板设计时，应参照以下国家标准。

（1）《家用和类似用途电器的安全　第 1 部分：通用要求》（GB 4706.1—2005）。

（2）《印制板的设计和使用》（GB 4588.3—2002）。

同时，应考虑以下四个规范性原则。

（1）电气连接的准确性：印刷电路板设计时，应使用电路原理图所规定的元器件，印刷导线的连接关系应与电路原理图导线连接关系相一致，印刷电路板和电路原理图上元器件序号应一一对应。若因结构、电气性能或其他物理性能要求不宜在印刷电路板上布设的导线，应在相应文件（如电路原理图）上做相应修改。

（2）可靠性和安全性：印刷板电路设计应符合电磁兼容和电气安装的要求。

（3）工艺性：设计印刷板电路时，应考虑印刷板制造工艺和电控装配工艺的要求，尽可能有利于制造、装配和维修，降低焊接不良率。

（4）经济性：在满足使用的安全性和可靠性要求的前提下，设计印刷板电路时应充分考虑其设计方法、选择的基材、制造工艺等，力求经济实用，成本最低。

## 任务 1.2　Altium Designer 的认知

Altium Designer 是原 Protel 软件开发商 Altium 公司推出的一体化的电子产品开发系统，主要运行在 Windows 操作系统。这套软件通过把原理图设计、电路仿真、PCB 绘制编辑、拓扑逻辑自动布线、信号完整性分析和设计输出等技术完美融合，为设计者提供了全新的设计解决方案，使设计者可以轻松进行设计，熟练使用这一软件必将使电路设计的质量和效率大大提高。

### 1.2.1 EDA 简介

电路设计自动化（Electronic Design Automation，EDA）是指将电路设计中各种工作交由计算机来协助完成，如电路原理图（Schematic）的绘制、PCB 文件的制作、执行电路仿真（Simulation）等设计工作。随着电子技术的蓬勃发展，新型元器件层出不穷，电子线路变得越来越复杂，电路的设计工作已经无法单纯依靠手工来完成，电子线路计算机辅助设计已经成为必然趋势，越来越多的设计人员使用快捷、高效的 CAD 软件来进行辅助电路原理图、印制电路板图的设计，打印各种报表。

EDA 工具软件可大致分为芯片设计辅助软件、可编程芯片辅助设计软件、系统设计辅助软件三类。

目前进入我国并具有广泛影响的 EDA 软件是系统设计辅助软件和可编程芯片辅助设计软件，如 Protel、Altium Designer、PSPICE、Multisim 12（原 EWB 的最新版本）、OrCAD、PCAD、LSIlogic、MicroSim、ISE、ModelSim、Matlab 等。这些工具都有较强的功能，一般可用于几个方面，例如，很多软件都可以进行电路设计与仿真，同时还可以进行 PCB 自动化布线，可输出多种网络表文件与第三方软件接口。

Altium Designer 是目前 EDA 行业中使用最方便、操作最快捷、人性化界面最友好的辅助工具。电子信息类专业的大学生在大学期间基本上都学过 Altium Designer，所以学习资源也最广，若公司使用 Altium Designer，新人会很快上手。

### 1.2.2 Altium Designer 21 的主要特点

Altium Designer 21 是一款功能全面的 3D PCB 设计软件，该软件配备了具有创新性、功能强大且直观的 PCB 技术，支持 3D 建模、增强的高密度互连（High Density Interconnector，HDI）、自动化布线等功能，可以连接 PCB 设计过程中的所有方面，使用户始终与设计的每个方面和各个环节无缝连接。同时，用户还可以利用软件中强大的转换工具，从竞争对手的工具链中迁移到 Altium 的一体化平台，从而轻松地设计出高品质的电子产品。

1. 设计环境

设计过程中各个方面的数据互连（包括原理图、PCB、文档处理和模拟仿真），可以显著地提升生产效率。

（1）变量支持：管理任意数量的设计变量，而无须另外创建单独的项目或设计版本。

（2）一体化设计环境：Altium Designer 21 从一开始就致力于构建功能强大的统一应用电子开发环境，包含完成设计项目所需的所有高级设计工具。

（3）全局编辑：Altium Designer 21 提供灵活而强大的全局编辑工具，方便使用，可一次更改所有或特定元器件。多种选择工具可快速查找、过滤和更改所需的元器件。

2. 原理图设计

通过层次式原理图和设计复用，可以在一个内聚的、易于导航的用户界面中更快、更高效地设计顶级电子产品。

（1）层次化设计及多通道设计：使用 Altium Designer 21 分层设计工具将任何复杂或多通道设计简化为可管理的逻辑块。

（2）电气规则检查：使用 Altium Designer 21 电气规则检查（Electrical Rules Check，ERC）在原理图捕获阶段尽早发现设计中的错误。

（3）简单易用：Altium Designer 21 提供了轻松创建多通道和分层设计的功能，可以将复杂的设计简化为视觉上令人愉悦且易于理解的逻辑模块。

（4）元器件搜索：从通用符号和封装中创建真实的、可购买的元器件，或从数十万个元器件库中搜索，以找到并放置需要的确切元器件。

3. PCB 设计

控制元器件布局和在原理图与 PCB 之间完全同步，可以轻松地操控电路板布局上的对象。

（1）智能元器件摆放：使用 Altium Designer 21 中的直观对齐系统可快速将对象捕捉到与附近对象的边界或焊盘对齐的位置，在遵守设计规则的同时，将元器件推入狭窄的空间。

（2）交互式布线：使用 Altium Designer 21 的高级布线引擎，可以在很短的时间内设计出最高质量的 PCB 布局布线，包括几个强大的布线选项，如环绕、推挤、环抱并推挤、忽略障碍以及差分对布线。

（3）原生 3D PCB 设计：使用 Altium Designer 21 中的高级 3D 引擎，以原生 3D 实现清晰可视化，并与设计进行实时交互。

4. 可制造性设计

学习并应用可制造性设计（Design for Manufacturing，DFM）方法，确保每一次的 PCB 设计都具有功能性、可靠性和可制造性。

（1）可制造性设计入门：了解可制造性设计的基本技巧，为制造电路板做好准备。

（2）PCB 拼版：通过使用 Altium Designer 21 进行拼版，在制造过程中保护电路板并显著降低其生产成本。

（3）设计规则驱动的设计：在 Altium Designer 21 中应用设计规则覆盖 PCB 的各个方面，轻松定义设计需求。

（4）Draftsman 模板：在 Altium Designer 21 中直接使用 Draftsman 模板，轻松满足设计文档标准。

5. 轻松转换

使用业内强大的翻译工具，轻松转换设计信息。

6. 软硬结合设计

在 3D 环境中设计软硬件结合板，并确认其 3D 元器件、装配外壳和 PCB 间距满足所有机械方面的要求。

（1）定义新的层堆栈：为了支持先进的 PCB 分层结构，软件开发了一种新的层堆栈管理器。可以在单个 PCB 设计中创建多个层堆栈，既有利于嵌入式元器件，又有利于软硬结合电路的创建。

（2）弯折线：Altium Designer 21 包含软硬结合设计工具集，其中弯折线能够创建动态柔性区域，还可以在 3D 空间中完成电路板的折叠和展开，可以准确地看到成品的外观。

（3）层堆栈区域：设计中具有多个 PCB 层堆栈，Altium Designer 21 增加了独特的查看模式——电路板规划模式。

7. 发布

体验从容有序的数据管理，并通过无缝、简化的文档处理功能为其发布做好准备。

（1）自动化的项目发布：Altium Designer 21 提供受控和自动化的设计发布流程，确保文档易于生成、内容完整并可进行良好的沟通。

（2）PCB 拼版支持：在 PCB 编辑器中轻松定义相同或不同电路板设计的面板，降低生产成本。

（3）无缝 PCB 绘图过程：在 Altium Designer 21 统一环境中创建制造和装配图，使所有文档与设计保持同步。

### 1.2.3 Altium Designer 21 对系统配置的要求

Altium Designer 21 的文件大小大约为 2.5GB，用户可以与当地的 Altium 销售和支持中心联系，或者登录 Altium 公司网站（http://www.altium.com/），下载全功能的 Altium Designer 21，创建一个 Altium 账户并可申请获得一个 15 天的试用许可证。

1. 达到最佳性能的推荐系统配置

（1）Windows 7（仅限 64 位）、Windows 8（仅限 64 位）、Window 10（仅限 64 位）或更高的版本。

（2）16GB 随机存储内存。

（3）10GB 硬盘空间（安装 + 用户文件）。

（4）高性能显卡（支持 Direct X 10 或以上版本）。

（5）分辨率为 2560 × 1440（或更好）的双显示器。

（6）Adobe Reader（用于 3D PDF 查看的XI或以上版本）。

2. 可以接受的最低计算机系统配置

（1）Windows 7（仅限 64 位）、Windows 8（仅限 64 位）、Window 10（仅限 64 位）或更高的版本。

（2）4GB 机存储内存。

（3）10GB 硬盘空间（安装 + 用户文件）。

（4）高性能显卡（支持 Direct X 10 或以上版本）。

（5）最低分辨率为 1680 × 1050（宽屏）或 1600 × 1200（4 ∶ 3）的显示器。

（6）Adobe Reader（用于 3D PDF 查看的XI或以上版本）。

### 1.2.4　Altium Designer 21 的安装和证书加载

AD21 的安装和激活

Altium Designer 21 的安装和证书加载操作步骤如下。

（1）右击“Altium Designer 21(64bit)”压缩包，选择“解压到 Altium Designer 21(64bit)\ (E)”，如图 1-1 所示。

图 1-1　“解压到 Altium Designer 21(64bit)”压缩包

（2）打开解压后的文件夹，双击 setup 打开文件夹，如图 1-2 所示。

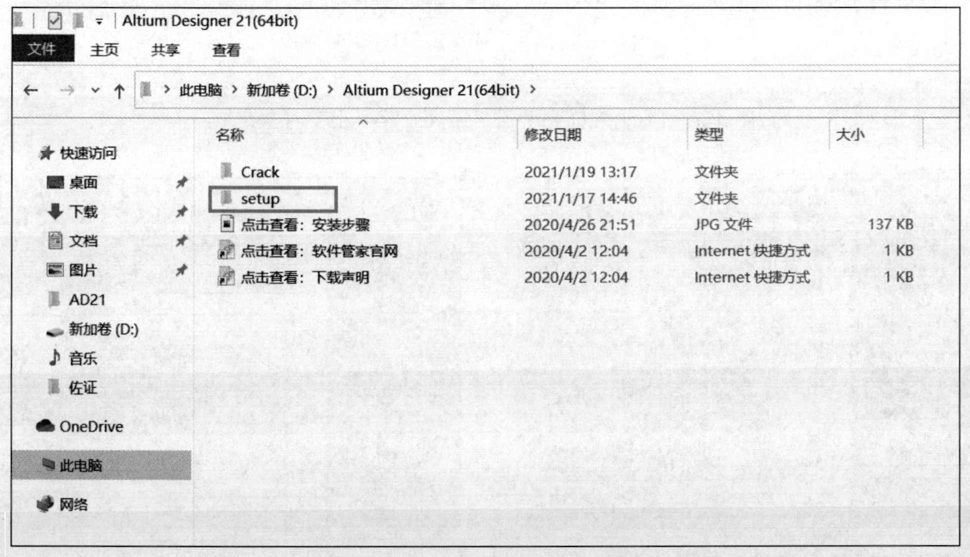


图 1-2　安装包文件夹包含内容

（3）右击“Altium Designer 21(64bit) setup”选择“以管理员身份运行”，如图 1-3 所示。

（4）进入 Altium Designer 21（简称 AD）安装欢迎界面，如图 1-4 所示，单击 Next 按钮；出现了如图 1-5 所示的界面，选择 Chinese 选项，勾选“I accept the agreement”复选项，然后单击 Next 按钮；出现如图 1-6 所示的插件选择界面，根据需求选择所需的插件，选择完成后，单击 Next 按钮；在如图 1-7 所示的安装路径界面中，修改路径地址中的“C”可更改安装位置（如将 C 改为 D 表示安装到 D 盘），单击 Next 按钮；如图 1-8 所示，进入选择客户改善程序界面，勾选“Yes, I want to participate”复选框，单击 Next 按钮；如图 1-9 所示，进入准备安装界面单击 Next 按钮；出现了如图 1-10 所示界面，进入安装中界面；最后出现如图 1-11 所示安装完成界面，取消勾选“Run Altium

Designer”复选框，单击 Finish 按钮，完成安装。

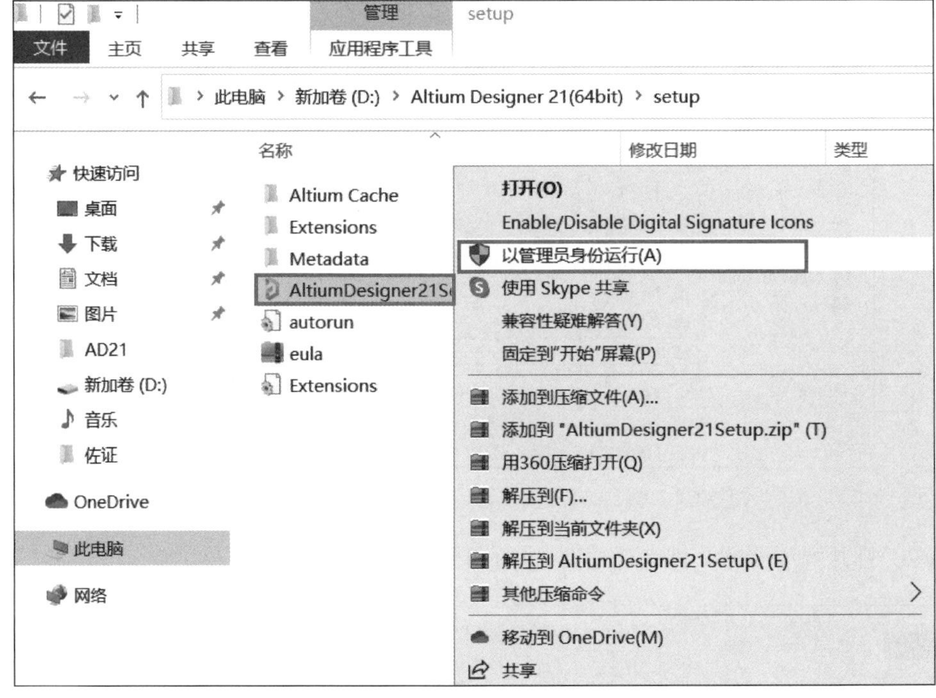


图 1-3 “Altium Designer 21(64bit) setup”右击菜单

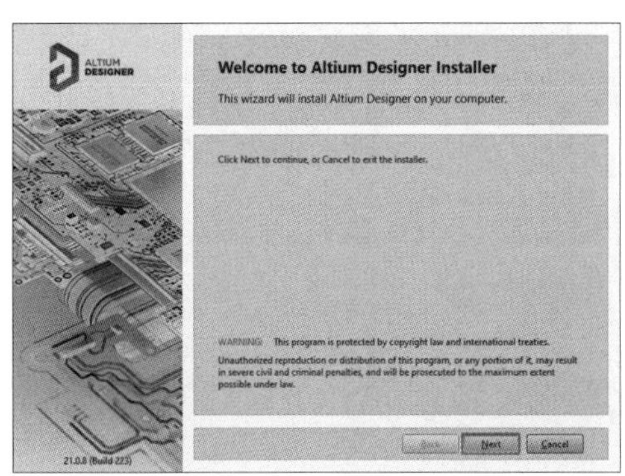


图 1-4 AD 安装欢迎界面

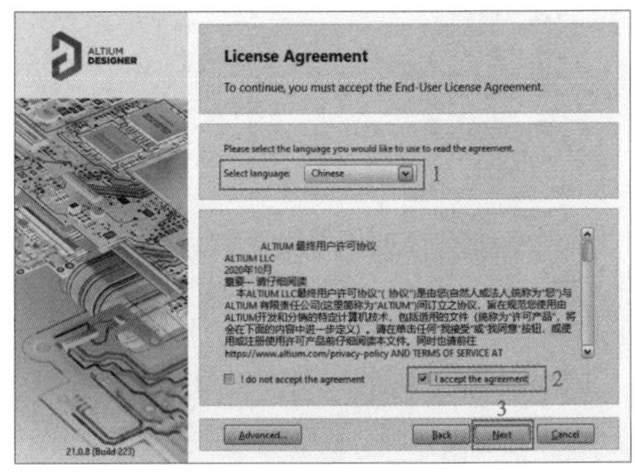


图 1-5 申请界面

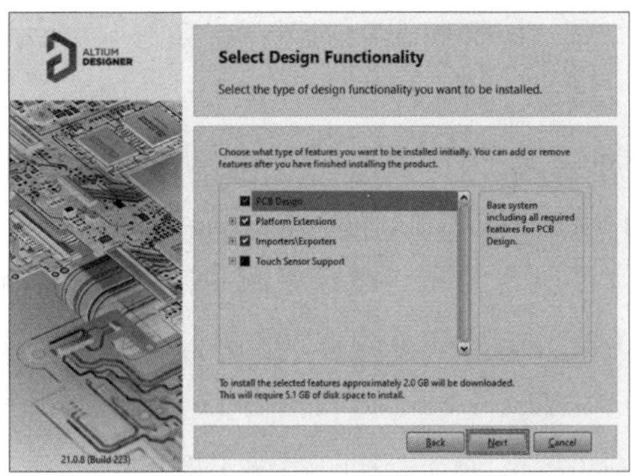


图 1-6 插件选择界面

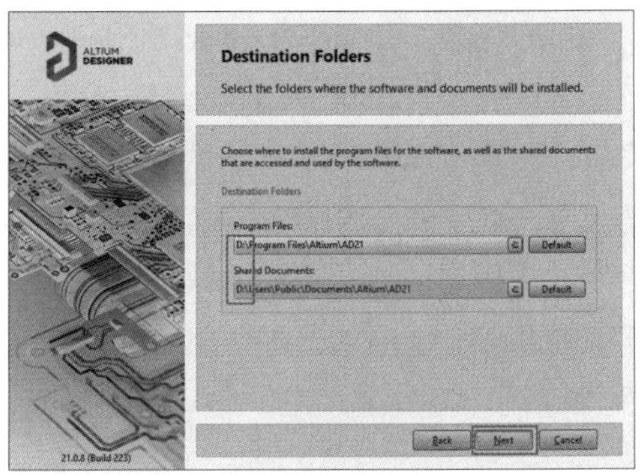


图 1-7 选择安装路径

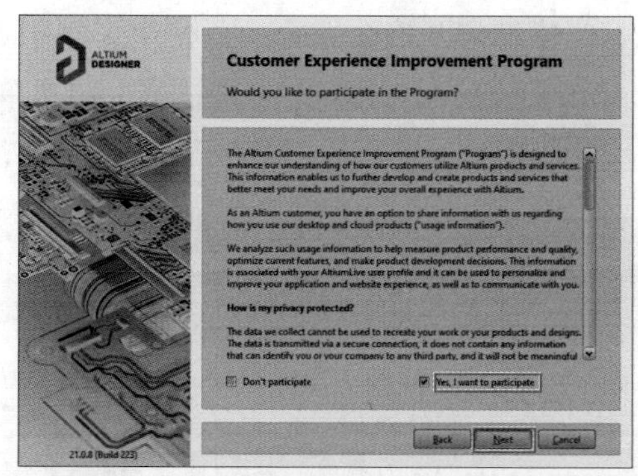


图 1-8　选择客户改善程序界面

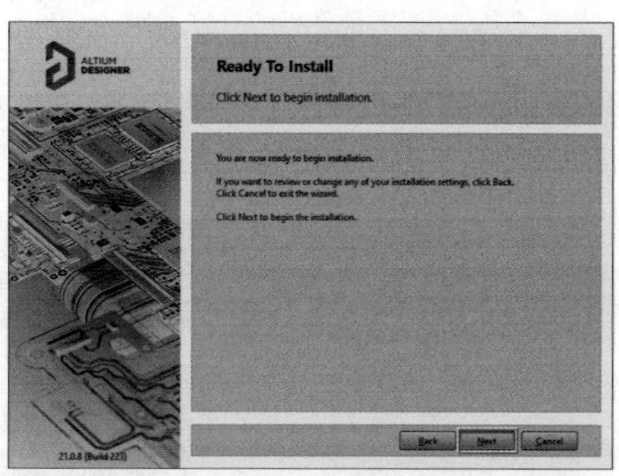


图 1-9　准备安装界面

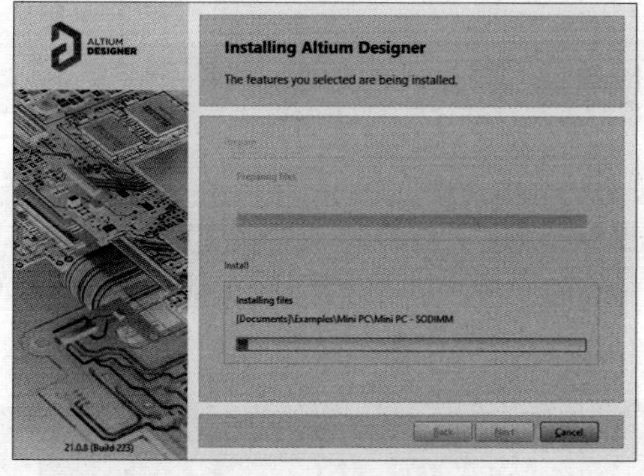


图 1-10　安装中界面

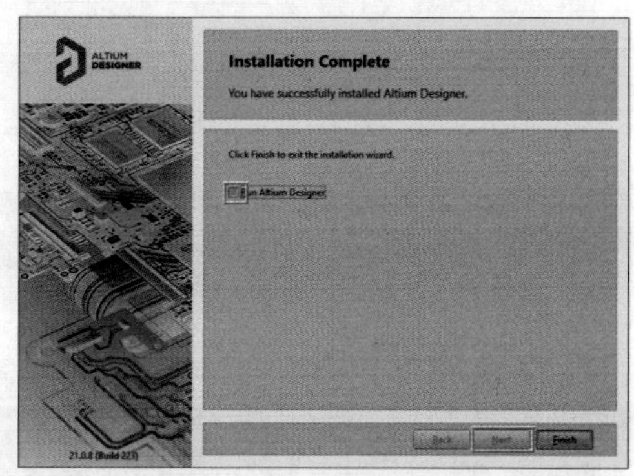


图 1-11　安装完成

（5）通过上述 4 步的操作，即完成了 Altium Designer 21 软件的安装，但是真正使用还需要几步证书加载操作，具体过程详见视频解析。

## 任务 1.3　Altium Designer 21 的基本操作

### 1.3.1　Altium Designer 21 的启动

AD21 的启动

双击计算机桌面的 Altium Designer 21 快捷图标，或者单击桌面左下角“开始”的“Altium Designer”图标即可启动 Altium Designer 软件，如图 1-11 所示。

### 1.3.2　Altium Designer 21 的工作环境

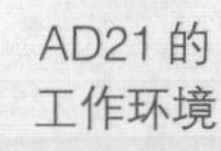

AD21 的工作环境

Altium Designer 21 的整个工作环境主要包括菜单栏、标签式面板工作区、面板控制栏、用户工作区、弹出式面板标签等项目，其中，工具栏、菜单栏里面的项目都会随着所打开的文件的属性而不同。如图 1-12 所示。

Altium Designer 21 的面板大致可分为三类：弹出式面板、活动式面板和标签式面板，各面板之间可以相互转换，各种面板形式如图 1-13 所示。

（1）弹出式面板：只有单击或触摸时才能弹出。如图 1-13 所示，在主界面的右上方有一排弹出式面板栏，当用鼠标指针触摸隐藏的面板栏（鼠标指针悬停在标签上一段时间，不用单击），即可弹出相应的弹出式面板；当指针离开该面板后，面板会迅速缩回去。倘若希望面板停留在界面上而不缩回，可单击相应的面板标签，需要隐藏时再次单击面板标签，面板即自动缩回。

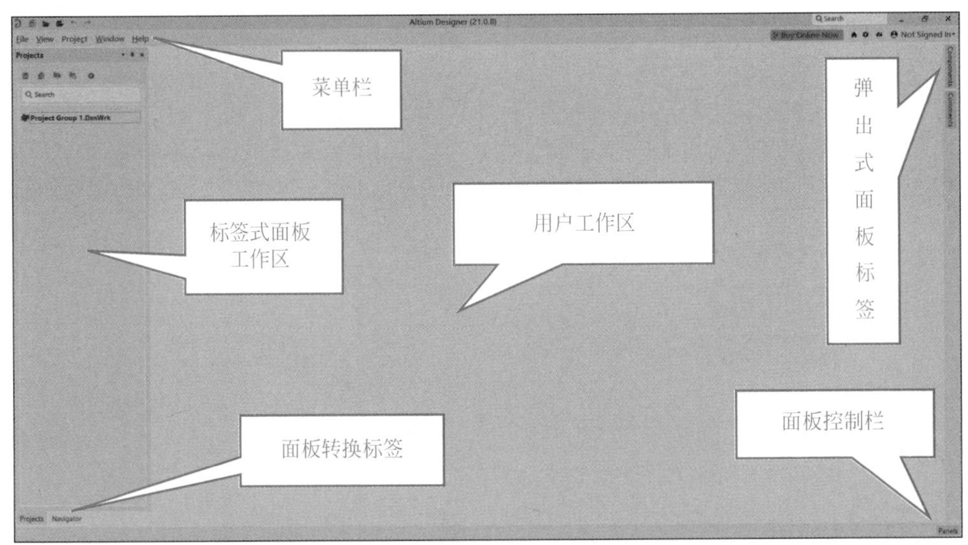


图 1-12　Altium Designer 21 的工作环境

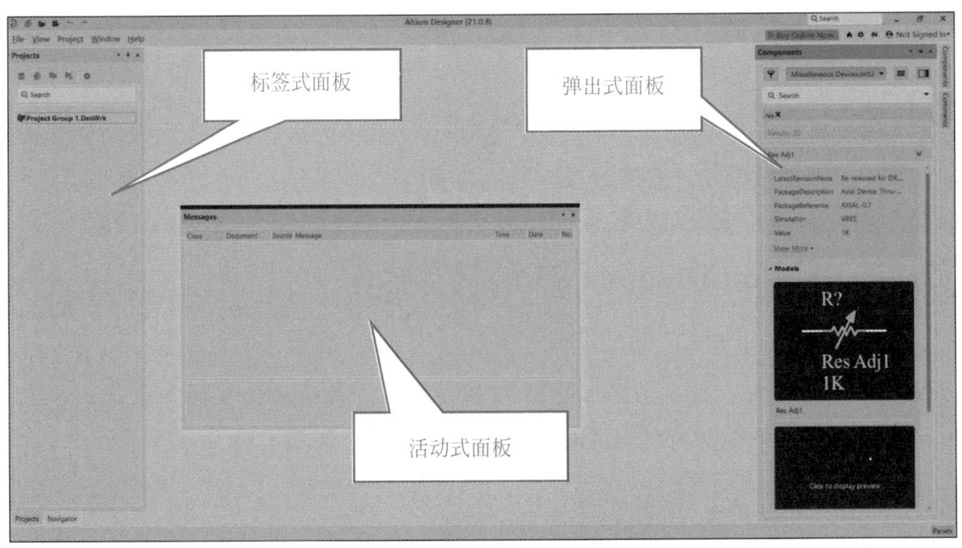


图 1-13　Altium Designer 21 的各种面板形式

（2）活动式面板：界面中央的面板即为活动式面板，可用鼠标拖动活动式面板的标题栏，使面板在主界面中随意停放。

（3）标签式面板：界面左边为标签式面板，左下角为标签栏，标签式面板只能显示一个标签的内容，可单击标签栏的标签进行面板切换。

### 1.3.3　Altium Designer 21 的中英文版本切换

在图 1-13 的右上角执行图标命令⚙，进入系统参数设置窗口，如图 1-14 所示。在“System”→“General”选项卡中找到“Localization”选项，勾选“Use localized resources”复选框，弹出如图 1-15 所示的对话框，单击“OK”按钮，关闭软件。再打开软件，即可切换到中文版本。用同样的方法再做一次可切换回英文版本。

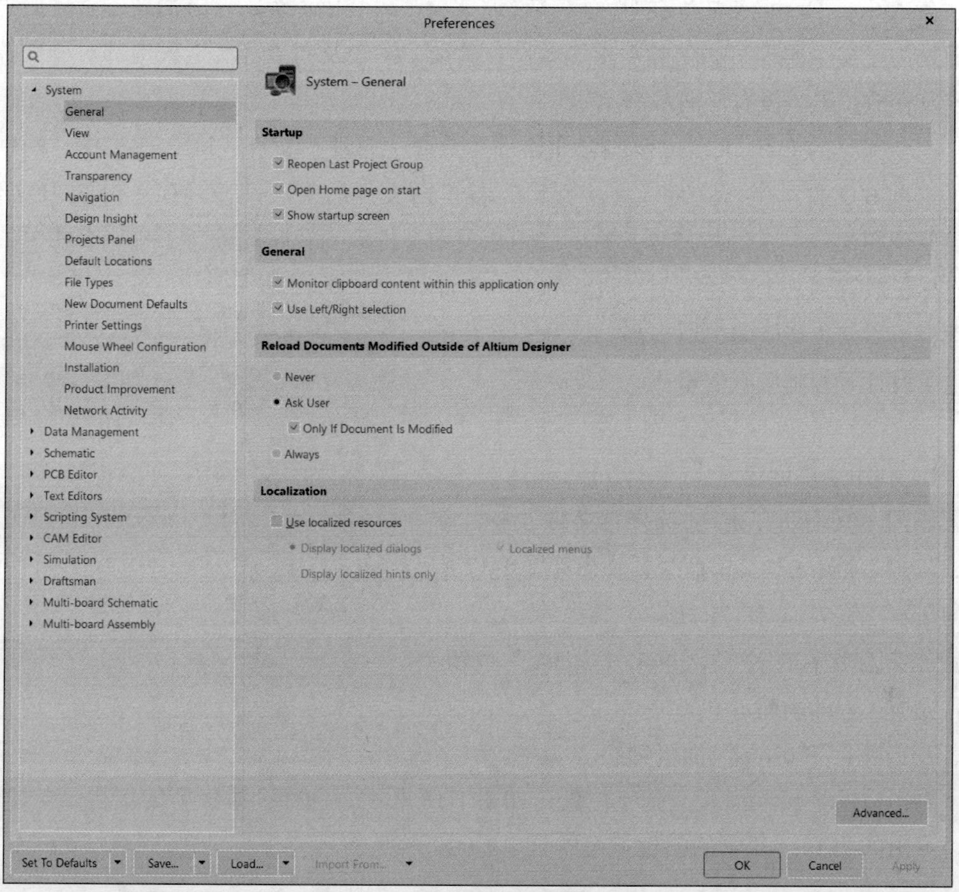

图 1-14　系统参数设置窗口

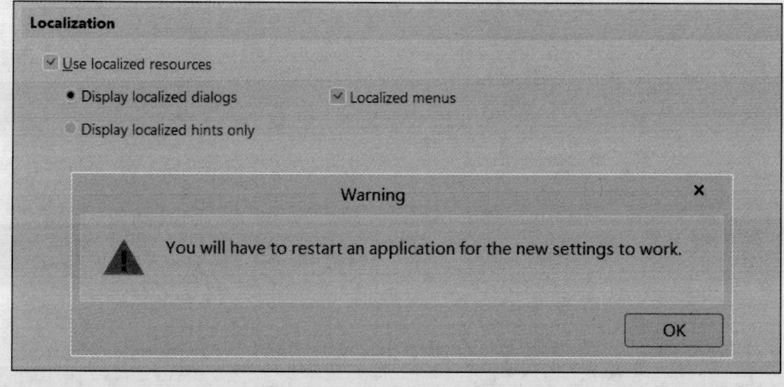


图 1-15　本地化语言资源设置

工程及文件管理

### 1.3.4 Altium Designer 21 的工程及文件管理

Altium Designer 21 支持多种文件类型，对每种类型的文件都提供了相应的编辑环境，如原理图文件有原理图编辑器，PCB 库文件有 PCB 库编辑器，而对于 VHDL、脚本描述、嵌入式软件的源代码等文本文件则有文本编辑器。当用户新建一个文件或者打开一个现有文件时，将自动进入相应的编辑器中。

在 Altium Designer 中，这些设计文件通常会被封装成工程，一方面便于管理，另一方面是为了易于实现某些功能需求，如设计验证、比较及同步等。工程内部对于文件的内容及存放位置等没有任何限制。

一个完整的 PCB 工程应该包含元器件库文件、原理图文件、PCB 库文件、网络表文件、PCB 文件、生产文件，并应保证工程里面文件的唯一性，只存一份 PCB 文件、一份原理图文件、一份封装等，对一些不相关的文件应当及时删除。工程所有相关的文件应尽量放置到一个路径下面。良好的工程文件管理，可以使工作效率得以提高，这是一名专业的电子设计工程师应有的素质。

1. 工程（或项目）的创建

1）利用菜单创建

如图 1-16 所示，依次选择“文件”→“新的 ...”→“项目 ...”菜单命令，弹出如图 1-17 所示的新建工程界面，在 1 处输入工程名，在 2 处设置好工程保存的路径，单击“Create”按钮，即可完成工程的新建。

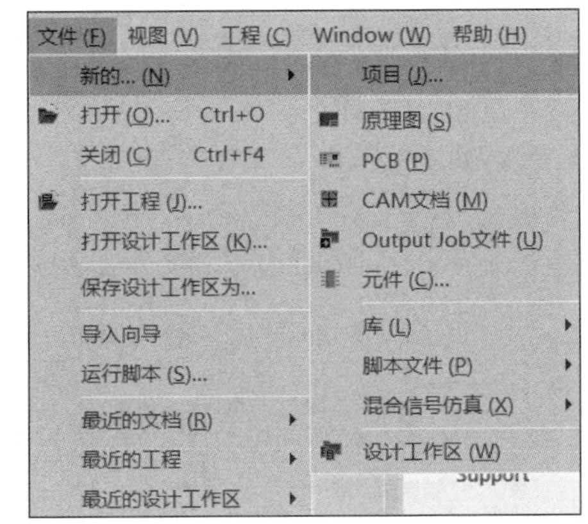


图 1-16 创建工程项目

2）利用“Projects”面板创建

右击“Projects”面板上的空白处，如图 1-18 所示，选择“添加新的工程 ...”命令，即可弹出如图 1-18 所示的创建工程界面。

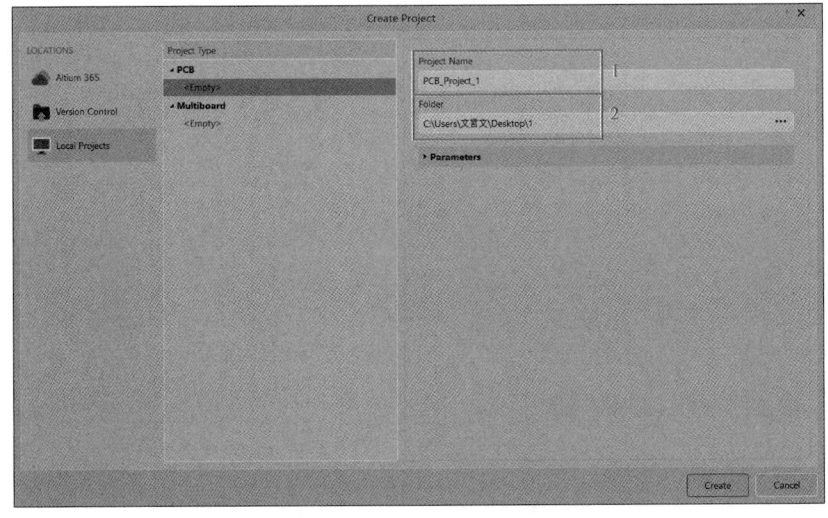


图 1-17 新建工程界面

2. 工程的保存

右击“Projects”面板上的工程文件处，如图 1-19 所示，单击“保存”命令，即建立工程的保存。

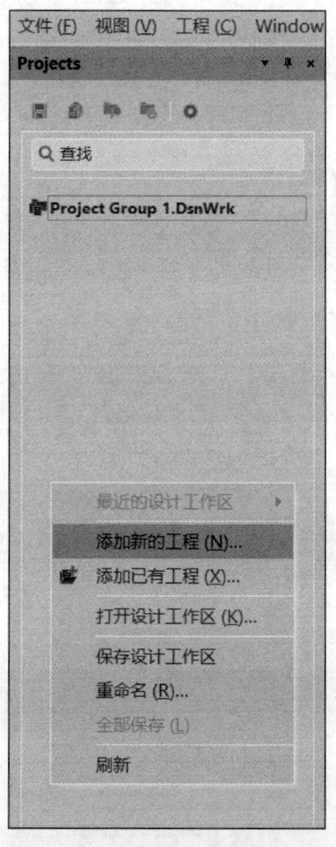


图 1-18　引用“Projects”面板创建新的工程

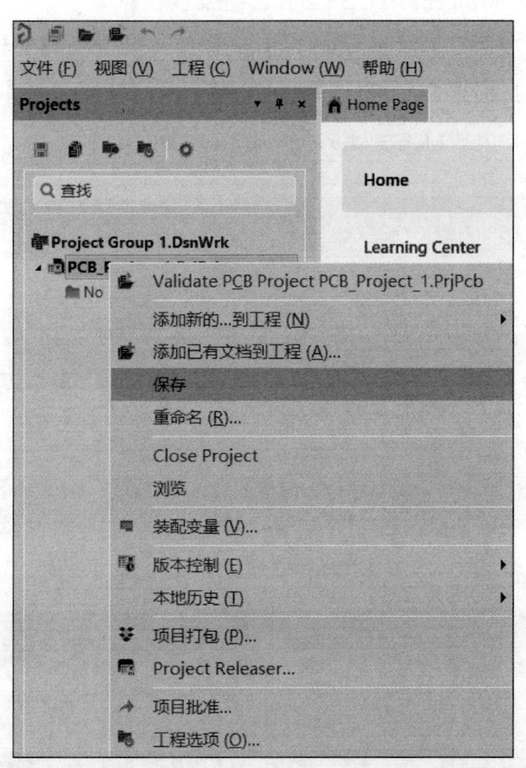


图 1-19　“Projects”面板保存选择

## 国之骄傲，行业引领

### 神威·太湖之光——超级计算机

2016 年 7 月 15 日，吉尼斯世界纪录大中华区总裁罗文在北京向国家超级计算机无锡中心主任杨广文颁发吉尼斯世界纪录认证书，宣布中国自主研制的超级计算机“神威·太湖之光”是“运算速度最快的计算机”。

神威·太湖之光超级计算机是由中国国家并行计算机工程技术研究中心研制，安装在国家超级计算无锡中心的超级计算机。由 40 个运算机柜和 8 个网络机柜组成。每个运算机柜比家用的双门冰箱略大，打开柜门，4 块由 32 块运算插件组成的超节点分布其中。每个插件由 4 个运算节点板组成，一个运算节点板又含两块“申威 26010”高性能处理器。一台机柜就有 1024 块处理器，整台“神威·太湖之光”共有 40960 块处理器。超级计算机，被称为“国之重器”，超级计算属于战略高技术领域，是世界各国竞相角逐的科技制高点，也是一个国家科技实力的重要标志之一。

## 思考与练习

1. 在 E 盘下建立一个名称为“班级姓名学号”的文件夹，并在文件夹中建立名称为“PCB_Project.PrjPCB”的设计工程文件。

2. 上机练习 Altium Designer 21 软件中 / 英文界面切换的操作过程。

3. 根据 PCB 的结构，描述 PCB 的分类。

4. 上机练习弹出式面板的显示操作。

# 项目 2　电路原理图的基础操作

## 学习目标

★ 熟悉原理图开发环境；

★ 掌握元器件的放置方法；

★ 掌握电气导线等常规设计的操作方法。

## 能力目标

★ 能设置原理图设计环境；

★ 能独立完成原理图的设计；

★ 能编辑原理图中的对象。

## 思政目标

★ 具备认真负责的学习态度；

★ 具备严谨细致的学习作风；

★ 具备学习主题意识；

★ 具备良好的团队合作意识。

## 任务 2.1　原理图设计准备

### 2.1.1　创建项目文件

在进行工程设计时，通常要先创建一个项目文件，这样有利于对文件的管理。

如图 2-1 所示，依次选择“文件”→“新的 ...”→“项目”菜单命令，弹出如图 2-2 所示的“新建工程”界面，在 1 处输入工程名“Mydesign”，在 2 处设置好工程保存的路径“E:\ 设计”，单击“Create”按钮，即可完成工程的创建。

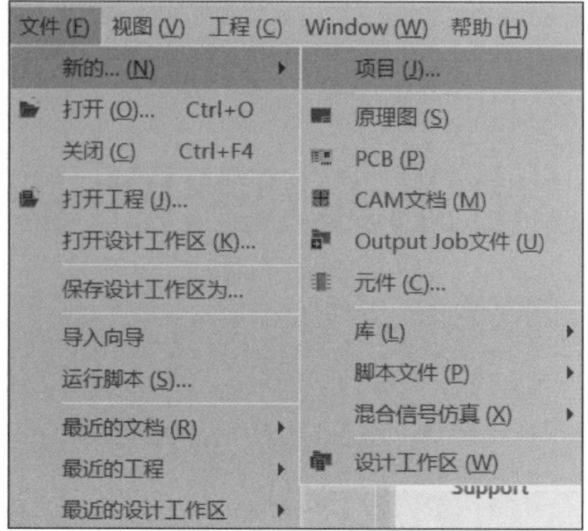


图 2-1 创建工程选择

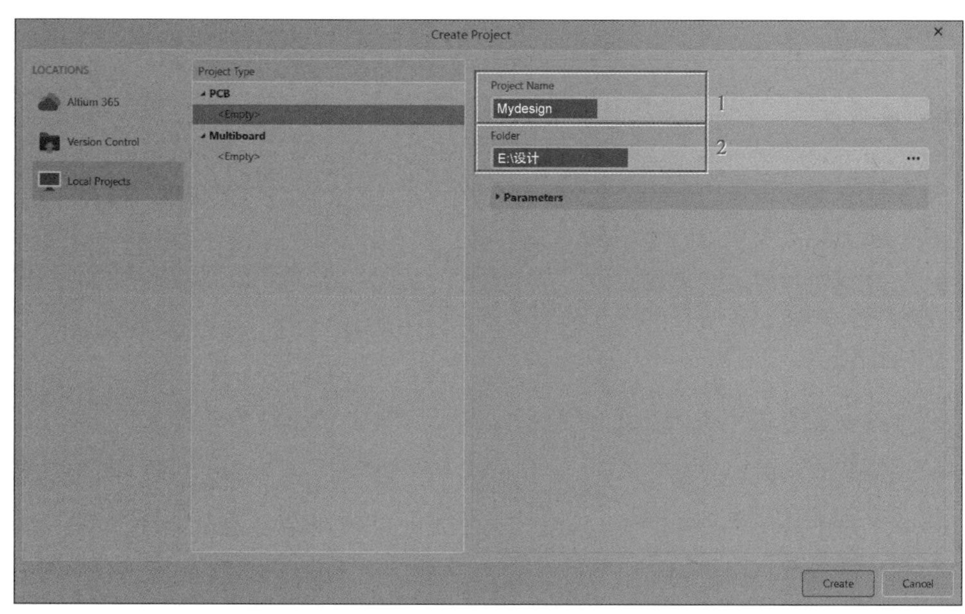


图 2-2 新建工程界面

创建原理图文件

### 2.1.2 创建原理图文件

新建一个原理图文件即可同时打开原理图编辑器，具体操作步骤如下。

（1）右击“My design.PrjPcb”文件，如图 2-3 所示，单击“添加新的 ... 到工程”选项。在弹出的菜单里选择“Schematic”命令，系统在该 PCB 工程中添加了一个新的空白原理图文件，默认名为“Sheet1.SchDoc”，如图 2-4 所示。同时打开了原理图的编辑环境。

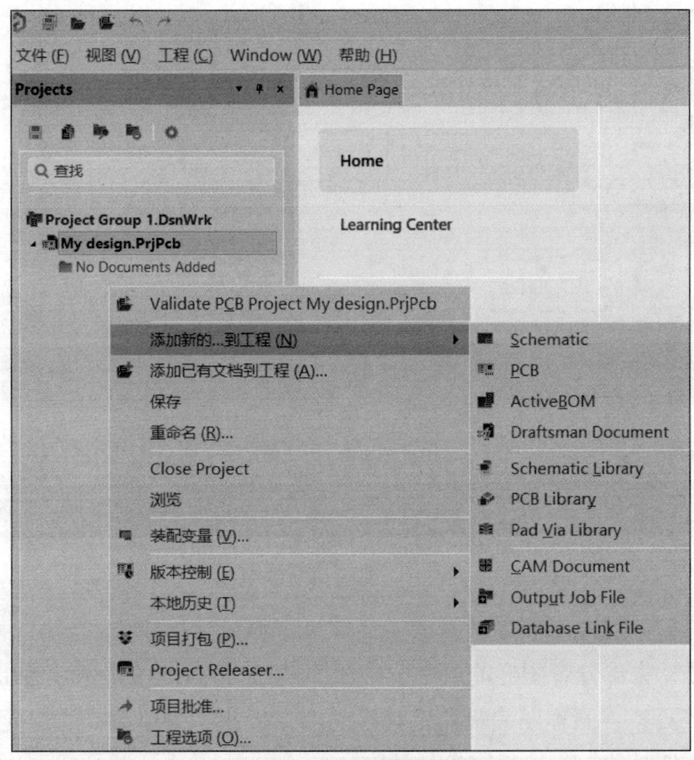


图 2-3　添加原理图的快捷菜单

（2）右击“Sheet1.SchDoc”文件，执行快捷菜单中的“保存”命令，可以重新命名原理图文件，如“circuit.SchDoc”。如图 2-5 所示。

图 2-4　新建原理图文件

图 2-5　重命名新建原理图文件

# 任务 2.2　原理图绘图环境

## 2.2.1　原理图编辑器界面

原理图编辑器主要由菜单栏、快捷工具栏、编辑窗口、工作面板、状态栏和文件标签等组成，如图 2-6 所示。

文件标签
菜单栏
快捷工具栏
工作面板
编辑窗口
状态栏

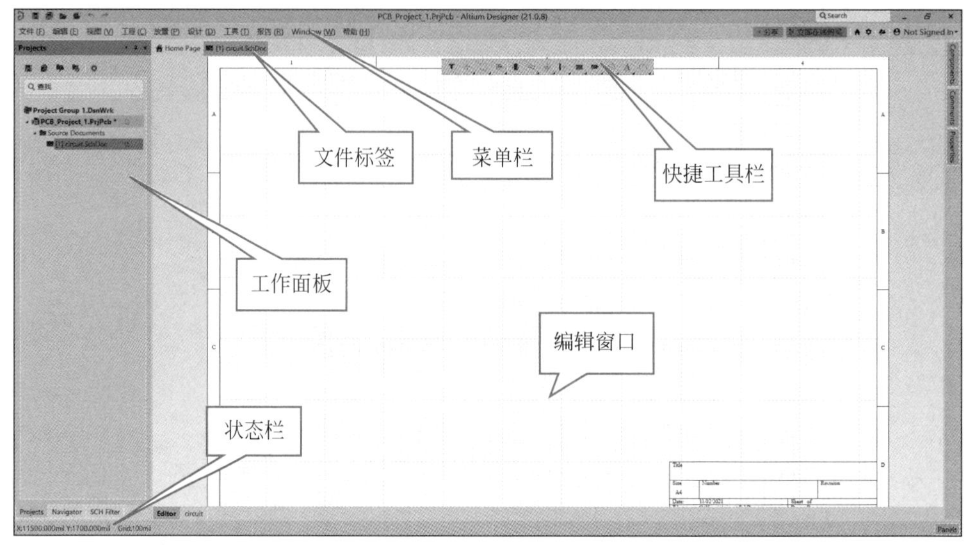

图 2-6　原理图编辑器

（1）菜单栏：原理图编辑器所有的操作都可以通过菜单命令来完成，菜单中有下画线的字母为热键，大部分带图标的菜单命令在工具栏中有对应的图标按钮。

（2）快捷工具栏：原理图编辑器工具栏的图标按钮是菜单命令的快捷执行方式，熟悉工具栏图标按钮功能，可以提高设计效率。

（3）文件标签：激活的每个文件都会在编辑窗口顶部显示相应的文件标签，单击文件标签，可以使相应文件处于当前编辑窗口。

（4）编辑窗口：各类文件显示的区域，在此区域内可以实现原理图的编辑。

（5）状态栏：显示光标的坐标和栅格大小。

### 2.2.2　菜单栏

Altium Designer 21 设计系统对于不同类型的文件进行操作时，菜单栏的内容会发生相应的改变。在原理图编辑环境中，菜单栏如图 2-7 所示。在设计过程中，对原理图的各种编辑操作都可以通过菜单栏中的相应命令来完成。

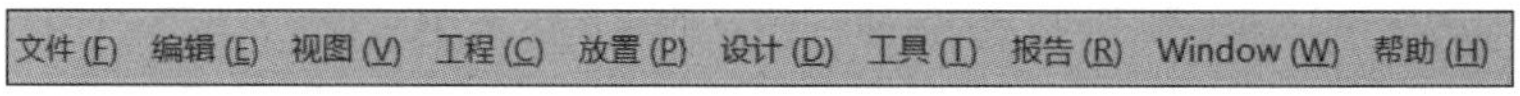

文件 (F)　编辑 (E)　视图 (V)　工程 (C)　放置 (P)　设计 (D)　工具 (T)　报告 (R)　Window (W)　帮助 (H)

图 2-7　原理图编辑环境中的菜单栏

（1）“文件”菜单：主要用于文件的新建、打开、关闭、保存与打印等操作。

（2）“编辑”菜单：用于对象的选取、复制、粘贴与查找等编辑操作。

（3）“视图”菜单：用于视图的各种管理，如工作窗口的放大与缩小，各种工具、面板、状态栏及节点的显示与隐藏等。

（4）“工程”菜单：用于与工程有关的各种操作，如工程文件的打开与关闭、工程文件的编译及比较等。

（5）“放置”菜单：用于放置原理图中的各种组成部分。

（6）“设计”菜单：用于对元器件库进行操作、生成网络表等。

（7）“工具”菜单：可为原理图设计提供各种工具，如元器件快速定位等。

（8）“报告”菜单：可进行生成原理图中各种报表的操作。

（9）“Window”菜单：可对窗口进行各种操作。

（10）“帮助”菜单：用于打开各种帮助信息。

### 2.2.3　快捷工具栏

在原理图的设计界面中，Altium Designer 21 提供了丰富的工具栏，编辑器界面上有快捷工具栏，如图 2-8 所示。也可以选择“视图”菜单→“工具栏”命令，打开其他的工具栏，如图 2-9 所示，分别有布线、导航、格式化、应用工具、原理图标准等工具栏，也可以自定义工具栏。

图 2-8　快捷工具栏

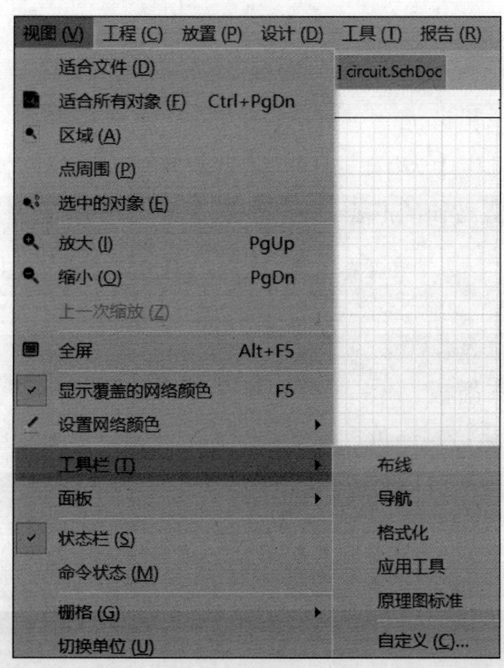


图 2-9　“视图”菜单

1.“布线”工具栏

“布线”工具栏主要用于放置原理图中的元器件、电源、接地、端口、图纸符号、未用引脚标志等，同时完成连线操作，如图 2-10 所示。如果将鼠标指针悬停在某个按钮上，该按钮所能完成的功能就会在下方显示出来，便于用户操作。

图 2-10　“布线”工具栏

2.“导航”工具栏

“导航”工具栏主要用于显示原理图的文件路径、退后、前进、刷新当前页等操作，如图 2-11 所示。

图 2-11 “导航”工具栏

3. “格式化”工具栏

“格式化”工具栏主要用于颜色、区域颜色、线或边界宽度、线类型、预设多线段箭头等操作，如图 2-12 所示。

图 2-12 “格式化”工具栏

4. “应用工具”工具栏

“应用工具”工具栏用于在原理图中绘制所需要的标注信息，不代表电气连接，如图 2-13 所示。

图 2-13 “应用工具”工具栏

5. “原理图标准”工具栏

“原理图标准”工具栏中为用户提供了一些常用的文件操作快捷方式，如打印、缩放、复制和粘贴等，并以按钮的形式表示出来，如图 2-14 所示。

图 2-14 “原理图标准”工具栏

### 2.2.4 工作窗口和工作面板

工作窗口是进行电路原理图设计的工作平台。在此窗口内，用户可以新画一个原理图，也可以对现有的原理图进行编辑和修改。

在原理图设计中经常用到的工作面板有“Projects”（工程）面板、“Components”（元器件库）面板及“Navigator”（导航）面板。

1. “Projects”面板

“Projects”面板如图 2-15 所示，其中列出了当前打开工程的文件列表及所有的临时文件，提供了所有关于工程的操作功能，如打开、关闭和新建各种文件，以及在工程中导入文件、比较工程中的文件等。

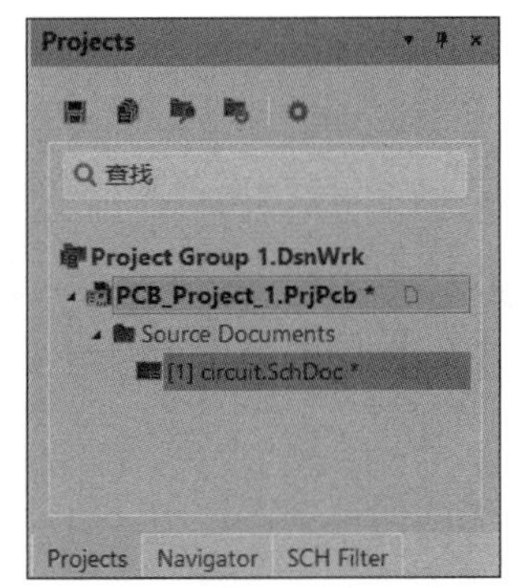


图 2-15 “Projects”面板

2. “Components”面板

“Components”面板如图 2-16 所示。这是一个弹出式面板，当鼠标指针移动到其标签上时，就会显示该面板，也可以通过单击标签在几个弹出式面板间进行切换。在该面板中可以浏览当前加载的所有元器件库，也可以在原理图上放置元器件，还可以对元器件的封装、3D 模型、SPICE 模型和 SI 模型进行预览，同时还能够查看元器件供应商、生产厂商等信息。

3. "Navigator" 面板

"Navigator" 面板如图 2-17 所示，能够在分析和编译原理图后提供关于原理图的所有信息，通常用于检查原理图。

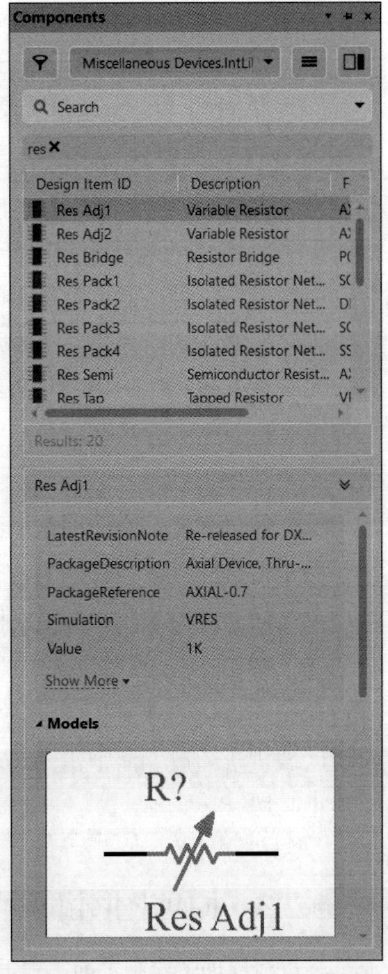


图 2-16 "Components" 面板

## 2.2.5 原理图视图操作

设计者在绘图的过程中，需要经常查看整幅原理图或只看某一个部分，所以要经常改变显示状态，缩小或放大绘图区。原理图编辑器中的"视图"菜单用来控制图形区域的放大或缩小，如图 2-18 所示。

1. 通过菜单放大或缩小图样显示

"视图"菜单中主要涉及放大或缩小图样显示的命令如下。

（1）"适合文件"命令：通过该命令可将整幅电路图缩放在窗口中，可以用来查看整幅原理图。

（2）"适合所有对象"命令：通过该命令可以使绘图区中的图形填满工作区。

（3）"区域"命令：通过该命令可以放大显示设定的区域。其具体实现方式是通过选定区域中对角线上两个角的位置来确定需要进行放大的区域。

（4）"点周围"命令：通过该命令用鼠标指针选择一个区域，指向需要放大范围的中心，再移动鼠标指针展开此范围，单击即可完成定义，并将该范围放大至整个窗口。

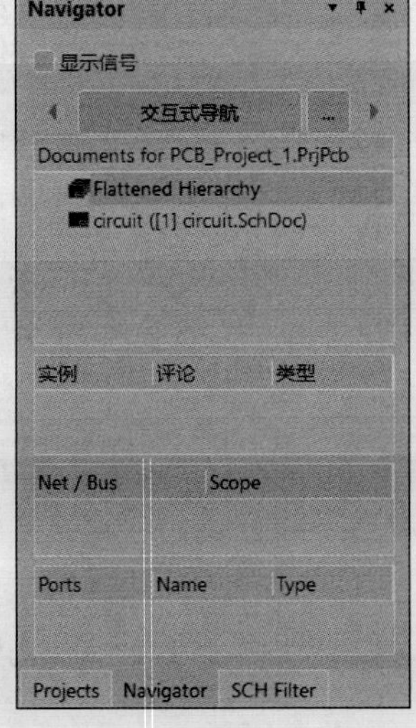


图 2-17 "Navigator" 面板

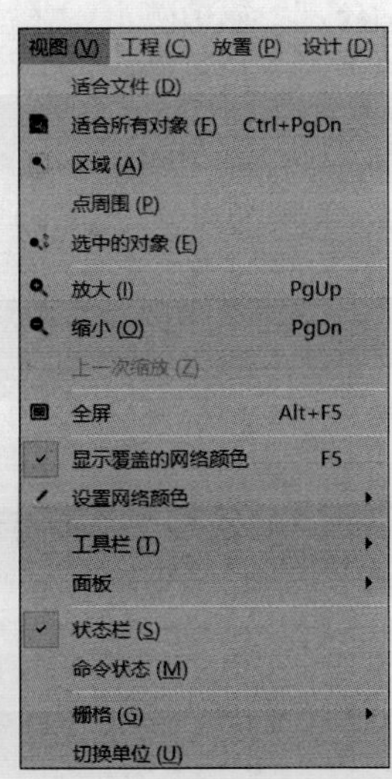


图 2-18 "视图"菜单

（5）“选中的对象”命令：通过该命令可以放大所选择的对象。

（6）“放大”命令：通过该命令可以对绘图区进行放大。

（7）“缩小”命令：通过该命令可以对绘图区进行缩小。

（8）“上一次缩放”命令：通过该命令撤销刚刚完成的缩放命令。

（9）“全屏”命令：通过该命令可全屏显示设计电路。

2. 通过键盘和鼠标实现图样的缩放

缩放操作也可以通过键盘上的功能键和鼠标来实现。

（1）按 Page Up 键，可以放大绘图区域。

（2）按 Page Down 键，可以缩小绘图区域。

（3）按 Home 键，可以从原来鼠标指针所在的图样位置移位到工作区中心位置进行显示。

（4）按 End 键，对绘图区的图形进行刷新，恢复正确的显示状态。

（5）按鼠标右键，移动当前位置，将鼠标指针指向原理图编辑区，按住鼠标右键不放，鼠标指针变为手状，拖动鼠标指针即可移动查看图样位置。

（6）按 Ctrl+ 鼠标滚动键，将鼠标指针指向原理图编辑区，按住 Ctrl 键，滚动鼠标的滚动键，即可对绘图区域进行缩放。向上滚动可放大区域，向下滚动可缩小区域。

## 任务 2.3　原理图图纸设置

原理图图纸设置

在进行原理图绘制之前，根据所设计工程的复杂程度，首先应对图纸进行设置。虽然在进入电路原理图编辑环境时，Altium Designer 系统会自动给出默认的图纸相关参数，但是在大多数情况下，这些默认的参数不一定符合用户的要求，尤其是图纸尺寸的大小，用户可以根据设计对象的复杂程度来对图纸的大小及其他相关参数重新定义。

单击“视图”→“面板”→“Properties”（属性）面板或者在界面右下角单击“Panels”按钮，弹出图 2-19 所示的快捷菜单，执行“Properties”命令，打开“Properties”面板，如图 2-20 所示。

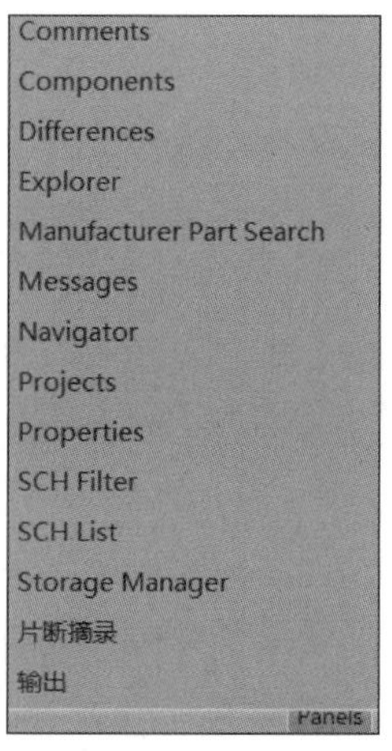


图 2-19　快捷菜单

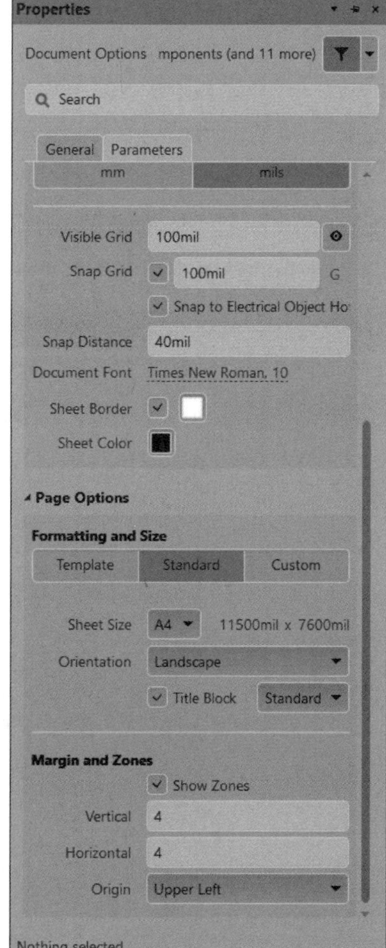


图 2-20　“Properties”面板

1. “Search”

“Search”（搜索）功能是允许在面板中搜索所需的条目。在该选项中，有“General”（通用）和“Parameters”（参数）两个选项卡。

2. 设置过滤对象

“Selection Filter”（对象选择过滤器）选项组如图 2-21 所示。“All-On”（所有对象）按钮，表示在原理图中选择对象时，选中所有类型的对象，其中包括 Components、Wires、Buses、Sheet Symbols、Sheet Entries、Net Labels、Parameters、Ports、Power Ports、Texts、Drawing objects、Other。单击“All-On”标签则变成“All-Off”，不选中任何类型的对象。选中任何一个类型的对象后，“All-Off”则变成“Custom”。

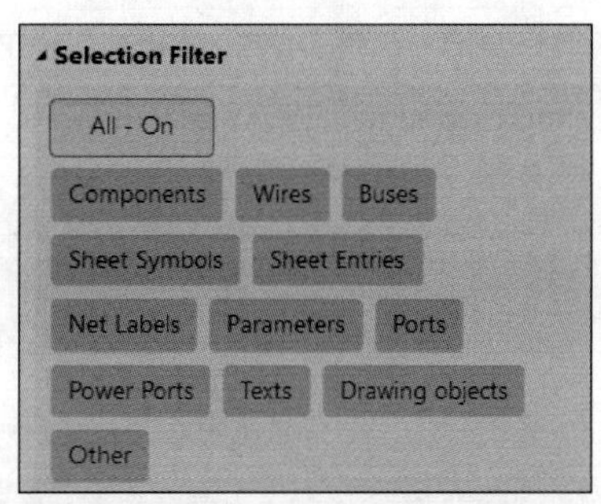


图 2-21　“Selection Filter”选项卡

3. 设置图纸单位

图纸单位可通过“Units”（单位）选项组进行设置，可以设置为公制（mm），也可以设置为英制（mils）。一般在绘制和显示时设为英制。如图 2-22 所示。

图 2-22　“Units”选项组

选择“视图”→“切换单位”菜单命令，可以在两种单位间切换。

4. 设置图纸网格点

进入原理图编辑环境后，编辑窗口的背景是网格型的，这种网格就是可视网格，是可以改变的。网格为元器件的放置和线路的连接带来了极大的方便，使用户可以轻松地排列元器件，整齐地走线。Altium Designer 21 提供了“Visible Grid”（可见的网格）、“Snap Grid”（捕捉的网格）、“Snap to Electrical Object Hotspots”（捕捉电栅格）三种网格，用于对网格进行具体设置，如图 2-23 所示。

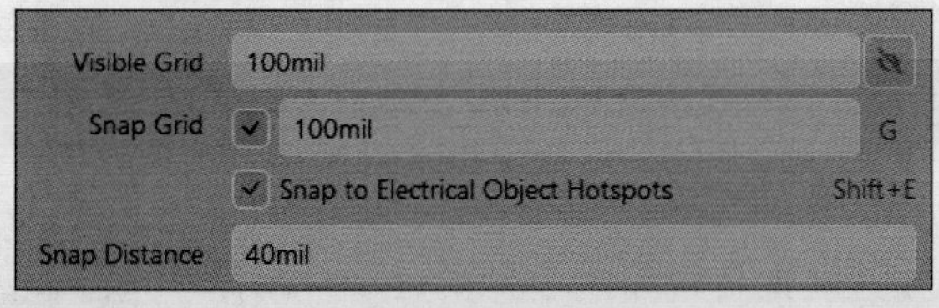


图 2-23　网格设置

（1）“Visible Grid”：用来设置是否在图纸上显示网格，选中◉有效。文本框中对图纸上网格间的距离进行设置，系统默认值为 100 mil。

（2）“Snap Grid”：用来设置是否在图纸上显示网格，选中☑有效。文本框中对图纸上捕获网格的距离进行设置，系统默认值为 100 mil。

（3）“Snap to Electrical Object Hotspots”复选框：如果选中该复选框，则在绘制连线时，系统会以鼠标指针所在位置为中心，以“Snap Distance”（栅格范围）文本框中设置的值为半径，向四周搜索电气节点。如果在搜索半径内有电气节点，则鼠标指针将自动移到该节点上，并在该节点上显示一个圆亮点，搜索半径的数值可以自行设置。如果不选中该复选框，则取消了系统自动寻找电气节点的功能。

执行“视图”→“栅格”菜单命令，其子菜单中有用于切换四种网格启用状态的命令，如图 2-24 所示。执行“设置捕捉栅格”命令，系统将弹出图 2-25 所示的“Choose a snap grid size”（选择捕捉网格尺寸）对话框，在该对话框中可以输入捕捉网格的参数值。

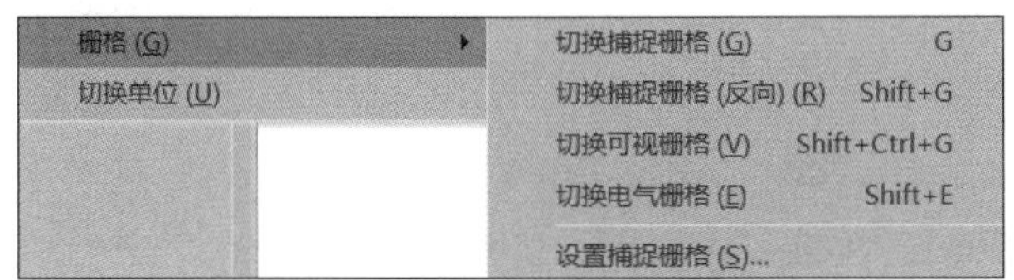

图 2-24 “栅格”命令子菜单

图 2-25 “Choose a snap grid size”对话框

5. 设置图纸字体

单击“Document Font”（文档字体）选项组的 Times New Roman 按钮，系统弹出如图 2-26 所示的“Font Settings”（字体设置）对话框。在该对话框中对字体进行设置，将会改变整个原理图中的所有文字，包括原理图中的元器件引脚文字和原理图的注释文字等。通常，文字采用默认设置即可。

图 2-26 “Font Settings”对话框

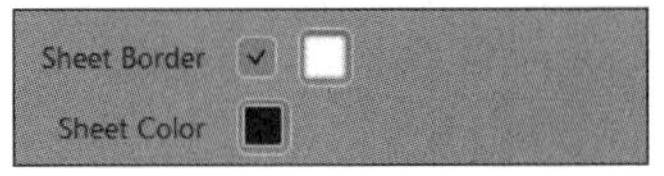

图 2-27 设置图纸边框与颜色

6. 设置图纸边框与颜色

图纸边框与颜色的设置如图 2-27 所示，“Sheet Border”（显示边界）复选框可以设置是否显示边框。选中该复选框表示显示边框，否则不显示边框。单击“Sheet Border”右边的颜色块，然后在弹出的对话框中选择边框的颜色，如图 2-28 所示。单击“Sheet Color”显示框，然后在弹出的“选择颜色”对话框中选择图纸的颜色，如图 2-28 所示。

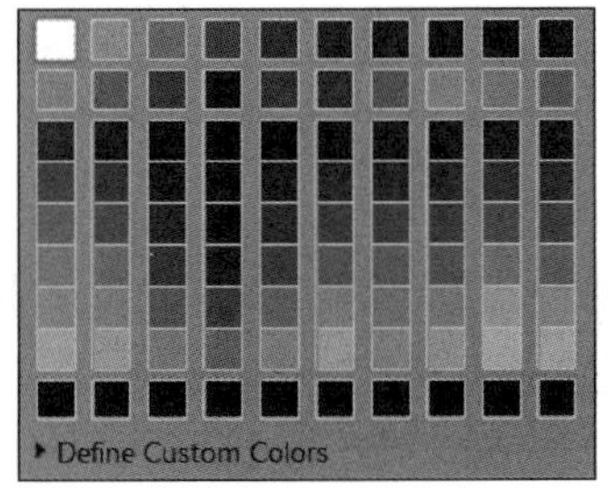

图 2-28 选择颜色

7. 设置图纸尺寸

单击“Page Options”（图页选项）选项卡，其下的“Formatting and Size”（格式与尺

寸）选项为图纸尺寸的设置区域。Altium Designer 21 给出了三种图纸尺寸的设置方式，如图 2-29 所示。

1）“Template”（模板）

单击“Template”下拉按钮，在下拉列表框中可以选择已定义好的图纸标准尺寸，如图 2-30 所示。

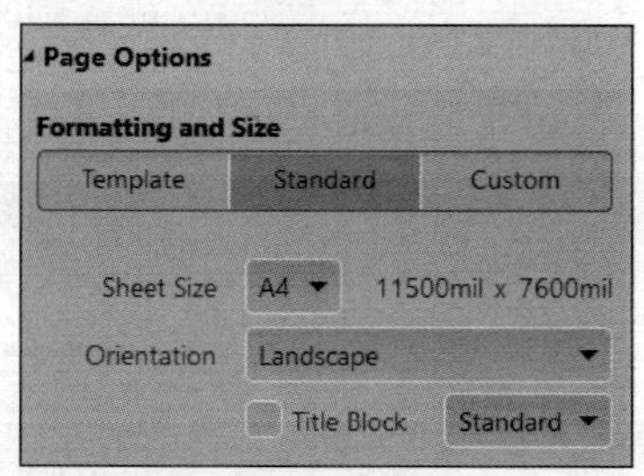


图 2-29　“Page Options”选项卡

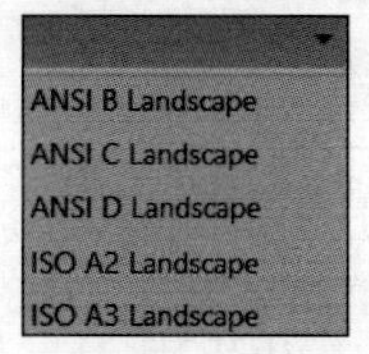


图 2-30　“Template”下拉列表框

2）“Standard”（标准风格）

单击“Sheet Size”（图纸尺寸）右侧的 ▾ 按钮，在下拉列表框中可以选择已定义好的图纸标准尺寸，包括公制图纸尺寸（A0 ～ A4）、英制图纸尺寸（A ～ E）、OrCAD 标准尺寸（OrCAD A ～ OrCAD E）及其他格式（Letter、Legal、Tabloid 等）的尺寸。

3）“Custom”（自定义风格）

在“Width”（定制宽度）、“Height”（定制高度）文本框中输入相应数值来确定模板尺寸。

8. 设置图纸方向

图纸方向可通过“Orientation”（定位）下拉列表框设置，如图 2-31 所示，“Landscape”为图纸水平横向放置，“Protrait”为图纸垂直纵向放置。

9. 设置图纸标题栏

用于设置图纸上是否显示标题栏，选中该项后，还要选择标题栏采用 Standard 标准型还是 ANSI 标准的标题栏。如图 2-32 所示。

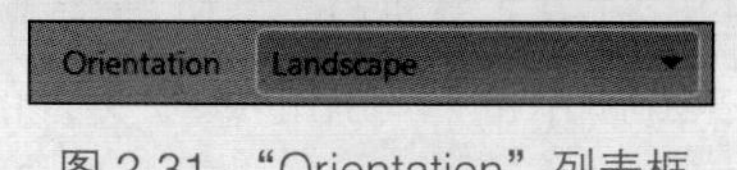


图 2-31　“Orientation”列表框

图 2-32　“Title Block”列表框

10. 设置图纸参考说明区域和边界区域

在“Margin and Zones”（边界和区域）选项卡中，如图 2-33 所示，通过“Show Zones”（显示区域）复选框可以设置是否显示参考说明区域。在“Vertical”（垂直）、“Horizontal”（水平）两个方向上设置边框与边界的间距。在“Origin”（原点）下拉列表框中选择原点位置是“Upper Left”（左上）或者“Bottom Right”（右下）。

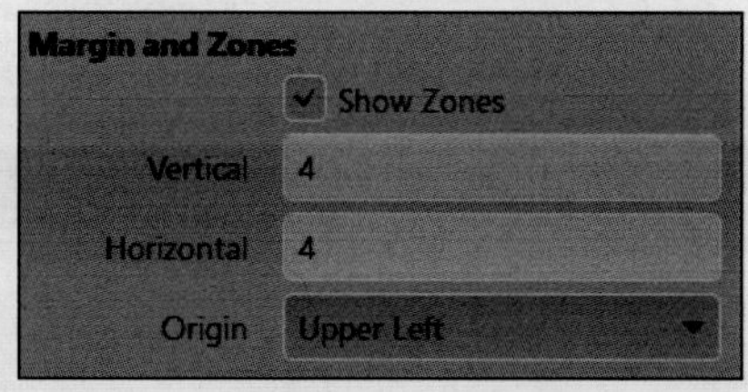


图 2-33　“Margin and Zones”选项卡

# 任务 2.4　元器件库的操作

## 2.4.1　元器件面板

单击弹出式面板栏的“Components”标签，打开如图 2-34 所示的元器件库弹出式面板。也可单击在绘图区右下角的“Panels”按钮，选择其中的“Components”即可显示元器件库面板。

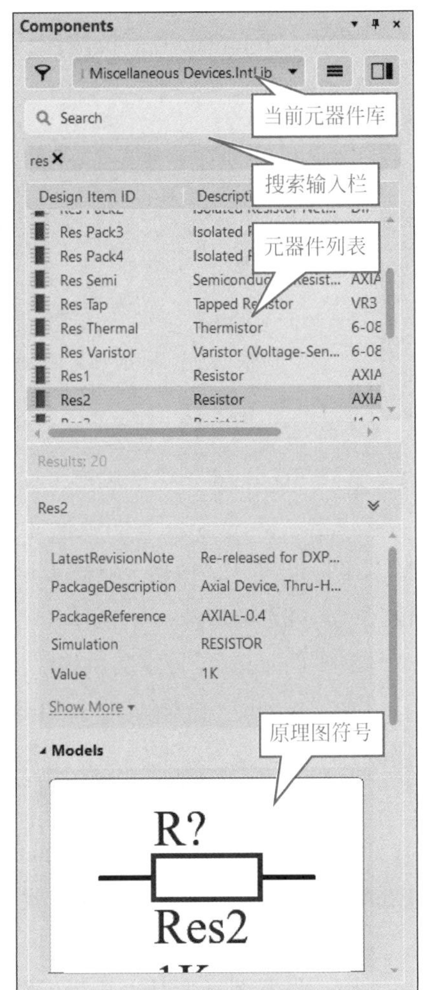


图 2-34　“Components”面板构成

（1）当前元器件库：该文本栏中列出了当前已加载的所有库文件。

（2）搜索输入栏：用于搜索当前库中的元器件，并在下面的元器件列表中显示出来。其中，“*”表示显示库中的所有元器件。

（3）元器件列表：用于列表满足搜索条件的所有元器件。

（4）原理图符号：用于显示当前选择的元器件在原理图中的外形符号。

## 2.4.2　元器件库的加载

元器件库的加载

Altium Designer 中有两个是系统常用的集成元器件库：“Miscellaneous Devices.Intlib”（常用分立元器件库）和“Miscellaneous Connectors.Intlib”（常用接插件库），这两个元器件库包含了常用的各种元器件和接插件，如电阻、电容、单排接头、双排接头等。设计过程中，如果还需要其他的元器件库，用户可随时进行选择加载，同时卸载不需要的元器件库，以减少 PC 的内存开销。

（1）单击“Components”面板上的 ，弹出如图 2-35 所示的快捷菜单。选中“File-based Libraries Preferences”图标，弹出图 2-36 所示的“可用的基于文件的库”对话框。

图 2-35　快捷菜单

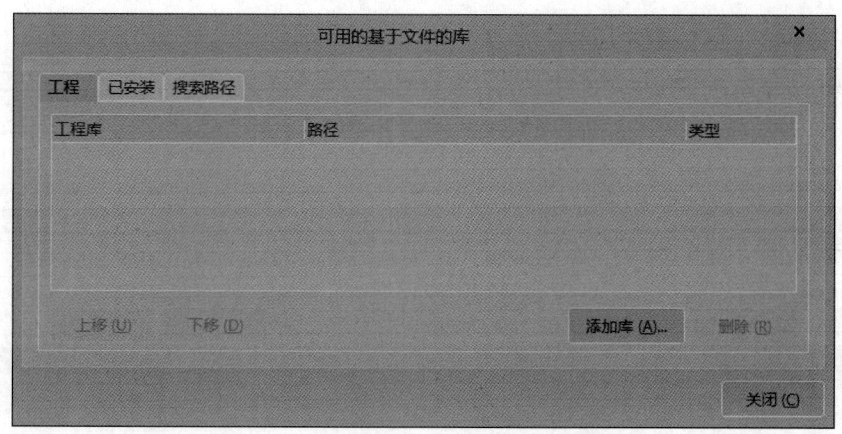


图 2-36　“可用的基于文件的库”对话框

对话框中有三个选项卡，“工程”选项卡中列出的是用户为当前设计项目自己创建的库文件，“已安装”选项卡中列出的是当前安装的系统库文件，“搜索路径”选项卡中列出的是查找路径。

（2）在“工程”选项卡中单击“添加库”按钮，或者在“已安装”选项卡中单击“安装”按钮，系统弹出如图 2-37 所示的元器件库浏览窗口。

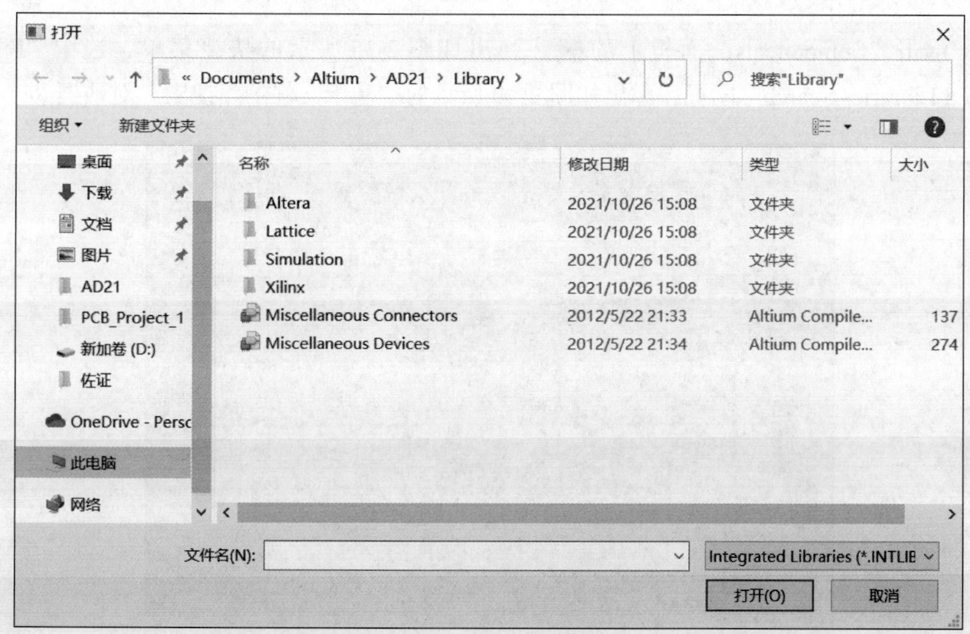


图 2-37　元器件库浏览窗口

（3）在窗口中选择确定的库文件夹，打开后选择相应的元器件库。例如，选择“Miscellaneous Devices.IntLib”库文件夹中的元器件库“Miscellaneous Devices.IntLib”，单击“打开”按钮后，该元器件库就出现在了“可用库”对话框中，完成了加载，如图 2-38 所示。

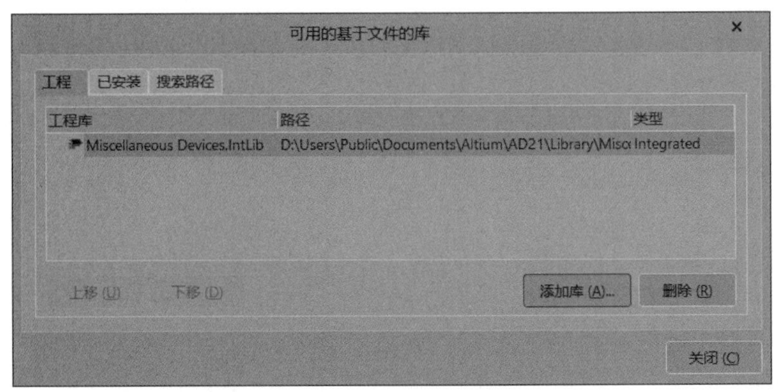


图 2-38　元器件库浏览窗口

（4）用同样的方法再将“Miscellaneous Connectors.IntLib”元器件库加载到系统中。加载完毕，单击“关闭”按钮，关闭对话框。此时就可以在原理图图纸上放置已加载元器件库中的元器件符号了。

（5）在“可用库”对话框中选中某一不需要的元器件库，单击“删除”按钮，即可将该元器件库卸载。

### 2.4.3　元器件的查找

单击“Components”面板上的，弹出如图 2-35 所示的快捷菜单，选中“File-based Libraries Search”图标，弹出如图 2-39 所示的“基于文件的库搜索”对话框。

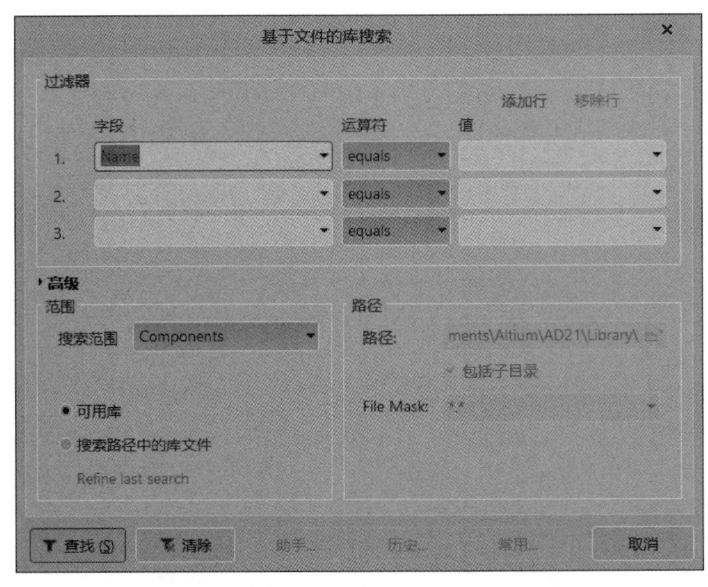


图 2-39　“基于文件的库搜索”对话框

在“基于文件的库搜索”对话框中，可以设定查找的条件、范围及路径，也可以快捷地找到所需的元器件，下面分别予以介绍。

1. 过滤器

用于设置需要查找的元器件应满足的条件，最多可以设置 10 个，单击“添加行”

按钮，可以增加；单击“移除行”按钮，可以删除。

（1）字段：该下拉列表框中列出了查找的范围。

（2）运算符：该下拉列表框中列出了“equals”“contains”“starts with”和“end with”四种运算符，可选择设置。

（3）值：该下拉列表框用于输入需要查找元器件的型号名称。

2. 范围

用于设置查找的范围。

（1）搜索范围：单击▾按钮，有四种类型，即“Components”（元器件）、“Footp-rints”（PCB 封装）、“3D Models”（3D 模型）、“Database Components”（数据库元器件）。

（2）可用库：选择该单选按钮，系统会在已经加载的元器件库中查找。

（3）搜索路径中的库文件：选择该单选按钮，系统将在指定的路径中进行查找。

（4）Refine last search：该单选按钮仅在查找结果时才被激活。选中后，只在查找结果中进一步搜索，相当于网页搜索中的“在结果中查找”。

3. 路径

用来设置查找元器件的路径，只有选择“库文件路径”在指定路径中搜索后才需要设置此项。

（1）路径：单击右侧的按钮，系统会弹出“浏览文件夹”对话框，如图 2-40 所示，供用户选择设置搜索路径。若选择下面的“包括子目录”复选框，则包含在指定目录中的子目录也会被搜索。

（2）File Mask：用来设定查找元器件的文件匹配域，“*”表示匹配任何字符串。

图 2-40　“浏览文件夹”对话框

4. 查找

如图 2-41 所示，在“基于文件的库搜索”对话框的“值”中输入 Cap，单击“查找”

按钮，弹出元器件库的面板将变为如图 2-42 所示的查找结果。

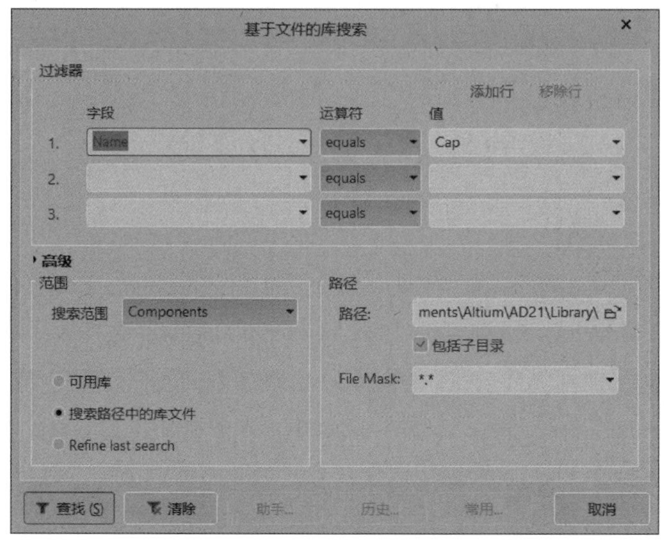


图 2-41 “基于文件的库搜索”对话框

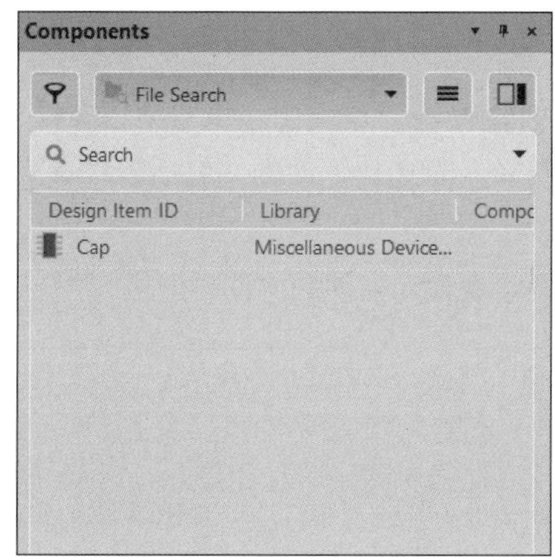


图 2-42 “搜索结果”对话框

# 任务 2.5 元器件的放置和属性编辑

## 2.5.1 在原理图中放置元器件

放置元器件

在原理图中放置元器件的步骤如下。

（1）打开“Components”面板，载入放置元器件所在的库文件。需要的元器件 Res2，在“Miscellaneous Devices.IntLib”元器件库，加载这个元器件库。

（2）加载元器件库后，选择想要放置元器件所在的元器件库。在如图 2-43 所示的下拉列表框中选择“Miscellaneous Devices.IntLib”文件。

（3）单击“Miscellaneous Devices.IntLib”文件，该元器件库出现在文本框中，可以放置其中的所有元器件。在元器件列表区域中将显示库中所有的元器件，如图 2-44 所示。

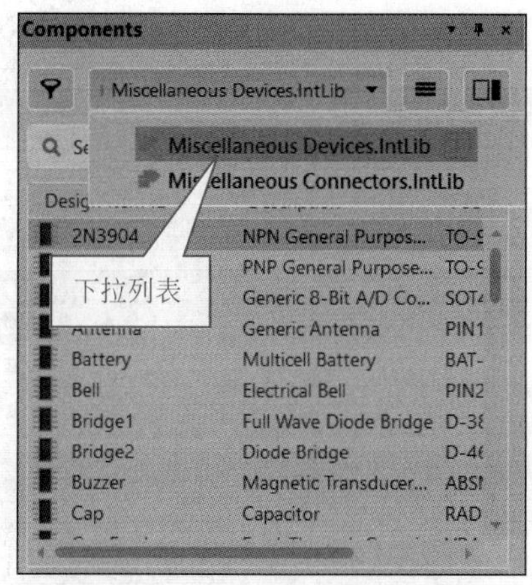


图 2-43　元器件库中的下拉列表

图 2-44　元器件库中的元器件列表

（4）在如图 2-44 所示的对话框中选择需要放置的元器件，此时选择“Res2”元器件，Res2 元器件将以高亮显示，如图 2-45 所示放置该元器件的符号。

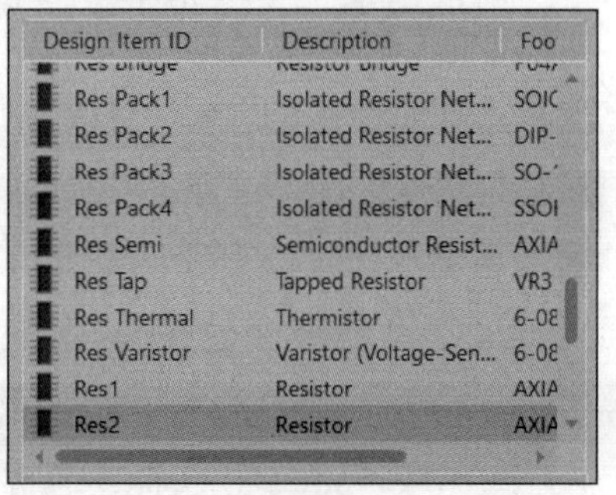


图 2-45　高亮显示的元器件

（5）双击选中亮显元器件“Res2”后，鼠标指针将变成十字形并附加着元器件“Res2”的符号显示在工作窗口中，如图 2-46 所示（除了双击放置按钮放置元器件外，还可以把光标移至亮显元器件“Res2”上，将左键一直按住，即可将元器件拖动至工作窗口）。

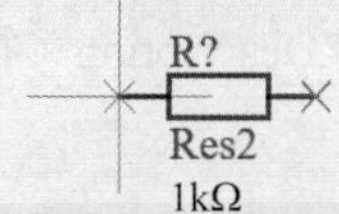


图 2-46　放置元器件的鼠标指针状态

（6）移动鼠标指针到原理图中合适的位置，单击，元器件将被放置在鼠标指针停留的位置。此时鼠标指针仍然保持为图 2-46 所示的状态，可以继续放置该元器件。在完成放置选中元器件后，右击，鼠标指针恢复成正常状态，从而结束元器件的放置。

（7）完成元器件的放置后，可以对元器件位置进行调整，设置这些元器件的属性。然后重复刚才的步骤，放置另外的元器件。

### 2.5.2　编辑元器件属性

编辑元器件属性

电路图中的每一个元器件都有相应的属性，这些属性表示该元器件有关的信息，包括固有参数和用户自定义参数两类。固有参数是 Altium Designer 运行时必需的参数，包括元器件的名称、标注、大小值、PCB 封装。自定义参数一般包含生产厂家、物料编码等，设计者在绘图时需要根据自己的需要来设置元器件的属性。

打开“Properties”（属性）面板有三种方法。可以在选择了元器件后移动光标到绘图区，当元器件图标还处在悬浮状态时按下 Tab 键；或者在元器件放置好后双击元器件；或者单击元器件并按住鼠标左键不放，同时按 Tab 键打开属性对话框。系统弹出相应的

“Properties”面板，如图 2-47 所示。属性设置可分为几大区域，下面详细介绍元器件的各属性设置。

1.“General”区域

（1）“Designator”元器件标号：元器件的唯一标示，用来标志原理图中不同的元器件，因此，在同一幅原理图中不可能有重复的元器件标号。不同类型的元器件的默认标号以不同的字母开头，并辅以“？”号，如电阻类的默认标号为“R？”；电容类的默认标号则为“C？”。可以单独在每个元器件的属性设置对话框中修改元器件的标号，也可以在放置完所有元器件后再使用系统的自动编号功能来统一编号，还有一种方法就是在放置第一个元器件时将元器件标号属性中的“？”号改成数字“1”，则以后放置的元器件标号会自动以 1 为单位递增。元器件标号还有“Visible”可见和“Locked”锁定属性；“Visible”设定该标号在原理图中是否可见；选择“Locked”后元器件的标号将不可更改。

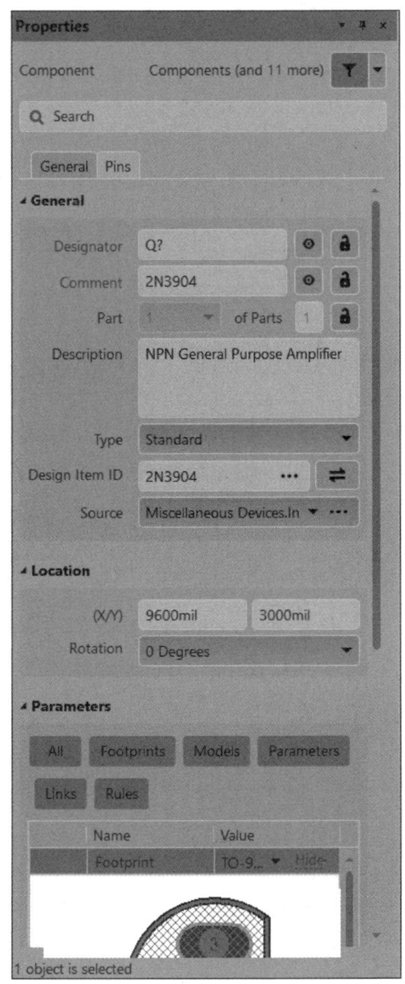


图 2-47 “Properties”面板

（2）“Comment”注释：通常可以设置为元器件的大小值，如电阻的阻值或电容的容量大小，可随意修改元器件的注释而不会发生电气错误。

（3）“Description”描述：对元器件功能简单的描述。

（4）“Type”元器件的类型：可以选择“Standard”标准元器件、“Mechanical”机械元器件、“Graphical”图形元器件、“Net Tie”网络连接元器件。在此，无须修改元器件的类型。

（5）“Design Item ID”设计项目地址：元器件在库中的图形符号。

2.“Location”区域

（1）（X/Y）：元器件所在的坐标位置。

（2）“Rotation”旋转：用来设置元器件在原理图上放置的角度。

3.“Parameters”区域

1）“Add”功能

该区域用来添加元器件所需要使用的 PCB 封装模型、模具、参数、规则等，如图 2-48 所示。单击

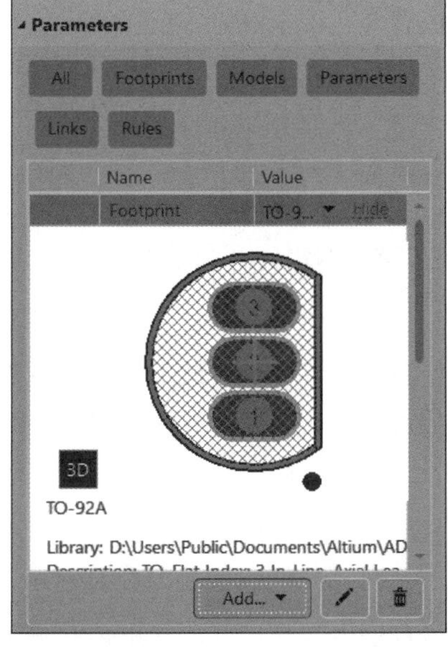


图 2-48 “Parameters”区域

"Add..."按钮，在弹出的快捷菜单中选择"Footprints"，弹出"PCB 模型"对话框，如图 2-49 所示，单击"浏览"按钮浏览 Altium Designer 的元器件封装库，如图 2-50 所示。单击左边的元器件名称，右边的浏览框中显示元器件的 2D 或 3D 图像，即找到所需的封装；若找不到，同样可以单击"查找"按钮进行元器件库加载操作，在 Altium Designer 丰富的封装库中寻找自己所需的封装，一切操作均与前面元器件查找操作相同。

图 2-49　"PCB 模型"对话框

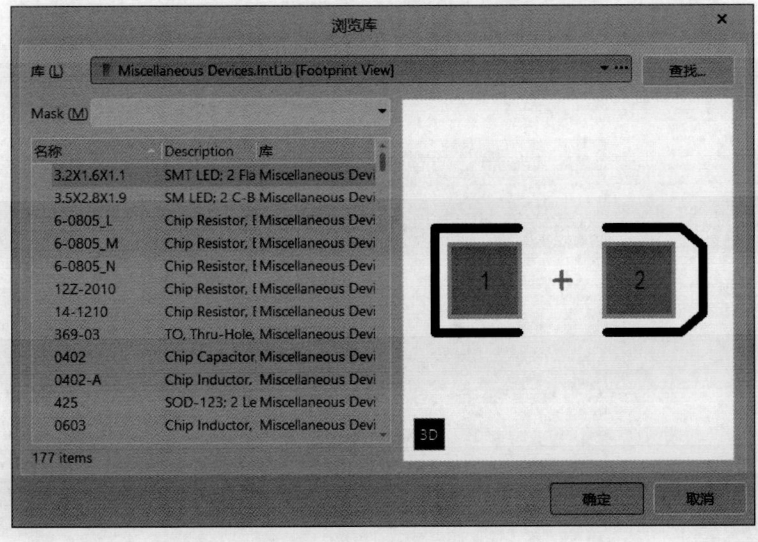


图 2-50　浏览封装库

2）"编辑"功能

单击"Add..."右边的按钮，弹出如图 2-51 所示的"PCB 封装模型"对话框。此时,“浏览”按钮呈灰色，不能更换封装。仅仅能改变的是元器件的引脚与模型引脚之间的映射，单击“引脚映射”按钮，弹出如图 2-52 所示的引脚映射关系框，若元器件的实际管脚与原理图模型的管脚顺序不一致，可以双击右边“模型引脚号”栏中的相应数字直接进行编辑。

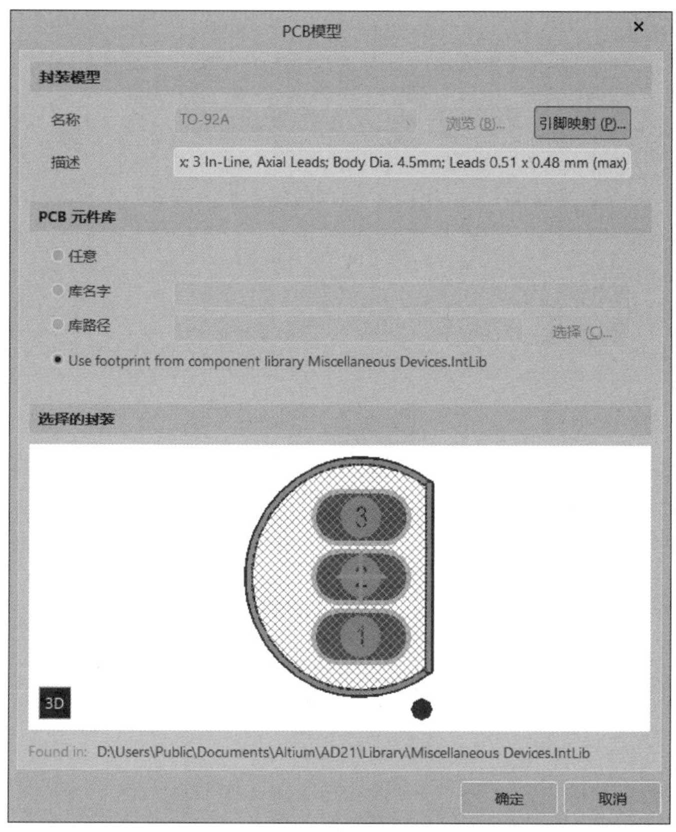


图 2-51　PCB“封装模型”对话框

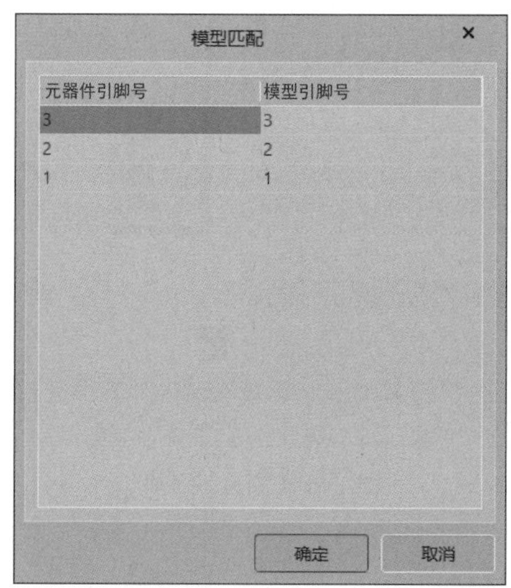


图 2-52　元器件引脚和模型引脚映射关系框

4.“Part Choices”区域

该区域用来添加元器件的供应信息。单击如图 2-53 所示的“Edit Supplier Links...”按钮，弹出如图 2-54 所示的对话框，单击“Add”按钮，进入如图 2-55 所示的元器件供应信息界面，“Manufacturer Part”是元器件的名称，“Description”是元器件的描述，“Category”是元器件库的名称，“Supply Info”是元器件的价格、最小订货量及库存。

图 2-53　“Part Choices”区域

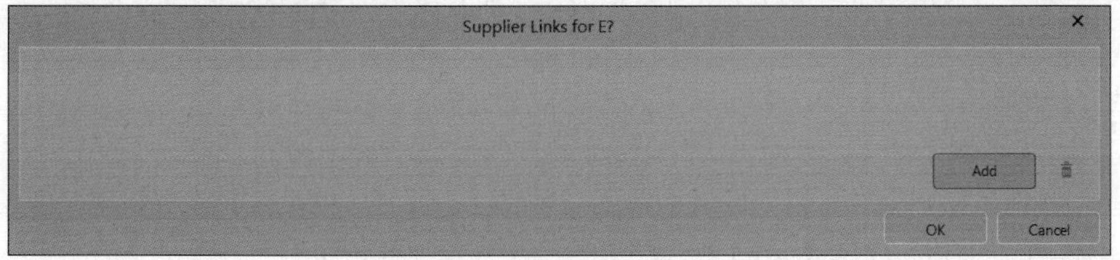


图 2-54　单击“Add”按钮

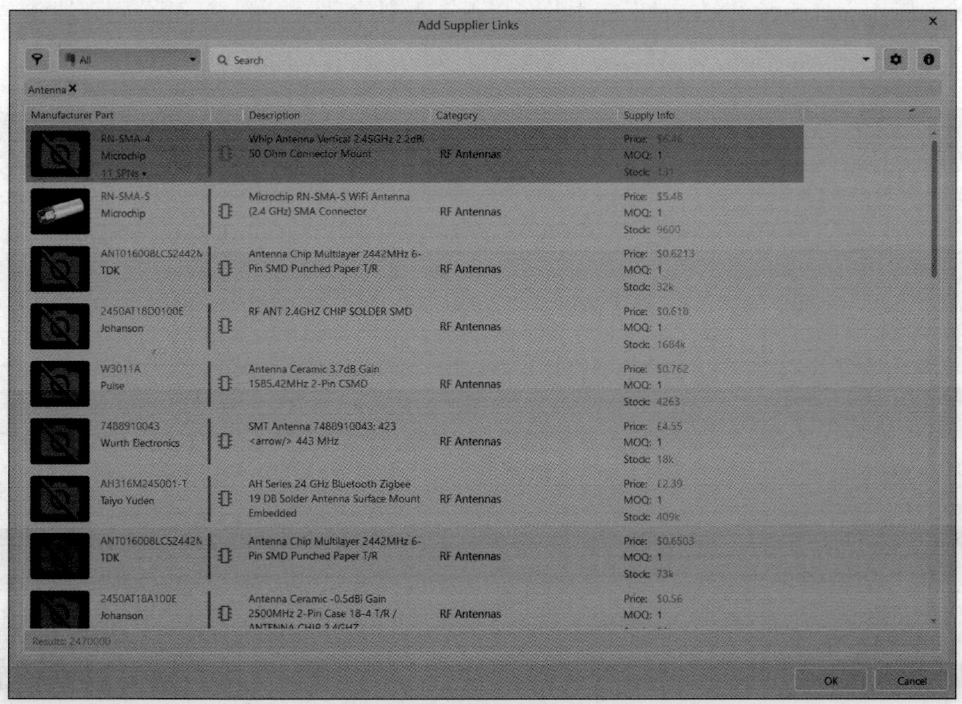


图 2-55　元器件供应信息界面

## 2.5.3　元器件的删除

当在电路原理图上放置了错误或者多余的元器件时，需将其删除。删除对象有两种方法：一种是个体删除；另一种是组合删除。具体功能和操作如下。

1. 个体删除（Delete）命令

使用该命令可连续删除多个对象，且不需要选取对象。

执行菜单命令“编辑”→“删除”，出现十字光标，将光标指向所要删除的对象，单击删除该对象。此时仍处于删除状态，光标仍为十字光标，可以继续删除下一个对象，右击（或按 Esc 键）退出删除状态。

2. 组合删除命令

该命令的功能是删除已选取的单个或多个对象。

（1）选取要删除的图件。

（2）执行菜单命令“编辑”→“删除”，已选对象将立刻被删除。

除以上两个删除命令之外，也可以把剪切功能看成一种特殊的删除命令。

### 2.5.4 元器件编号设置

对于元器件较多的原理图，当设计完成后，往往会发现元器件的编号变得很混乱或有些元器件还没有编号。用户可以手动逐个更改这些编号，但是这样比较烦琐，而且容易出现错误。Altium Designer 21 提供了元器件编号管理的功能。

依次执行“工具”→“标注”→“原理图标注”菜单命令，系统将弹出如图 2-56 所示的“标注”对话框。在该对话框中，可以设置重新编号的方式。下面分别介绍各选项的意义。

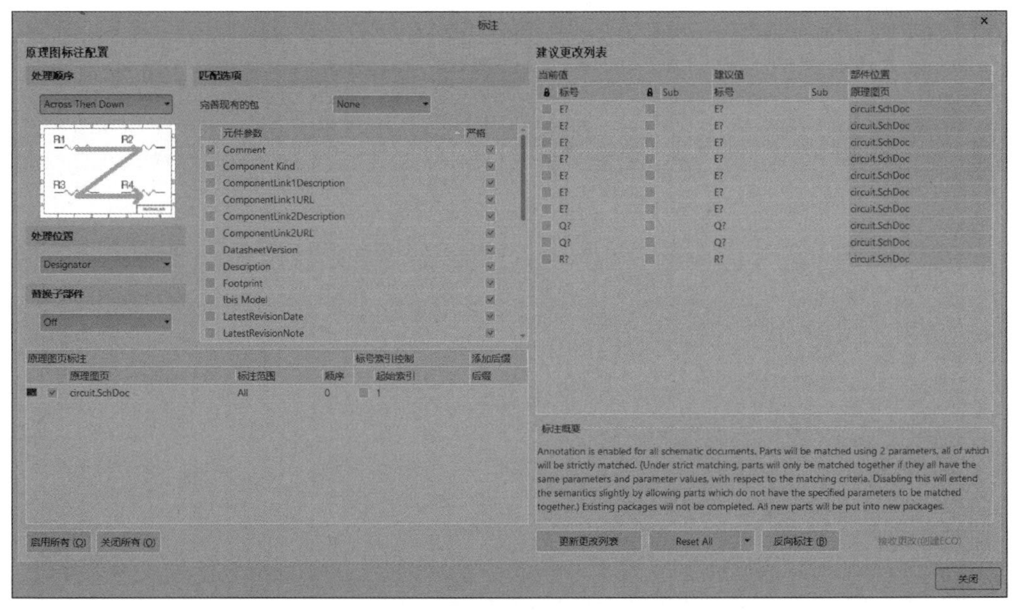


图 2-56 “标注”对话框

（1）处理顺序：即元器件编号的上下左右顺序，Altium Designer 提供了四种编号顺序。

① Up Then Across：先由下而上，再由左至右，如图 2-57（a）所示；

② Down Then Across：先由上而下，再由左至右，如图 2-57（b）所示；

③ Across Then Up：先由左至右，再由下而上，如图 2-57（c）所示；

④ Across Then Down：先由左至右，再由上而下，如图 2-57（d）所示。

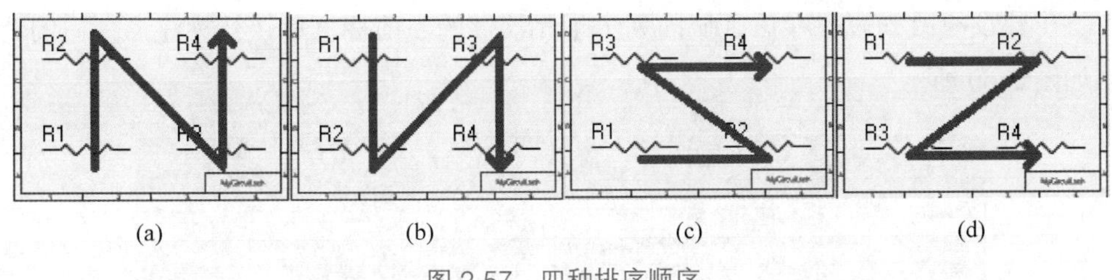


图 2-57　四种排序顺序

（2）匹配选项：在此主要设置复合式多模块芯片的标注方式。以 74HC04 为例，74HC04 内部含有八个非门单元的一类元器件，系统提供了三种方式进行标注。

① None：全部选用单独封装，如原理图需要五个非门，则放置五个 74HC04。

② Per Sheet：同一张图纸中的芯片采用复合封装，若工程中一张图纸有三个非门，而另外一张图纸有两个非门，则在这两张图纸中均各使用一个复合式封装。

③ Whole Project：整个工程中都采用复合封装，若工程中一张图纸有三个非门，而另外一张图纸有两个非门，则整个工程使用一个复合式封装。

（3）元器件参数：提供了属于同一复合元器件的判断条件，如图 2-58 所示。左边的复选框用于设定判断条件，系统默认的条件是元器件的 Comment 和 Library Reference 属性相同就可判断为同一类元器件。

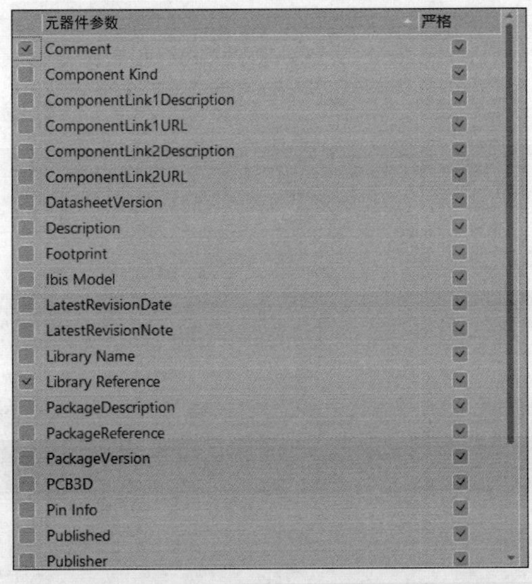


图 2-58　元器件参数选项

（4）原理图页标注：该选项用来设定参与元器件标注的文档，如图 2-59 所示，系统默认是工程中所有原理图文档均参与元器件自动标注，可以单击文档名前的复选框来选中或取消相应的文档。

| 原理图页标注 | | | | 标号索引控制 | 添加后缀 |
|---|---|---|---|---|---|
| | 原理图页 | 标注范围 | 顺序 | 起始索引 | 后缀 |
| ☑ | circuit.SchDoc | All | 0 | 1 | |

图 2-59　元器件标注作用范围设定

（5）建议更改列表：在该区域内列出了元器件的当前标号和执行标注命令后的新标号，如图 2-60 所示。

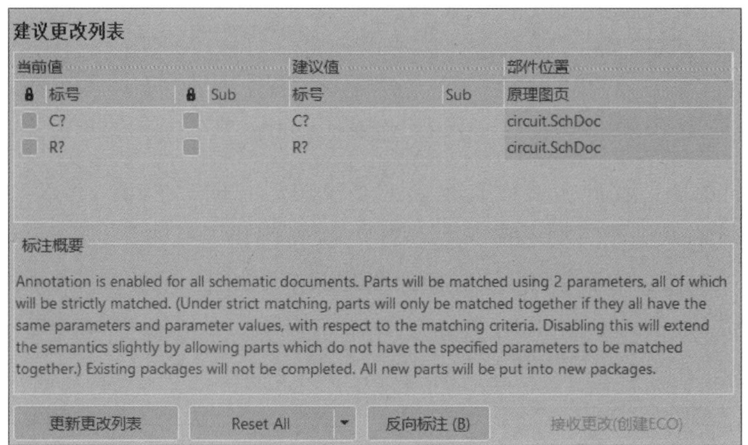


图 2-60 建议更改的对比

（6）“更新更改列表”命令：单击图 2-60 中的“更新更改列表”按钮后将弹出如图 2-61 所示的对话框，提示将有两个元器件的标号发生变化。再次单击“OK”按钮会发现图 2-60 中的“接收更改（创建 ECO）”按钮可以使用了，而且被提及的标识里的编号发生变化了。如图 2-62 所示。

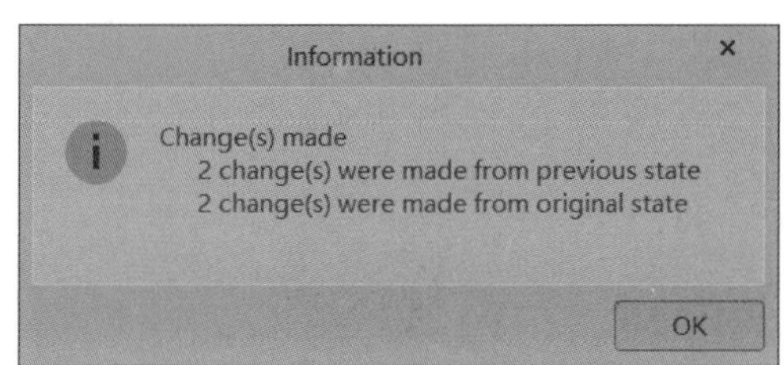


图 2-61 提示即将改动的数目

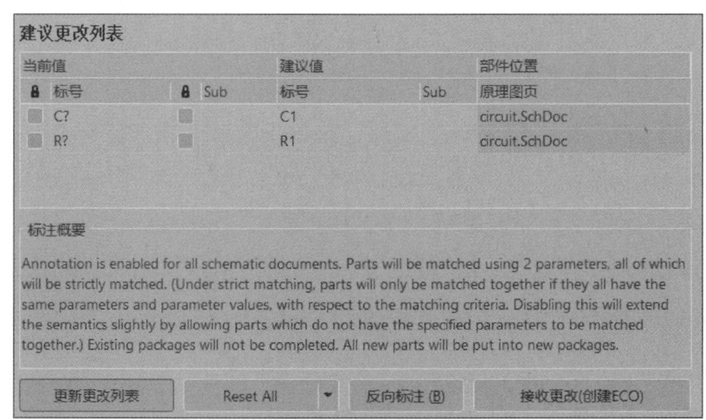


图 2-62 建议更改列表

（7）“接收更改（创建 ECO）”命令：单击图 2-62 中的“接收更好（创建 ECO）”按钮，弹出如图 2-63 所示的对话框，先单击“生效变更”再单击“执行变更”按钮，最后单击“关闭”，则完成了原理图里编号的更改。

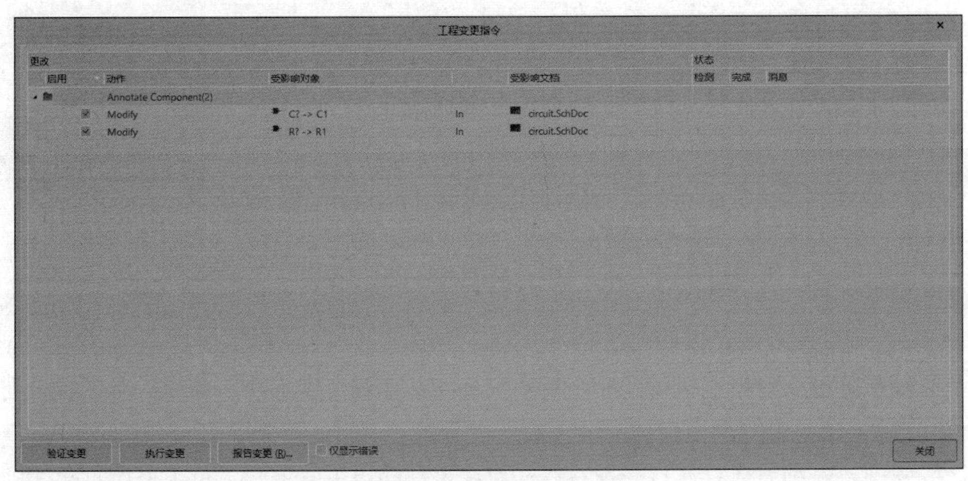


图 2-63 “工程变更指令”对话框

（8）“Reset All”命令：执行图 2-62 中的“Reset All”命令后会弹出如图 2-64 所示的“Information”对话框，单击“OK”按钮即可。系统将会使元器件编号复位，即“字母+？”的初始状态。

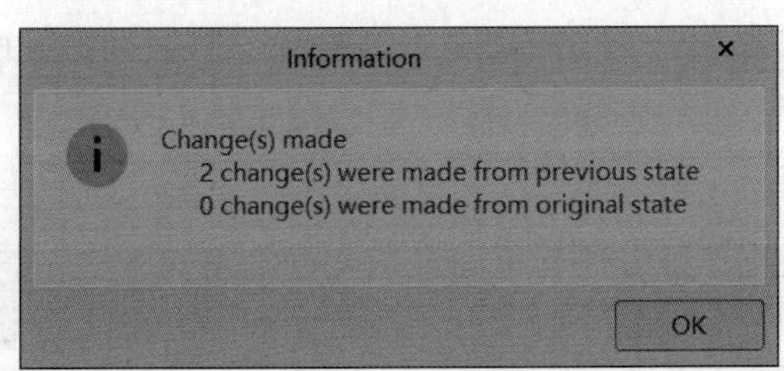


图 2-64 提示即将改动的数目信息

（9）“反向标注”命令：单击图 2-62 中的“反向标注”按钮会弹出一个文件框，用来选择现成的“was”或“eco”文件来给元器件标注。

# 任务 2.6 元器件位置的调整

## 2.6.1 元器件的选取和取消选取

### 1. 元器件的选取

要实现元器件位置的调整，首先要选取元器件。选取的方法很多，下面介绍几种常用的方法。

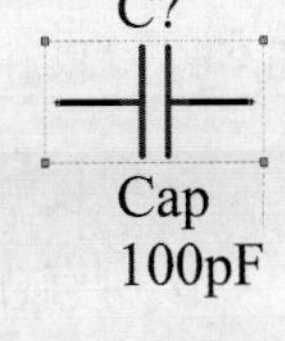


图 2-65 选取单个元器件

（1）用鼠标指针选取元器件：对于单个元器件的情况，将鼠标指针移到要选取的元器件上单击即可选取。这时该元器件周围会出现一个绿色框，表明该元器件已被选取，如图 2-65 所示。对于多个元器件的情况，单击并拖动鼠标，拖出一个矩形框，将要选取的多个元器件包含在该矩形框中，松开鼠标左键后即可选取多个元器件，或者按住 Shift 键，逐一单击要选取的元器件，也可选取多个元器件。

（2）用菜单命令选取元器件：依次执行“编辑”→“选择”菜单命令，弹出图 2-66 所示的菜单。

以Lasso方式选择 (E)
区域内部 (I)
区域外部 (O)
矩形接触到对象 (U)
直线接触到对象 (L)
全部 (A) Ctrl+A
连接 (C)
切换选择 (T)

图 2-66 “选择”菜单

① 以 Lasso 方式选择：执行此命令后，鼠标指针变成十字形状，拖动鼠标指针，选取一个区域，则区域内的元器件被选取。

② 区域内部：执行此命令后，鼠标指针变成十字形状，选取一个区域，则区域内的元器件被选取。

③ 区域外部：执行此命令后，鼠标指针变成十字形状，选取一个区域，则区域外的元器件被选取。

④ 矩形接触到对象：执行此命令后，鼠标指针变成十字形状，选取一个区域，则区域内和区域边沿接触到的元器件都被选取。

⑤ 直线接触到对象：执行此命令后，鼠标指针变成十字形状，单击形成直线，则直线接触到的元器件被选取。

⑥ 全部：执行此命令后，电路原理图上的所有元器件都被选取。

⑦ 连接：执行此命令后，若单击某一导线，则此导线以及与其相连的所有元器件都被选取。

⑧ 切换选择：执行此命令后，元器件的选取状态将被切换，即若该元器件原来处于未选取状态，则被选取；若处于选取状态，则取消选取。

2. 取消选取元器件

取消选取元器件也有多种方法，下面介绍几种常用的方法。

（1）直接单击电路原理图的空白区域，即可取消元器件的选取。

（2）单击“原理图标准”工具栏中的按钮，可以将图纸上所有被选取的元器件取消选取。

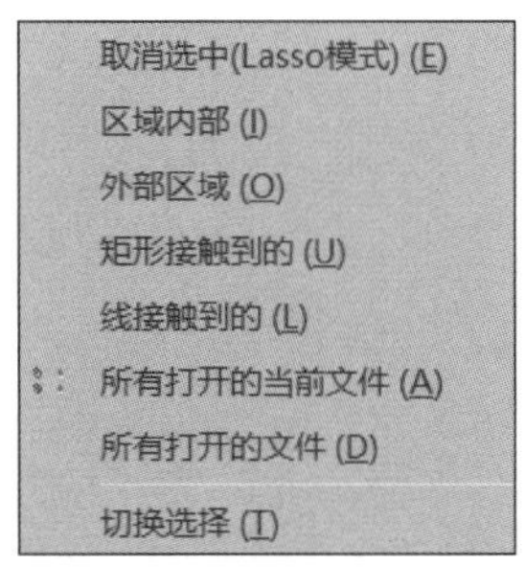


图 2-67 “取消选中”菜单

（3）执行“编辑”→“取消选中（Lasso 模式）”菜单命令，弹出图 2-67 所示的菜单。

① 取消选中（Lasso 模式）：执行此命令后，取消区域内元器件的选取。

② 区域内部：取消区域内元器件的选取。

③ 外部区域：取消区域外元器件的选取。

④ 矩形接触到的：取消区域内和区域边沿接触到的元器件的选取。

⑤ 线接触到的：单击形成直线，取消直线接触到的元器件的选取。

⑥ 所有打开的当前文件：取消当前原理图中所有处于选取状态的元器件的选取。

⑦ 所有打开的文件：取消当前所有打开的原理图中处于选取状态的元器件的选取。

⑧ 切换选择：与图 2-66 所示的此命令的作用相同。

（4）按住 Shift 键，逐一单击已被选取的元器件，可以将其取消选取。

### 2.6.2　元器件的移动

1. 直接移动对象

选中想要移动的对象后，将鼠标指针移动到对象上，当鼠标指针变成移动形状后，按住鼠标左键同时拖动鼠标，如图 2-68 所示，选中的对象将随着鼠标指针移动，移动到合适的位置后，松开鼠标左键，对象将完成移动。

2. 使用工具栏按钮移动对象

使用工具栏按钮移动对象的操作方法如下。

（1）选择想要移动的对象。

（2）单击快捷工具栏上的按钮，鼠标指针将变成十字形状。移动鼠标指针到选中的对象上，单击元器件将随着鼠标指针移动。

（3）移动鼠标指针到目的位置，单击完成对象的移动。

如图 2-69 所示，要移动左右两边的元器件，但是保持两元器件之间其他元器件的位置不变。很简单，照着上面介绍的方法，按住 Shift 键的同时单击选中两个元器件，把鼠标移动到其中一个元器件，鼠标指针变成图标，再次单击其中的一个元器件就能将选中的两个元器件移动了。

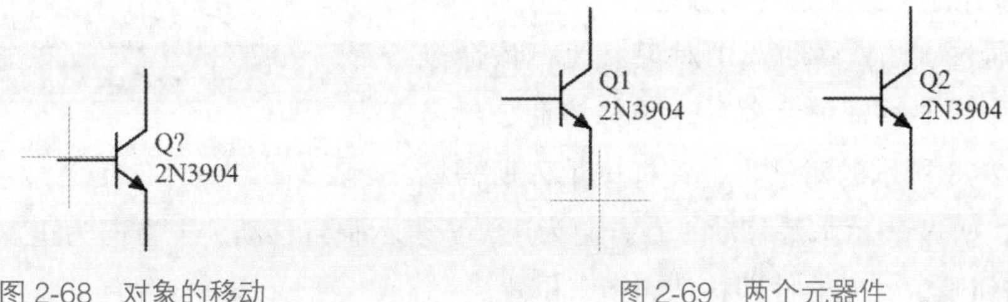


图 2-68　对象的移动　　图 2-69　两个元器件

3. 使用菜单命令移动对象

选择菜单命令“编辑”→“移动”选项，弹出如图 2-70 所示的“移动”菜单命令，下面详细介绍各个命令功能。

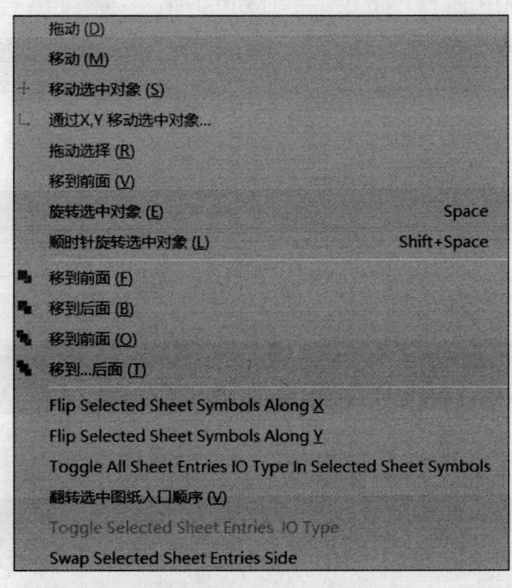


图 2-70　“移动”菜单命令

（1）拖动（D）：保持元器件之间的电气连接不变移动元器件位置，如图 2-71 所示，选择该命令后，光标上浮动着十字光标，然后就可以拖动元器件，到达指定位置后，单击放置，拖动完成后右击退出拖动状态。其实，拖动元器件最简单的方法就是将光标移至元器件上，一直按住鼠标左键，用鼠标拖动元器件，实现不断线拖动。

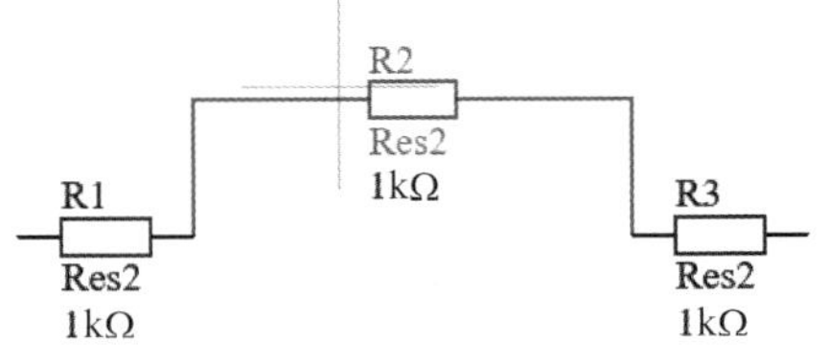

图 2-71　元器件的拖曳

（2）移动（M）：元器件的移动与拖动类似，只不过移动时不再保持原先的电气关系，如图 2-72 所示。其实，移动元器件最简单的方法就是按住 Ctrl 键的同时用鼠标拖动元器件，实现断线移动元器件。

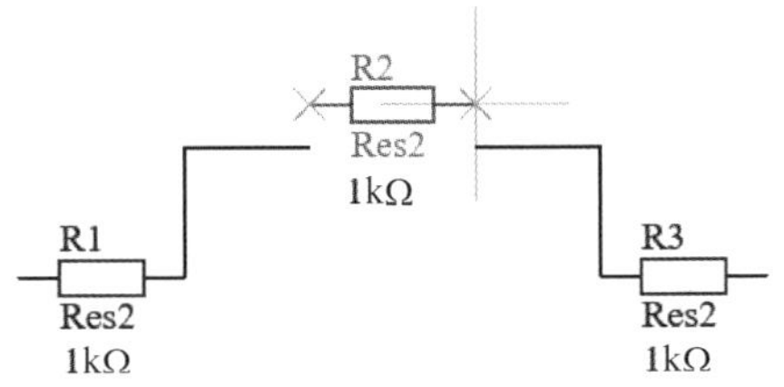

图 2-72　元器件的拖曳

（3）移动选中对象（S）：与“移动”操作类似，只不过先要使移动的元器件处于选中状态，然后再执行该命令，单击元器件就可以移动了，该操作主要用于多个元器件的移动。

（4）通过 X，Y 移动选中对象：执行该命令首先要选中需要移动的元器件，选择该命令后会弹出如图 2-73 所示的对话框，在框中填入所需移动的距离，如 X 表示水平移动，右方向为正，Y 表示垂直移动，上方向为正，最后单击“确定”按钮确认，元器件即移动到指定位置。

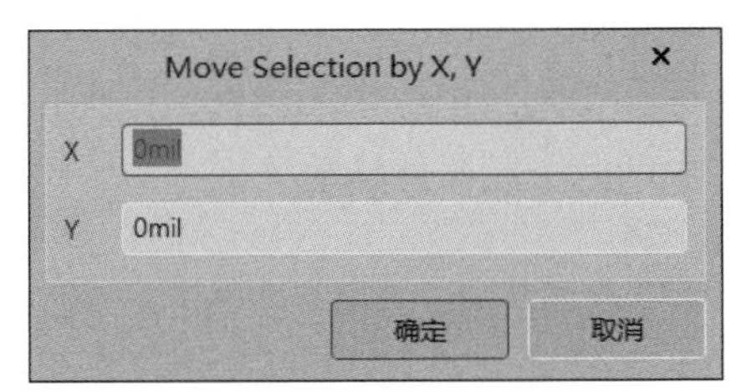

图 2-73　“Move Selection by X, Y”对话框

（5）拖动选择（R）：该操作与“移动选择”类似，在拖动过程中保持电气连接不变。

（6）移到前面（V）：该操作是针对非电气对象的，如图 2-74 所示，直线与矩形相重叠，矩形置于顶层，要将直线移至绘图区的顶层。选择“移到前面”命令，单击直线，直线就移至绘图区的最顶层，此时，直线仍处于浮动状态，可移动鼠标将矩形移动到绘图区的任何位置。

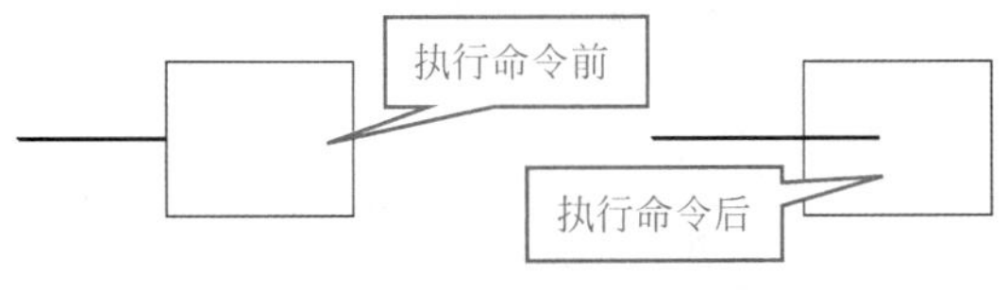

图 2-74　移至最顶层操作

（7）旋转选中对象（E）：首先选中对象，然后执行该命令，则选中的元器件逆时针旋转 90°，每执行一次该命令元器件便旋转 90°，可多次执行。该命令的快捷键为 Space 键。

（8）顺时针旋转选中对象（L）：首先选中对象，然后执行该命令，则选中的元器件顺时针旋转 90°，每执行一次该命令元器件便旋转 90°，可多次执行。该命令的快捷键为“Shift+Space”。

（9）移到前面（F）：与“移到前面（V）”命令类似，该命令只能将非电气图件移至最顶层，完成后对象不能水平移动。

（10）移到后面（B）：与“移到前面（F）”命令类似，不同的是对象被移至所有对象的最下面。

（11）移到前面（O）：当有多个非电气元器件重叠时，需要调整每个元器件的层次关系。

（12）移到 ... 后面（T）：与“移到前面（O）”类似。

### 2.6.3　元器件的旋转

除了“移动”菜单中元器件的旋转外，还可以直接使用键盘和鼠标进行旋转，而且元器件可以进行翻转。

（1）元器件的 90° 旋转：用鼠标左键按住元器件不放，此时元器件处于悬浮状态，再按 Space 键则元器件旋转 90° 。

（2）元器件的水平翻转：用鼠标左键按住元器件不放，此时元器件处于悬浮状态，再按 X 键则元器件水平镜像翻转。

（3）元器件的垂直旋转：用鼠标左键按住元器件不放，此时元器件处于悬浮状态，再按 Y 键则元器件垂直镜像翻转。

### 2.6.4　元器件的复制与粘贴

Altium Designer 系统中使用了 Windows 操作系统的共用剪贴板，便于用户在不同的应用程序之间进行各种对象的复制、剪切与粘贴等操作，极大地提高了设计效率。

1. 元器件的复制

元器件的复制是指将元器件复制到剪贴板中。

（1）在电路原理图上选取需要复制的元器件或元器件组。

（2）进行复制操作，有以下三种方法。

① 执行“编辑”→“复制”菜单命令。

② 单击“原理图标准”工具栏中的（复制）按钮。

③ 使用快捷键“Ctrl+C”或“E+C”。

2. 元器件的剪切

（1）在电路原理图上选取需要剪切的元器件或元器件组。

（2）进行剪切操作，有以下三种方法。

① 执行“编辑”→“剪切”菜单命令。

② 单击“原理图标准”工具栏中的（剪切）按钮。

③ 使用快捷键“Ctrl+X”。

3. 元器件的粘贴

元器件的粘贴就是把剪贴板中的元器件放置到编辑区里，有以下三种方法。

（1）执行“编辑”→“粘贴”菜单命令。

（2）单击“原理图标准”工具栏中的（粘贴）按钮。

（3）使用快捷键“Ctrl+V”或“E+P”。

执行“粘贴”命令后，鼠标指针变成十字形状并带有欲粘贴元器件的虚影，在指定位置上单击即可完成粘贴操作。

4. 智能粘贴

智能粘贴是 Altium Designer 系统为了进一步提高原理图的编辑效率而新增的一项功能。该功能允许用户在 Altium Designer 系统中，或者在其他的应用程序中选择一组对象，将其粘贴在 Windows 剪贴板上，根据设置，再将其转换为不同类型的其他对象，并最终粘贴在目标原理图中，有效地实现了不同文档之间的信号连接以及不同应用中的工程信息转换。

具体操作步骤如下。

（1）首先在源应用程序中选取需要粘贴的对象。

（2）执行“编辑”→“复制”命令，将其粘贴在 Windows 剪贴板上。

（3）打开目标原理图，执行“编辑”→“智能粘贴”命令，则系统弹出如图 2-75 所示的“智能粘贴”对话框。

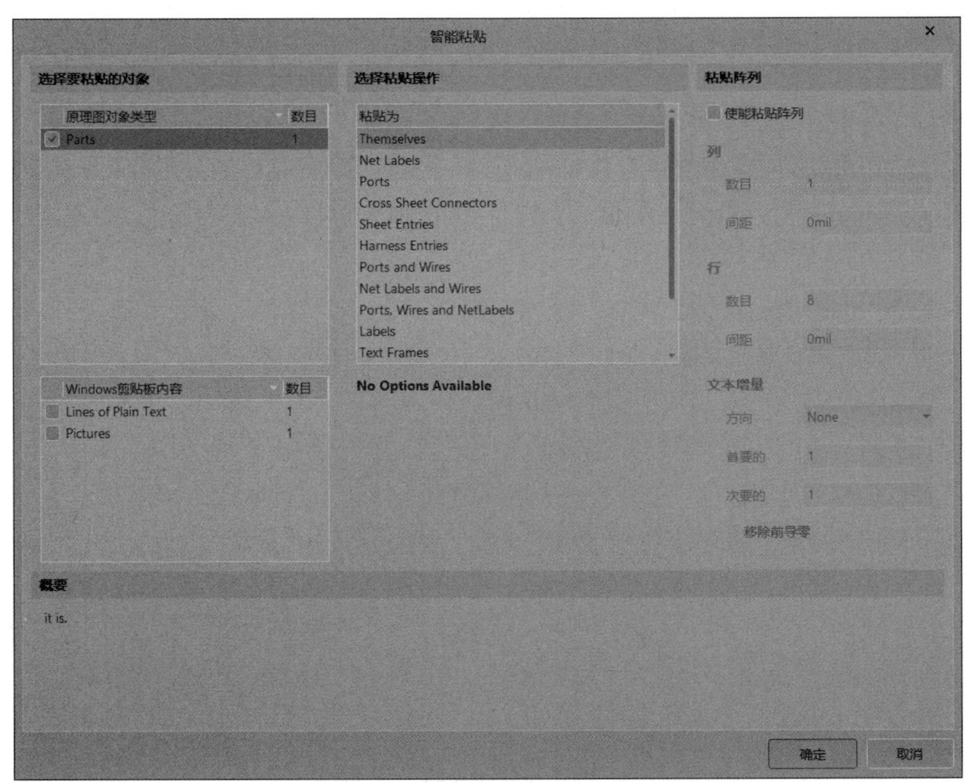


图 2-75 “智能粘贴”对话框

在“智能粘贴”对话框中，可以完成将备份对象进行类型转换的相关设置。

（1）选择要粘贴对象：用于选择需要粘贴的备份对象。

① 原理图对象类型：显示原理图中本次选取的各种类型备份对象，如端口、连线、

网络标号、元器件、总线等。

② 数目：各种类型备份对象的数量。

③ Windows 剪贴板内容：显示 Windows 剪贴板上保存的以往内容信息，如图片、文本等。

（2）选择粘贴操作：用于选择、设置通过粘贴转换成的对象类型。

在“粘贴”作为列表框中列出了 15 种类型，分别介绍如下。

- Themselves：本身类型，即粘贴时不需要类型转换。
- Net Labels：粘贴时转换为网络标号。
- Ports：粘贴时转换为端口。
- Cross Sheet Connectors：粘贴时转换为 T 形图纸连接器。
- Sheet Entries：粘贴时转换为图纸入口。
- Harness Entries：粘贴时转换为线束入口。
- Ports and Wires：粘贴时转换为带线（总线或导线）端口。
- Net Labels and Wires：粘贴时转换为带网络标号的导线。
- Ports，Wires and NetLabels：粘贴时转换为端口、导线和网络标号。
- Labels：粘贴时转换为标签文字，不具有电气属性，只起标注作用。
- Text Frames：粘贴时转换为文本框。
- Notes：粘贴时转换为注释。
- Harness Connectors：粘贴时转换为线束连接器。
- Harness Connectors and Port：粘贴时转换为线束连接器和端口。
- Code Wires：粘贴时转换为代码项。

（3）对于选定的每一种类型，在下面的区域中都提供了相应的文本编辑栏，供用户按照需要进行详细的设置，主要有如下几种。

① 排序次序：单击右侧的▾按钮，有以下两种选择。

- By Location：按照空间位置。
- Alpha-numeric：按照字母顺序。

② 信号名称：单击右侧的▾按钮，有以下五种选择。

- Keep：保持原来的名称。
- Expand Buses：扩展总线名称，即单线网络标号。
- Group Nets-Lower first：低位优先的总线组名称。
- Group Nets-Higher first：高位优先的总线组名称。
- Inverse Bus Indices：总线组名称反向。

③ 端口宽度：单击右侧的▾按钮，有以下三种选择。

- Use Default Size：使用系统默认尺寸。
- Set Width To Widest：设置为最大宽度。
- Set Width To Fit：设置为适当的宽度。

④ 线长度：连线长度设置，用户可以输入具体数值。

5. 粘贴阵列

粘贴阵列能够一次性按照设定参数，将某一个对象或对象组重复地粘贴到图纸上，这在原理图中需要放置多个相同对象时很有用。

在系统提供的智能粘贴中，包括了阵列粘贴的功能。在“智能粘贴”对话框的右侧有一个“粘贴阵列”区域，选中“使能粘贴阵列”复选框，则阵列粘贴功能被激活，如图 2-76 所示，需要设置的参数如下。

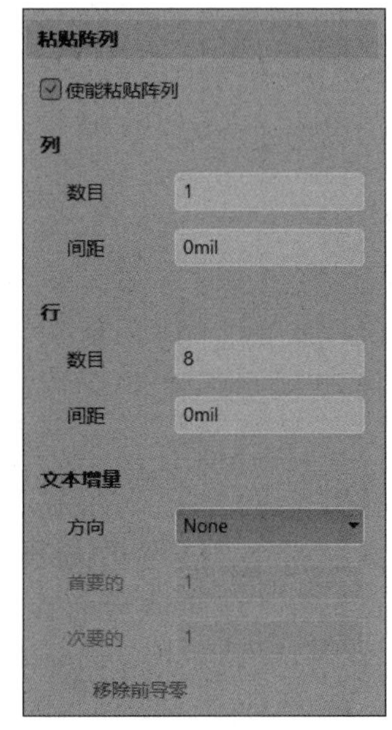


图 2-76　粘贴阵列参数

1）“列”栏

（1）数目：需要粘贴的阵列列数设置。

（2）间距：相邻两列之间的间距设置。

2）“行”栏

（1）数目：需要粘贴的阵列行数设置。

（2）间距：相邻两列之间的间距设置。

3）“文本增量”栏

（1）方向：增量方向设置。有三种选择，即 None（不设置）、Horizontal First（先从水平方向开始增量）和 Vertical First（先从垂直方向开始增量）。选中后两项时，下面的文本框被激活。

（2）首要的：用来指定相邻两次粘贴之间有关标识的数字递增量。

（3）次要的：用来指定相邻两次粘贴之间元器件引脚号的数字递增量。

### 2.6.5　元器件的排列与对齐

Altium Designer 21 为设计者提供了一系列具有排列功能的命令，如图 2-77 所示，使对象的布局更加方便、快捷。在启动排列命令之前，首先要选择需要排列的一组对象，所有排列对齐命令仅针对被选取对象，与其他对象无关。

对齐 (A)...
左对齐 (L) Shift+Ctrl+L
右对齐 (R) Shift+Ctrl+R
水平中心对齐 (C)
水平分布 (D) Shift+Ctrl+H
顶对齐 (T) Shift+Ctrl+T
底对齐 (B) Shift+Ctrl+B
垂直中心对齐 (V)
垂直分布 (I) Shift+Ctrl+V
对齐到栅格上 (G) Shift+Ctrl+D

图 2-77　“对齐”子菜单

1. 排列命令

该命令可以将选取的对象在水平和垂直两个方向上同时排列。

（1）执行“编辑”→“对齐”→“对齐”菜单命令，弹出“排列对象”对话框，如图 2-78 所示。

（2）选择不同的组合可以快速排列对象。其中当“将基元移至栅格”选项选中有效时，可以使没有对准网格的对象与当前网格对齐。

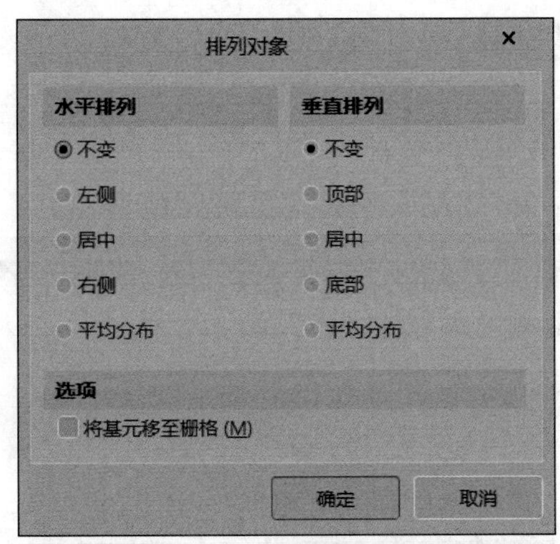


图 2-78 “排列对象”对话框

2. 左对齐

该命令的功能使将选取的对象向最左边的对象对齐。

3. 右对齐

该命令的功能使将选取的对象向最右边的对象对齐。

4. 水平中心对齐

该命令的功能是将选取的对象向最右边对象和最左边对象的中间位置对齐。执行该命令后，各个对象的垂直位置不变，水平方向都汇集在中间位置，所以有可能发生重叠。

5. 水平分布

该命令的功能是将选取的对象在最右边对象和最左边对象之间等间距放置，垂直位置不变。

6. 顶对齐

该命令的功能使将选取的对象向最上面的对象对齐。

7. 底对齐

该命令的功能使将选取的对象向最下面的对象对齐。

8. 垂直中心对齐

该命令的功能是将选取的对象向最上面对象和最下面对象的中间位置对齐。执行该命令后，各个对象的水平位置不变，垂直方向都汇集在中间位置，所以有可能发生重叠。

9. 垂直分布

该命令的功能是将选取的对象在最上面对象和最下面对象之间等间距放置，水平位置不变。

10. 对齐到栅格上

该命令的功能是使未处于网格上的电气点移动到最近的网络中（对象本身作为一个整体也会发生移动），主要用在放置完电路图对象后，修改过网络参数，造成元器件等对象的电气连接点不在栅格点上，给连线造成一定困难时，可用该功能将其修正。

# 任务 2.7　绘制电路原理图

## 2.7.1　绘制原理图的工具

绘制电路原理图主要通过电路图绘制工具来完成，因此，熟练使用电路图绘制工具是必需的。启动电路图绘制工具的方法主要有以下几种。

### 1. 使用“布线”工具栏

执行“视图”→“工具栏”→“布线”菜单命令，如图 2-79 所示，即可打开“布线”工具栏，如图 2-80 所示。

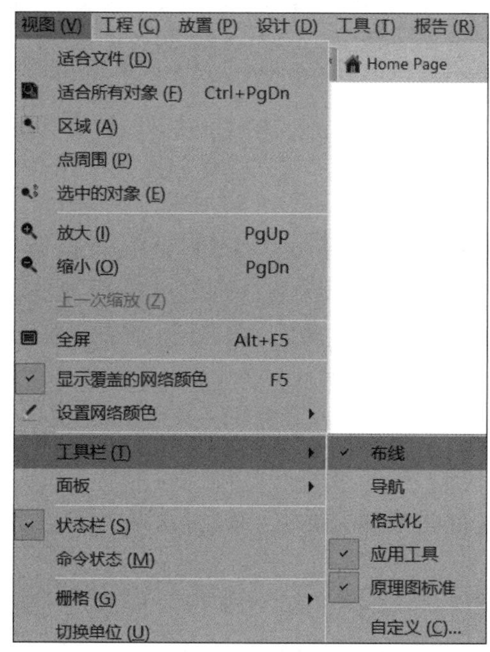


图 2-79　启动“布线”工具栏的菜单命令

图 2-80　“布线”工具栏

### 2. 使用菜单命令

执行“放置”菜单，弹出如图 2-81 所示的菜单。在“放置”菜单中，各项常用命令分别与“布线”工具栏中的图标一一对应，直接单击相应图标，也可完成相同的功能操作。

### 3. 右键命令

在绘图区域，右击，弹出如图 2-82 所示的菜单，选择“放置”，即显示如图 2-81 所示的菜单。

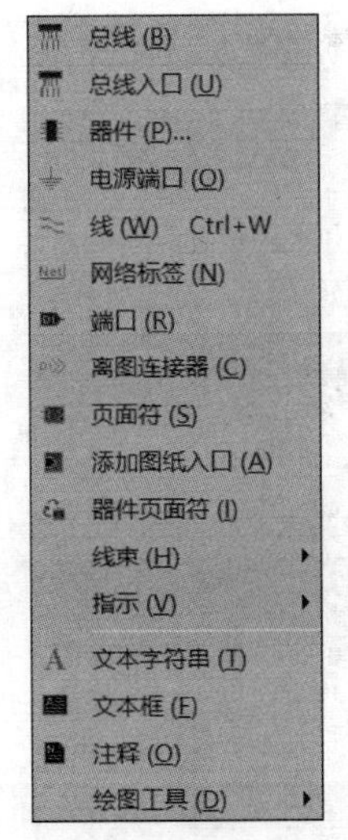


图 2-81　“放置”菜单

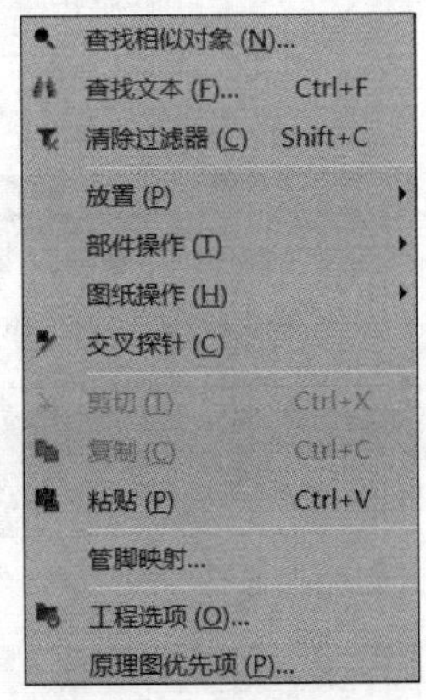


图 2-82　右击菜单

### 2.7.2　放置导线

1. 导线

元器件之间的电气连接，主要通过导线来完成。导线是电路原理图中最重要也是使用最多的元器件，它具有电气连接的意义，不同于一般的绘图连线，后者没有电气连接的意义。

2. 启动绘制导线命令

（1）执行“放置”→“线”菜单命令，进入绘制导线状态。

（2）单击“布线”工具栏中的≈（放置线）按钮，进入绘制导线状态。

（3）在原理图绘图区域右击，在弹出的快捷菜单中执行“放置”→“线”命令。

（4）使用快捷键“P+W”。

3. 绘制导线

进入绘制导线状态后，鼠标指针变成十字形。绘制导线的具体步骤如下。

（1）将鼠标指针移到要绘制导线的起点，若导线的起点是元器件的引脚，当鼠标指针靠近元器件引脚时，会自动移动到元器件的引脚上，同时出现一个红色的 ×，表示电气连接的意义。单击确定导线起点。

（2）移动鼠标指针到导线折点或终点，在导线折点或终点处单击确定导线的位置，每转折一次都要单击一次。导线转折时，可以通过按快捷键“Shift+Space”来切换选择导线转折的模式，分别是直角、45° 角和任意角。

（3）绘制完第 1 条导线后，此时系统仍处于绘制导线状态，将鼠标指针移动到新的导线的起点，按照上面的方法继续绘制其他导线。

（4）绘制完所有的导线后，右击退出绘制导线状态，鼠标指针由十字形变成箭头。

4. 导线属性设置

在绘制导线状态下，按 Tab 键，即可打开导线“Properties”（属性）面板，进而进行导线设置，如图 2-83 所示。

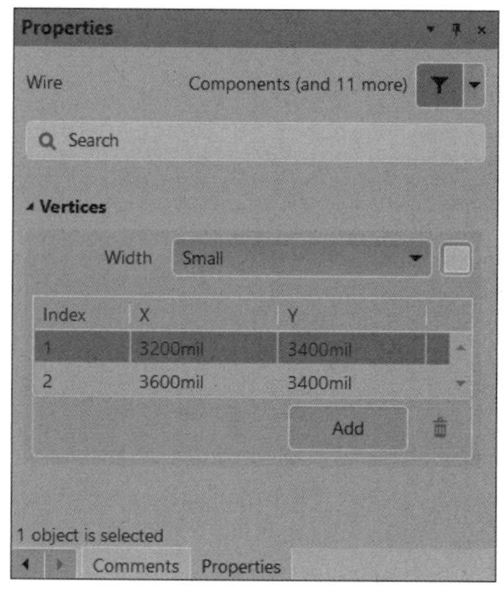


图 2-83 “Properties”面板

1）导线宽度设置

“Width”项用于设置导线的宽度，单击“Width”项右边的▾则可打开下拉式列表，列表中有四项选择，即 Smallest、Small、Medium 和 Large，分别对应最细、细、中和粗导线。如图 2-84 所示。

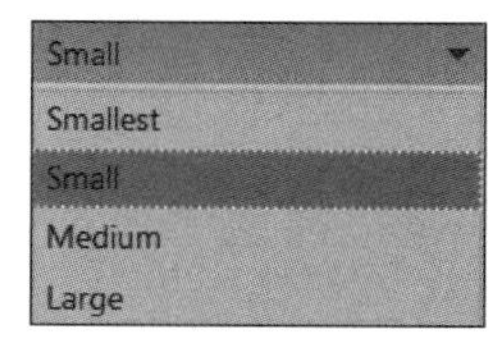


图 2-84 导线宽度选项

2）颜色设置

“颜色”项用于设置导线的颜色。单击“Width”选项右边的色块后，屏幕会出现颜色设置对话框，它提供 80 种预设颜色。如图 2-85 所示，选择所要的颜色，即可完成导线颜色的设置。用户也可以单击颜色设置对话框的“Define Custom Colors”按钮，选择自定义颜色。如图 2-86 所示。

3）“Index”选项卡

如图 2-87 所示，显示了该导线的两个端点以及所有拐点的 X、Y 坐标值。用户可以直接输入具体的坐标值，也可以单击 Add 、🗑 按钮，进行设置更改。

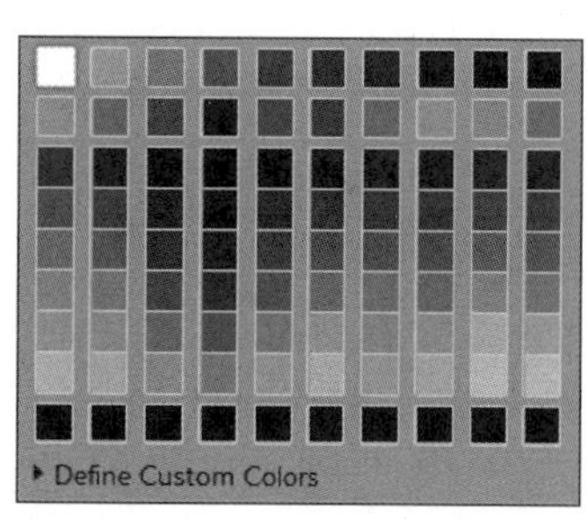


图 2-85 “颜色”对话框

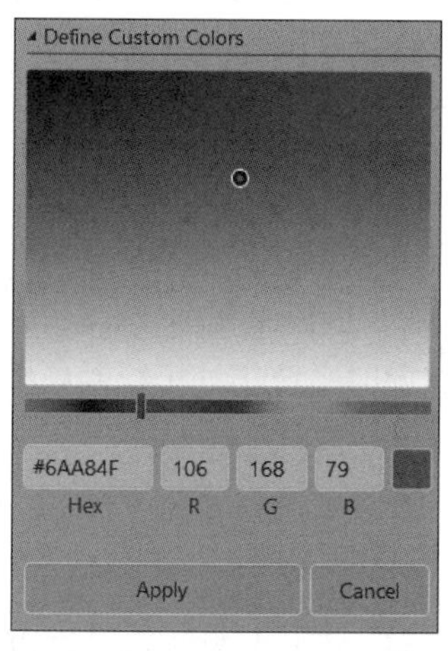


图 2-86 “Define Custom Colors”对话框

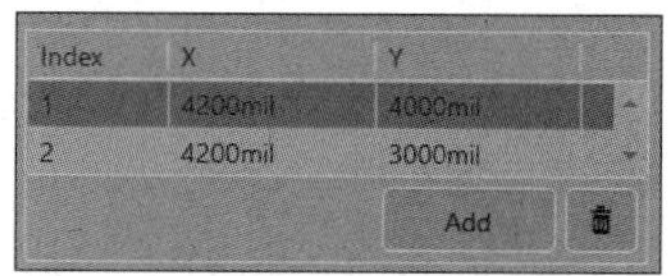


图 2-87 “Index”选项卡

### 2.7.3　放置电源与接地

放置电源和接地符号有多种方法，通常利用“应用工具”工具栏完成电源和接地符号的放置。

1.“应用工具”工具栏中的电源和接地符号

依次执行“视图”→“工具栏”→“应用工具”菜单命令，在编辑窗口中出现图 2-88 所示的“应用工具”工具栏。

单击“应用工具”工具栏中的 按钮，弹出电源和接地符号下拉工具按钮，如图 2-89 所示。

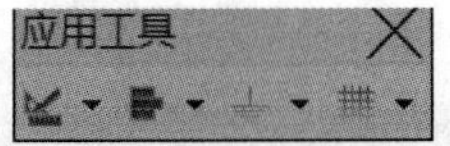


图 2-88　“应用工具”工具栏

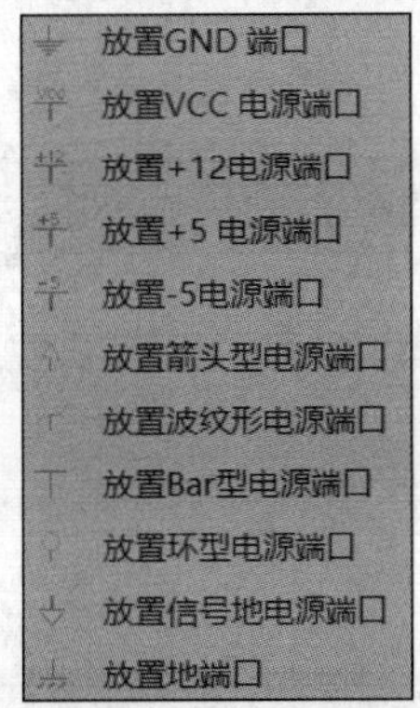


图 2-89　电源和接地符号下拉工具按钮

2. 放置电源和接地符号的方法

（1）单击“布线”工具栏中的 或 按钮。

（2）执行“放置”→“电源端口”菜单命令。

（3）右击原理图绘图区域，在弹出的快捷菜单中执行“放置”→“电源端口”命令。

（4）使用“应用工具”工具栏中的电源和接地符号。

（5）使用快捷键“P+O”。

3. 放置电源和接地符号的步骤

（1）启动放置电源和接地符号的命令后，鼠标指针变成十字形，同时一个电源或接地符号悬浮在鼠标指针上。

（2）在适当的位置单击或按 Enter 键，即可放置电源和接地符号。

（3）右击或按 Esc 键退出电源和接地符号放置状态。

4. 设置电源和接地符号的属性

启动放置电源和接地符号的命令后，按 Tab 键，出现如图 2-90 所示的电源端口和接地符号“Properties”（属性）面板，或者在放置了电源元器件的图形上，双击电源元器件也可以弹出电源端口和接地符号“Properties”（属性）面板。

（1）Rotation（旋转）：用于设置端口放置的角度，0 Degrees、90 Degrees、180 Degrees、270 Degrees 四种选择。

（2）Name（名称）：用于设置电源或接地端口的名称。

（3）Style（类型）：用于设置端口的电气类型，包括 11 种类型，如图 2-91 所示。在 Style 中选择右端的颜色块，选择颜色，用来设置电源或接地符号的颜色。

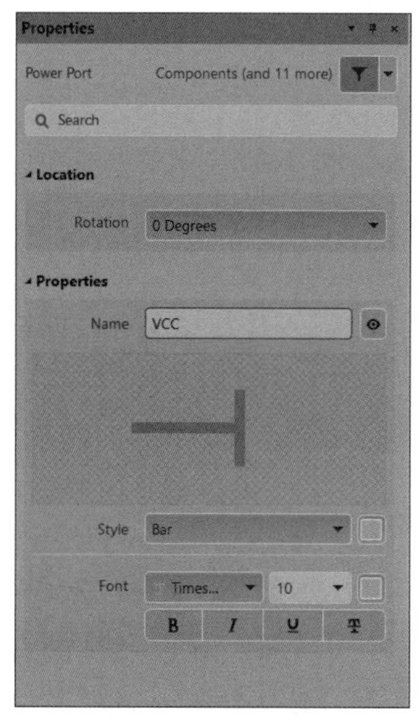


图 2-90 电源端口和接地符号“Properties”面板

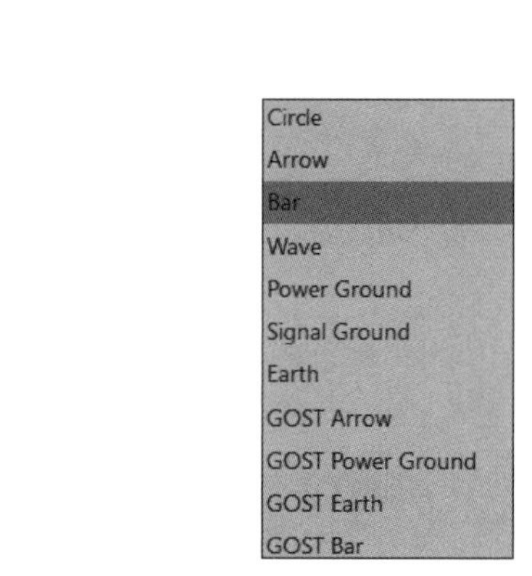


图 2-91 端口的电气类型

（4）Font（字体）：用于设置端口名称的字体类型、字体大小、字体颜色。同时设置字体加粗、斜体、下画线、横线等效果。

### 2.7.4 放置网络标签

网络名称具有实际的电气连接意义，具有相同网络名称的导线无论图上是否连接在一起，都被视为同一条导线。

1. 网络标号使用场合

（1）简化原理图。在连接线路比较远或线路过于复杂而使走线困难时，利用网络名称代替实际走线可使原理图简化。

（2）连接时表示各导线间的连接关系。通过总线连接的各个导线必须标上相应的网络名称，才能达到电气连接的目的。

（3）层次式电路或多重式电路。在这些电路中网络名称表示各个模块电路之间的连接。

2. 放置网络标签（Net Label）的步骤

（1）执行放置网络标签的命令“放置”→“网络标签”，或者单击布线工具栏中的图标。

（2）执行放置网络标签命令后，将光标移到放置网络标签的导线或总线上，光标上产生一个蓝色的“×”符号，表示光标已捕捉到该导线，单击即可正确放置一个网络标签。

（3）将光标移到其他需要放置网络标签的位置，继续放置网络标签。右击可结束放置网络标签状态。

在放置过程中，如果网络标签的尾部是数字，则这些数字会自动增加。

3. 设置网络标签（Net Label）属性对话框

在放置网络标签的状态下，如果要编辑所要放置的网络标签，按 Tab 键即可打开网络标签属性对话框，如图 2-92 所示。

（1）Rotation（旋转）：设置网络标签放置的方向。将鼠标放置在角度位置，则会显示一个下拉按钮，单击下拉按钮即可打开下拉列表，其中包括四个选项：0 Degrees、90 Degrees、180 Degrees 和 270 Degrees，分别表示网络标签的放置方向为 0°、90°、180° 和 270°。

（2）Net Name（网络标签）：可以在文本框中直接输入想要放置的网络标签，也可以单击下拉按钮选择一个网络标签。

（3）Font（字体）：用于设置网络标签的字体类型、字体大小、字体颜色。同时设置字体加粗、斜体、下画线、横线等效果。

（4）Justification（位置）：用于设置网络标签的八个方位或中间的位置。

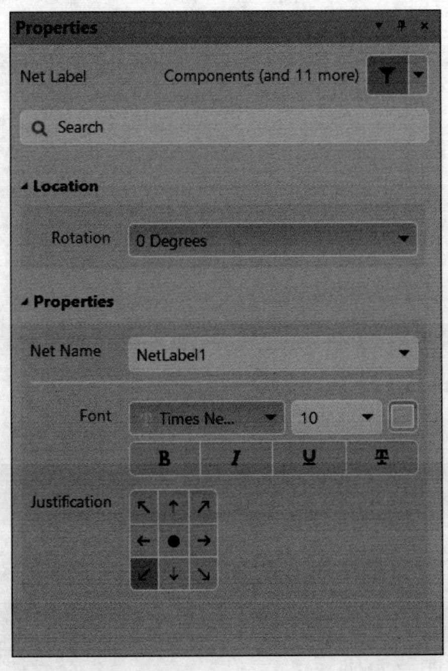


图 2-92　网络标签“Properties”面板

### 2.7.5　放置输入 / 输出端口

在设计原理图时，一个网络与另外一个网络的连接，可以通过实际导线连接，也可以通过放置网络标签使两个网络具有相互连接的电气意义。放置输入 / 输出端口，同样实现两个网络的连接，相同名称的输入 / 输出端口，可以认为在电气意义上是连接的。

输入 / 输出端口也是层次图设计不可缺少的组件。

1. 放置输入 / 输出端口的命令

放置输入 / 输出端口命令主要有四种方法。

（1）单击布线工具栏中的按钮。

（2）执行“放置”→“端口”菜单命令。

（3）在原理图绘图区域右击，在弹出的快捷菜单中执行“放置”→“端口”命令。

（4）使用快捷键“P+R”。

2. 放置输入 / 输出端口的步骤

（1）启动放置输入 / 输出端口命令后，鼠标指针变成十字形，同时一个输入 / 输出端口图标悬浮在鼠标指针上。

（2）移动鼠标指针到原理图的合适位置，在鼠标指针与导线相交处会出现红色的 ×，这表明实现了电气连接。单击即可定位输入 / 输出端口的一端，移动鼠标指针使输入 / 输出端口大小合适，单击完成一个输入 / 输出端口的放置。

（3）右击或按 Esc 键，即可结束放置输入输出端口状态。

3. 输入 / 输出端口属性设置

在放置输入 / 输出端口状态下，按 Tab 键，或者在退出放置输入 / 输出端口状态后，双击放置的输入 / 输出端口符号，弹出端口“Properties”（属性）面板，如图 2-93 所示。

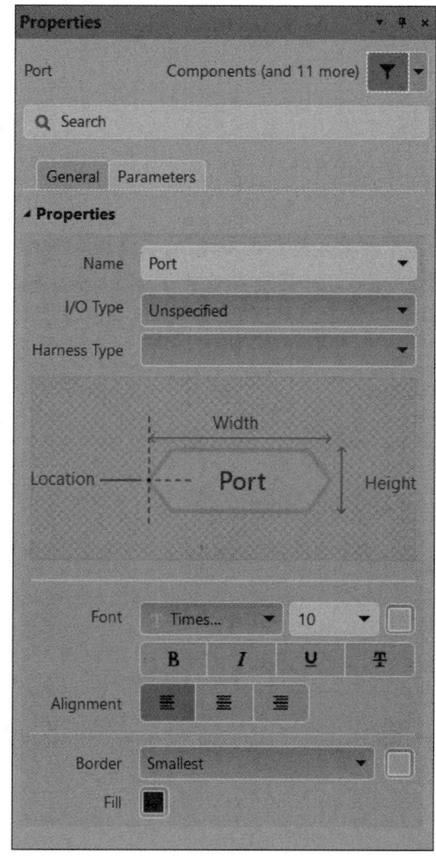

图 2-93　端口“Properties”面板

（1）Name（名称）：定义 I/O 端口的名称，具有相同名称的 I/O 端口的线路在电气上是连接在一起的。图中的名称默认值为 Port。

（2）I/O Type（输入 / 输出端口的类型）：设置端口的电气特性，设置端口的电气特性也就是对端口的 I/O 类型设置，它会为电气法则测试（ERC）提供依据。例如，当两个同属 Input 输入类型的端口连接在一起的时候，电气法则测试时，会产生错误报告。端口的类型设置有以下四种情况。

① Unspecified：未指明或不确定。

② Output：输出端口类型。

③ Input：输入端口类型。

④ Bidirectional：双向类型。

（3）Harness Type（线束类型）：设置线束的类型。

（4）Font（字体）：用于设置端口名称的字体类型、字体大小、字体颜色。同时设置字体加粗、斜体、下画线、横线等效果。

（5）Alignment（对齐）：用于设置端口名称在端口中的位置。有左、居中和右三种方式。

（6）Border（边界）：设置端口边界的线宽，右边的颜色块设置端口边界的颜色。

（7）Fill（填充边界）：用于设置端口内填充颜色。

### 2.7.6 放置通用 No ERC 标号

放置通用 No ERC 标号的主要目的是让系统在进行电气规则检查（ERC）时，忽略对某些节点的检查。例如，系统默认输入型引脚必须连接，但实际上某些输入型引脚不连接也是常事，如果不放置通用 No ERC 标号，那么系统在编译时就会生成错误信息，并在引脚上放置错误标记。

#### 1. 放置通用 No ERC 标号命令

放置通用 No ERC 标号命令主要有四种方法。

（1）单击布线工具栏中的 × 按钮。

（2）依次执行“放置”→“指示”→“通用 No ERC 标号”菜单命令。

（3）在原理图绘图区域右击，在弹出的快捷菜单中执行“放置”→“指示”→“通用 No ERC 标号”命令。

（4）使用快捷键“P+I+N”。

#### 2. 放置通用 No ERC 标号的步骤

启动放置通用 No ERC 标号命令后，鼠标指针变成十字形，并且在鼠标指针上悬浮一个红色的 ×，将鼠标指针移动到需要放置通用 No ERC 标号的节点上，单击完成一个通用 No ERC 标号的放置。右击或按 Esc 键，即可结束放置通用 No ERC 标号状态。

#### 3. 通用 No ERC 标号属性设置

在放置通用 No ERC 标号状态下，按 Tab 键，或者在退出放置通用No ERC标号状态后，双击放置的通用 No ERC 标号，弹出 No ERC “Properties”（属性）面板，如图 2-94 所示。

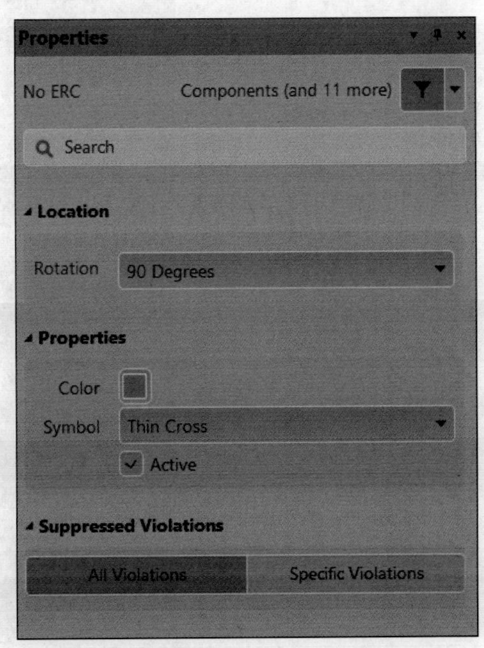

图 2-94　No ERC“Properties”面板

（1）Rotation（旋转）：设置通用 No ERC 标号放置的方向。

（2）Color（颜色）：设置通用 No ERC 标号的颜色。

（3）Symbol（符号）：设置通用 No ERC 标号的符号类型。

### 2.7.7 放置 PCB 参数设置

Altium Designer 21 允许用户在原理图设计阶段来规划指定网络的铜模宽度、过孔直径、布线策略、布线优先权和布线板层属性。如果用户在原理图中对某些特殊要求的网络放置 PCB 布线标志，在创建 PCB 的过程中就会自动在 PCB 中引入这些设计规则。

1. 放置 PCB 参数设置命令

放置 PCB 参数设置命令主要有三种方法。

（1）依次执行“放置”→“指示”→“参数设置”菜单命令。

（2）在原理图绘图区域右击，在弹出的快捷菜单中执行“放置”→“指示”→“参数设置”命令。

（3）单击快捷工具栏中的按钮。

2. 放置 PCB 参数设置的步骤

启动放置 PCB 参数设置命令后，鼠标指针变成十字形，“PCB Rule”图标悬浮在鼠标指针上，将鼠标指针移动到放置 PCB 参数设置的位置单击，即可完成 PCB 参数设置的放置。右击或按 Esc 键，即可退出放置 PCB 参数设置状态。

3. PCB 参数设置属性设置

在放置 PCB 参数设置状态下，按 Tab 键，或者在已放置的 PCB 参数设置上双击，弹出参数设置“Properties”面板，如图 2-95 所示。

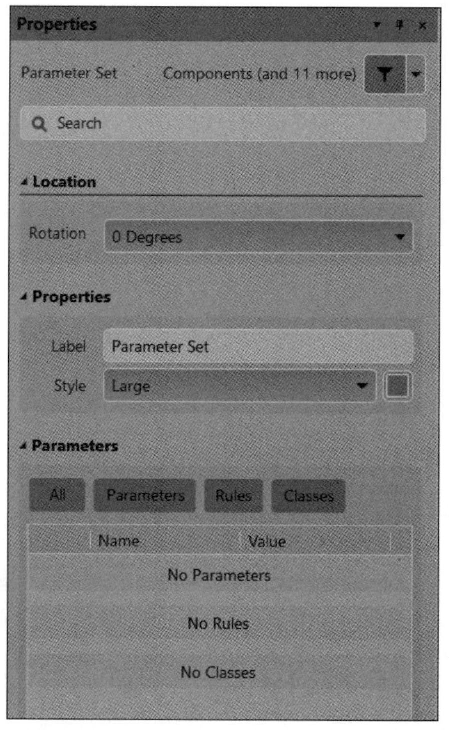


图 2-95 参数设置“Properties”面板

（1）Rotation（旋转）：设置 PCB 参数设置放置的方向。

（2）Label（标签）：用于设置 PCB 参数设置符号的名称。

（3）Style（类型）：用于设置 PCB 参数设置符号在原理图上的类型，包括“Large”（大的）和“Tiny”（极小的）。

# 任务 2.8　原理图的注释

## 2.8.1　应用工具栏

单击“应用工具”→“实用工具”按钮，弹出各种图形工具按钮，这些图形工具与“放置”菜单下的“绘图工具”子菜单中的各项命令具有对应的关系，如表 2-1 所示。

表 2-1　绘图工具按钮及其功能

| 按钮 | 功　能 | 按钮 | 功　能 |
|---|---|---|---|
| | 绘制直线 | | 绘制实心直角矩形 |
| | 绘制多边形 | | 绘制实心圆角矩形 |
| A | 插入文字 | | 绘制椭圆形及圆形 |
| | 插入文字框 | | 插入图片 |

## 2.8.2　绘制直线

在原理图中，直线可以用来绘制一些注释性的图形，如表格、箭头和虚线等，或在编辑元器件时绘制元器件的外形。直线在功能上完全不同于前面所说的导线，它不具有电气连接特性，不会影响到电路的电气结构。

1. 执行线命令

执行“放置”→“绘图工具”→“线”菜单命令，或单击“应用工具”→“实用工具”中的按钮。

2. 绘制线

（1）在绘制直线模式下，将大十字指针符号移动到直线的起点，单击，然后移动鼠标，屏幕上会出现一条随鼠标指针移动的预拉线。

（2）右击一次或按 Esc 键一次，则返回到画直线模式，但并没有退出。如果还处于绘制直线模式下，则可以继续绘制下一条直线，直到右击两次或按一次 Esc 键退出绘制状态。

3.“线”属性设置

如果在绘制直线的过程中按下 Tab 键，弹出如图 2-96 所示的直线“Properties”面板。

（1）Line（线宽）：用于设置直线的线宽，有“Smallest”（最小）、“Small”（小）、“Medium”（中等）、“Large”（大）四种线宽可以选择。在线宽的选项右边有颜色块，可以选择线的颜色。

（2）Line Style（线类型）：用于设置直线的线型，有“Solid”（实线）、“Dashed”（虚线）、“Dotted”（虚线）和“Dash dotted”（点画线）四种线型可以选择。

（3）Start Line Shape（开始块外形）：用于设置直线起始端的线型。

（4）End Line Shape（结束块外形）：用于设置直线结束端的线型。

（5）Line Size Shape（线尺寸外形）：用于设置所有直线的线型。

直线绘制完后单击直线，弹出的属性编辑面板与图 2-96 略有不同，添加了“Vertices”（顶点）选项组，用于设置直线各顶点的坐标值，如图 2-97 所示。

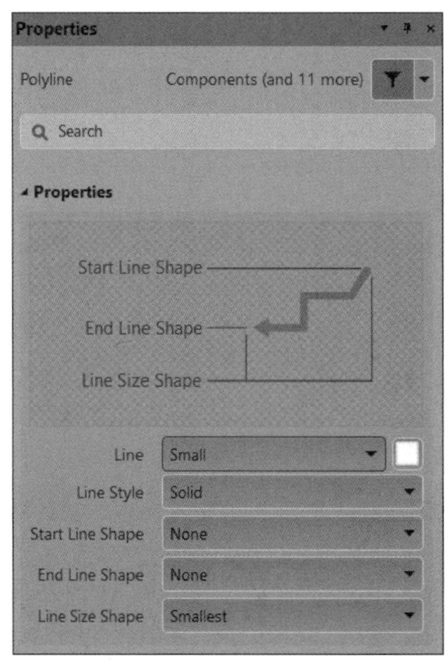


图 2-96 直线“Properties”面板

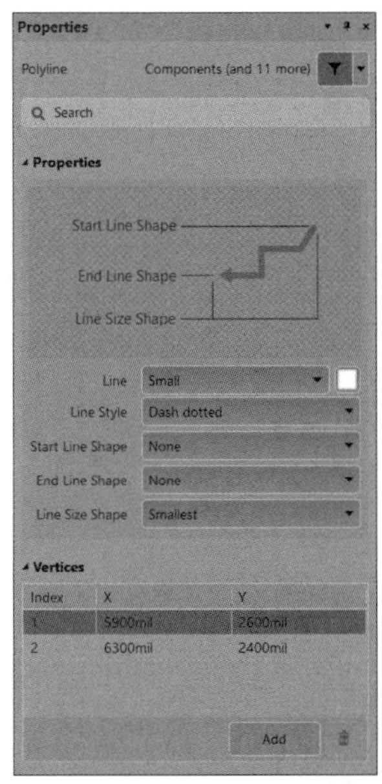


图 2-97 顶点坐标设置

### 2.8.3 绘制多边形

多边形（Polygon）是指利用鼠标指针依次定义出图形的各个边所形成的封闭区域。

1. 执行绘制多边形命令

依次执行“放置”→“绘图工具”→“多边形”菜单命令，或单击“应用工具”→“实用工具”工具栏中的按钮，将编辑状态切换到绘制多边形模式。

2. 绘制多边形

在绘制多边形模式下，鼠标指针旁边会多出一个大十字符号。首先在待绘制图形的一个角单击，然后移动鼠标到第二个角单击形成一条直线，再移动鼠标，这时会出现一个随鼠标指针移动的预拉封闭区域。依次移动鼠标到待绘制图形的其他角单击。如果右击就会结束当前多边形的绘制，进入下一个绘制多边形的过程。如果要将编辑模式切换回待命模式，可再右击或按下 Esc 键。绘制的多边形如图 2-98 所示。

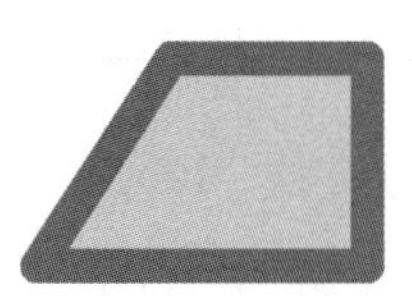

图 2-98 绘制的多边形

3.“多边形”属性设置

在绘制多边形的过程中按下 Tab 键，弹出如图 2-99 所示的多边形“Properties”面板。

（1）Border（边界）：设置矩形的边框线宽，有“Smallest”（最小）、“Small”（小）、

“Medium”（中等）、“Large”（大）四种线宽可以选择。

（2）颜色设置：单击边界选项的右侧的颜色块，可以设置矩形边框的颜色。

（3）Fill Color（填充颜色）：设置矩形的填充颜色。单击其右边的颜色块，选择需要的填充颜色。

（4）Transparent（透明的）：勾选该复选框，则多边形为透明的，内无填充颜色。

多边形绘制完毕后单击多边形，弹出的属性编辑面板与图 2-99 略有不同，添加了“Vertices”（顶点）选项组，用于设置多边形各顶点的坐标值，如图 2-100 所示。

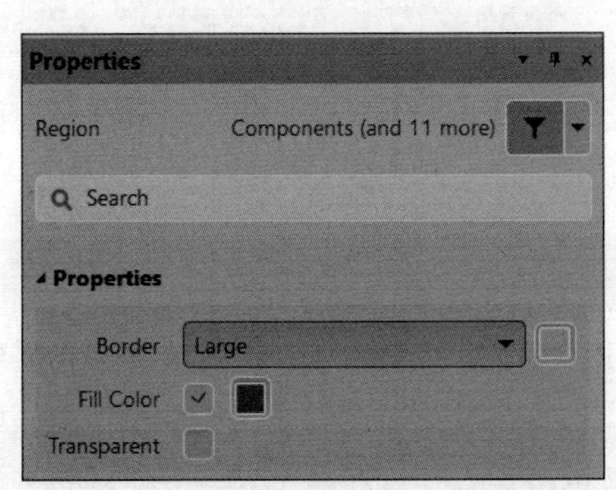


图 2-99 多边形“Properties”面板

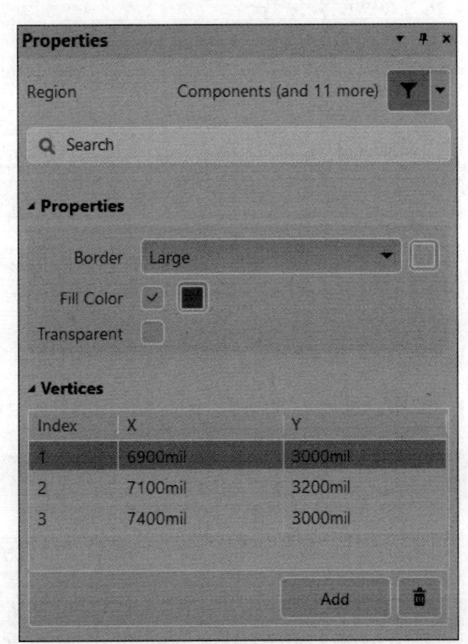


图 2-100 顶点坐标设置

### 2.8.4 添加文本字符串

为了增加原理图的可读性，应在某些关键的位置处添加一些文字说明，即放置文本字符串，以便于用户之间的交流。

1. 执行放置文本字符串命令

执行“放置”→“文本字符串”菜单命令，或单击“应用工具”→“实用工具”工具栏中的 A 按钮，将编辑模式切换到放置注释文字模式。

2. 放置文本字符串

执行此命令后，鼠标指针旁边会多出一个大十字和一个“Text”，在想放置注释文字的位置单击，绘图页面中就会出现一个名为“Text”的字串，并进入下一次操作过程。

3.“文本字符串”属性设置

如果在完成放置之前按下 Tab 键，或者直接在“Text”字串上单击，即可弹出文本字符串“Properties”面板，如图 2-101 所示。

（1）Rotation（定位）：设置文本字符串在原理图中的放置方向，有“0 Degrees”“90 Degrees”“180 Degrees”和“270 Degrees”四个选项。

（2）Text（文本）：在文本框内输入文本。

（3）Font（字体）：用于设置字体类型、字体大小、字体颜色。同时设置字体加粗、斜体、下画线、横线等效果。

（4）Justification（方向）：在方向控制盘上设置文本字符串在不同方向上的位置，包括9个字体。

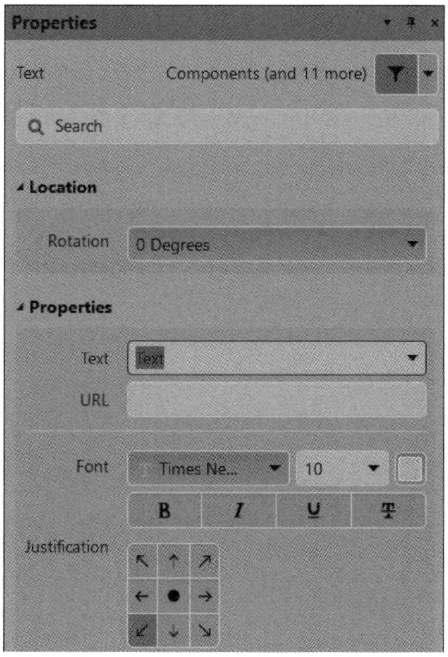

图 2-101　文本字符串“Properties”面板

### 2.8.5　添加文本框

2.8.4 小节放置的文本字符串只能是简单的单行文本，如果原理图中需要大段的文字说明，就需要用到文本框了。使用文本框可以放置多行文本，并且字数没有限制。文本框仅仅是对用户所设计的电路进行说明，本身不具有电气意义。

1. 执行放置文本框命令

执行“放置”→“文本框”菜单命令，或单击“应用工具”→“实用工具”工具栏中的按钮，将编辑状态切换到放置文本框模式。

2. 放置文本框

执行放置文本框命令后，鼠标指针旁边会多出一个大十字符号和一个虚线框，在需要放置文本框的一个边角处单击，然后移动鼠标就可以在屏幕上看到一个虚线的预拉框，单击该预拉框的对角位置，就结束了当前文本框的放置过程，并自动进入下一个放置过程。

3.“文本框”属性设置

在放置文本框之前按下 Tab 键，会弹出文本框“Properties”面板，如图 2-102 所示。

（1）Text（文本）：在文本框内输入文本。

（2）Font（字体）：用于设置字体类型、字体大小、字体颜色。同时设置字体加粗、斜体、下画线、横线等效果。

（3）Alignment（对齐）：用于设置端口名称在端口中的位置。有居左、居中和居右 3 种方式。

（4）Text Margin（文本边缘）：设置文本边缘的距离。

（5）Border（边界）：设置端口边界的线宽，单击其右边的颜色块设置端口边界的颜色。

（6）Fill Color（填充颜色）：设置文本框的填充颜色。单击右边的颜色块，选择需要的填充颜色。

文本框绘制完后单击，弹出的文本框“Properties”面板与图 2-102 略有不同，添加了“Location”（位置）选项组、“Width”（宽度）和“Height”（高度）选项，“Location”用于设置文本框左下角的坐标值，“Width”和“Height”用于设置文本框的宽度和高度，如图 2-103 所示。

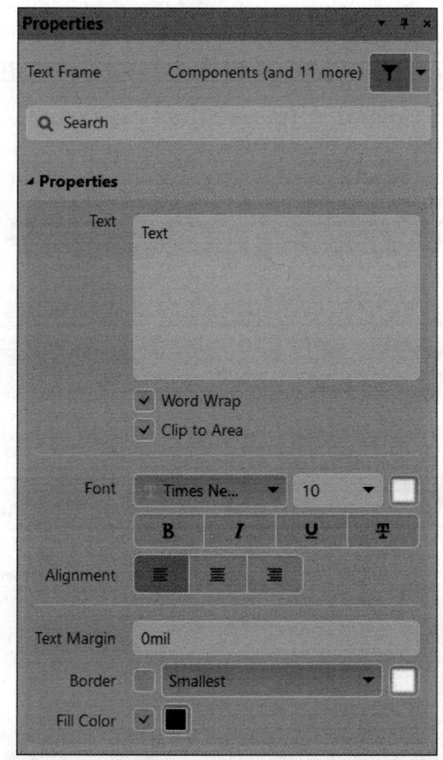


图 2-102　文本框“Properties”(属性)面板

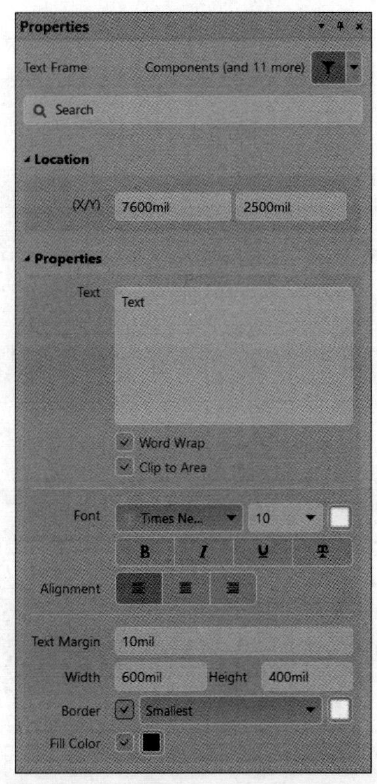


图 2-103　文本框绘制完后，单击文本框的“Properties”面板

### 2.8.6　绘制矩形和圆角矩形

这里的矩形分为直角矩形（Rectangle）与圆角矩形（Round Rectangle），它们的差别在于矩形的四个边角是否由椭圆弧所构成。除此之外，二者的绘制方式与属性均十分相似。

1. 执行绘制矩形或圆角矩形命令

执行“放置”→“绘图工具”→“矩形”菜单命令，或单击“应用工具”→“实用工具”工具栏中的■按钮。执行“放置”→“绘图工具”→“圆角矩形”菜单命令，或单击“应用工具”→“实用工具”工具栏中的■按钮。

2. 绘制矩形

执行绘制矩形命令后，鼠标指针旁边会多出一个大十字和矩形符号，然后在待绘制矩形的一个角上单击，接着移动鼠标到矩形的对角，再单击即完成当前这个矩形的绘制过程，同时进入下一个矩形的绘制过程。

若要将编辑模式切换回等待命令模式，可在此时右击或按下 Esc 键。绘制的矩形和圆角矩形如图 2-104 所示。

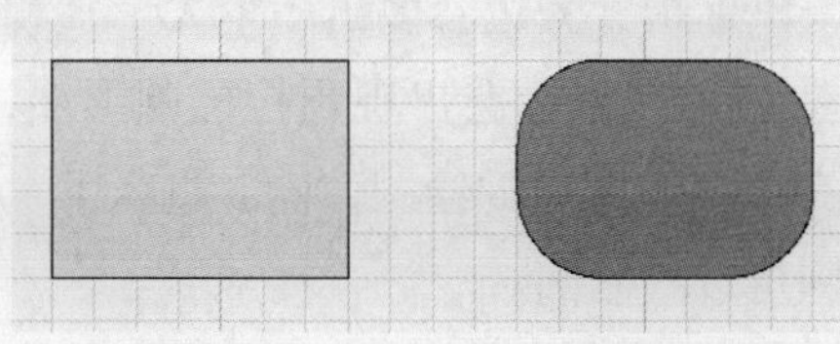

图 2-104　绘制的矩形和圆角矩形

3. “矩形或圆角矩形”属性设置

直接单击已绘制好的矩形或圆角矩形，弹出如图 2-105 或图 2-106 所示的矩形“Properties”（属性）面板或圆角矩形“Properties”（属性）面板。

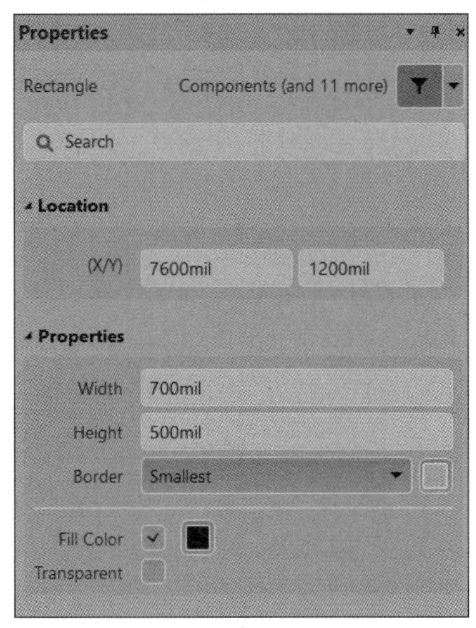


图 2-105 矩形“Properties”面板

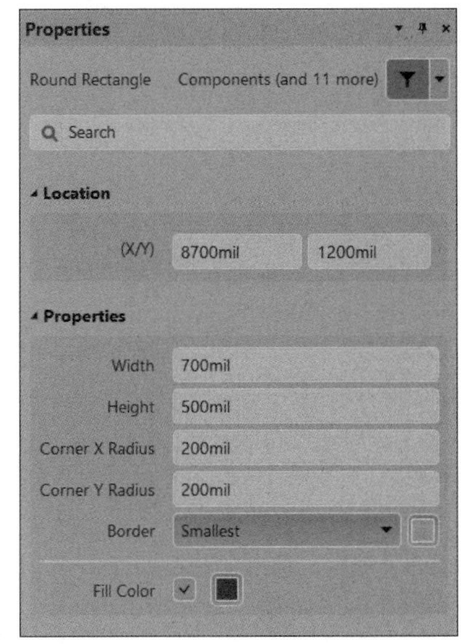


图 2-106 圆角矩形“Properties”面板

（1）（X/Y）：设置矩形左下角的坐标位置。

（2）Width（宽度）：设置矩形的宽度。

（3）Height（高度）：设置矩形的高度。

（4）Border（边界）：设置矩形边界的线宽，右边的颜色块设置端口边界的颜色。

（5）Fill Color（填充颜色）：用于设置端口内填充颜色。

（6）Transparent（透明的）：勾选此选项框，矩形内就不带填充了。

（7）Corner X Radius（圆角 X 方向的轴半径）：设置圆角 X 方向的轴半径。

（8）Corner Y Radius（圆角 Y 方向的轴半径）：设置圆角 Y 方向的轴半径。

### 2.8.7 绘制椭圆或圆

1. 执行绘制椭圆或圆命令

执行“放置”→“绘图工具”→“椭圆”菜单命令，或单击“应用工具”→“实用工具”工具栏中的按钮，将编辑状态切换到绘制椭圆模式。由于圆就是 X 轴与 Y 轴半径一样大的椭圆，所以利用绘制椭圆的工具即可以绘制出标准的圆。

2. 绘制椭圆或圆

执行绘制椭圆命令后，鼠标指针旁边会多出一个大十字和一个圆符号，首先在待绘制图形的中心点处单击，然后移动鼠标会出现预拉椭圆形线，分别在适当的 X 轴半径处与 Y 轴半径处单击，即完成该椭圆形的绘制，同时进入下一次绘制过程。如果设置的 X 轴与 Y 轴的半径相等，则可以绘制圆。

此时如果希望将编辑模式切换回等待命令模式，可右击或按下 Esc 键。绘制的图形

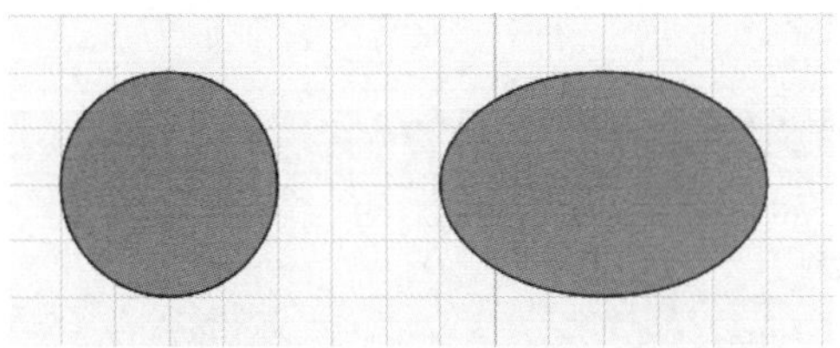

图 2-107　绘制的圆和椭圆

如图 2-107 所示。

3. “椭圆”属性设置

单击已绘制好的椭圆形，弹出椭圆“Properties”面板，如图 2-108 所示。

（1）（X/Y）：设置椭圆形的中心点坐标。

（2）Border（边界）：设置矩形边界的线宽，右边的颜色块设置端口边界的颜色。

（3）X Radius（椭圆的 X 轴半径）：设置椭圆的 X 轴半径。

（4）Y Radius（椭圆的 Y 轴半径）：设置椭圆的 Y 轴半径。

（5）Fill Color（填充颜色）：设置端口内填充颜色。

（6）Transparent（透明的）：勾选此选项框，椭圆内就不带填充了。

如果想将一个椭圆改变为标准圆，可以修改 X Radius 和 Y Radius 编辑框中的数值，使之相等即可。

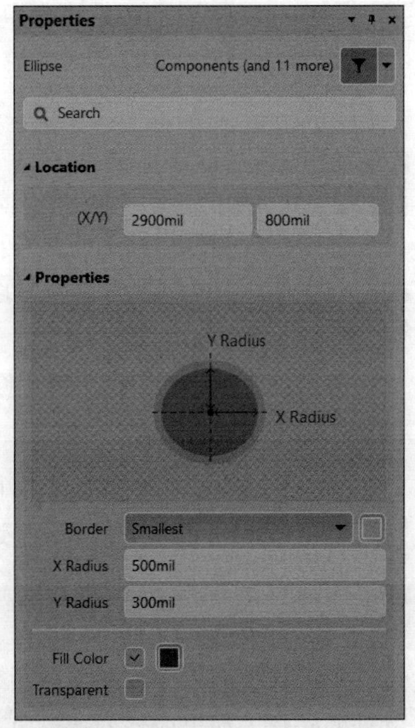


图 2-108　椭圆“Properties”面板

### 2.8.8　添加图形

有时在原理图中需要放置一些图像文件，如厂家标志、广告等。通过使用粘贴图像命令可以实现图形的添加。

1. 添加图像命令

执行“放置”→“绘图工具”→“图像”菜单命令，或单击“应用工具”→“实用工具”工具栏中的■按钮。

2. 添加图形

执行添加图像命令后，鼠标指针变成十字形状，并带有一个矩形框。将鼠标指针移动到需要放置图形的位置处，单击确定图形放置位置的一个顶点，将鼠标指针移动到合适的位置再次单击，此时将弹出图 2-109 所示的“打开”对话框，从中选择要添加的图形文件，单击“打开”按钮，再移动鼠标指针到工作窗口中，然后单击，这时所选的图形将被添加到原理图中。

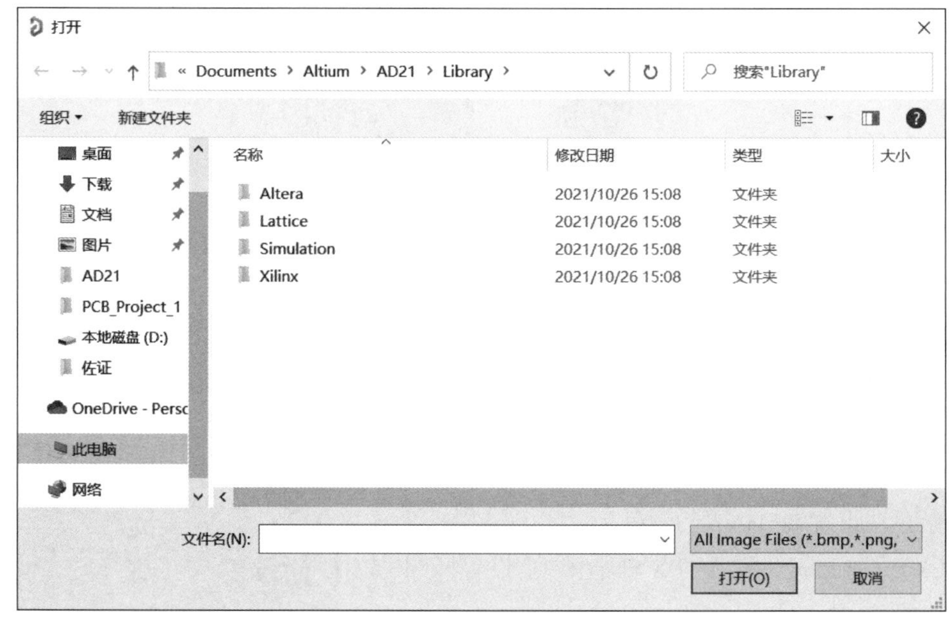

图 2-109 “打开”对话框

此时鼠标指针仍处于放置图形的状态，重复“添加图形”步骤，即可放置其他的图形。右击或按 Esc 键便可退出放置图形状态。

3.“图形”属性设置

单击已添加好的图形，弹出图形“Properties”面板，如图 2-110 所示。

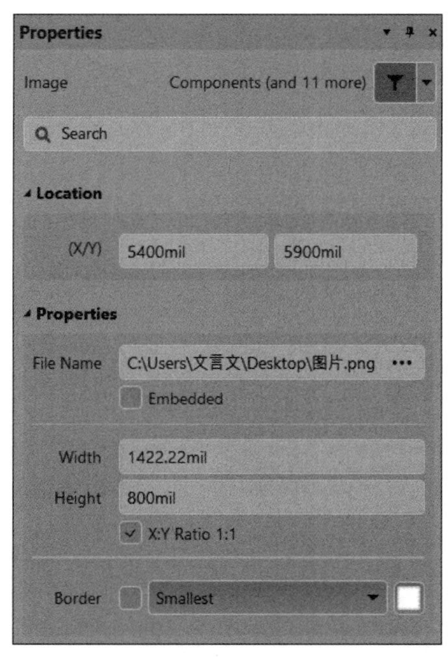

图 2-110 图形“Properties”面板

（1）(X/Y)：设置图形左下角的坐标。

（2）File Name（文件名）：选择图形所在的文件路径名。

（3）Embedded（嵌入式）：勾选该复选框后，图形将被嵌入原理图文件后，这样可以方便文件的转移。如果取消勾选该复选框，则在文件传递时需要将图形的链接也转移过去，否则将无法显示该图形。

（4）Width（宽度）：设置图形的宽度。

（5）Height（高度）：设置图形的高度。

（6）X∶Y Ratio 1∶1（比例）：勾选该复选框，将以 1∶1 的比例显示图形。

（7）Border（边界）：设置图形边界的线宽，右边的颜色块设置端口边界的颜色。

## 任务 2.9 操作实例——运算放大器电路

通过前面的学习，对 Altium Designer 21 的原理图编辑环境和原理图编辑器的使用已经有了一定的了解，能够完成一些简单电路图的绘制。下面通过具体的实例介绍绘制电

运算放大器电路

路图的步骤。

1. 建立工作环境

1）新建工程项目

依次执行“文件”→“新的”→“项目”菜单命令，弹出“Create Project”（新建工程）对话框。默认选择“Local Projects”（本地工程），在“Project Name”（工程名称）文本框中输入文件名“运算放大器电路”，在“Folder”（路径）文本框中输入文件路径，如图 2-111 所示。完成设置后，单击“Creat”按钮，关闭对话框，完成工程的新建。

2）新建原理图

依次执行“文件”→“新的”→“原理图”菜单命令，新建电路原理图。在新建的原理图上右击，在弹出的快捷菜单中执行“另存为”命令，将新建的原理图文件保存为“运算放大器电路.SchDoc”，如图 2-112 所示。在创建原理图文件的同时，也就进入了原理图设计环境。

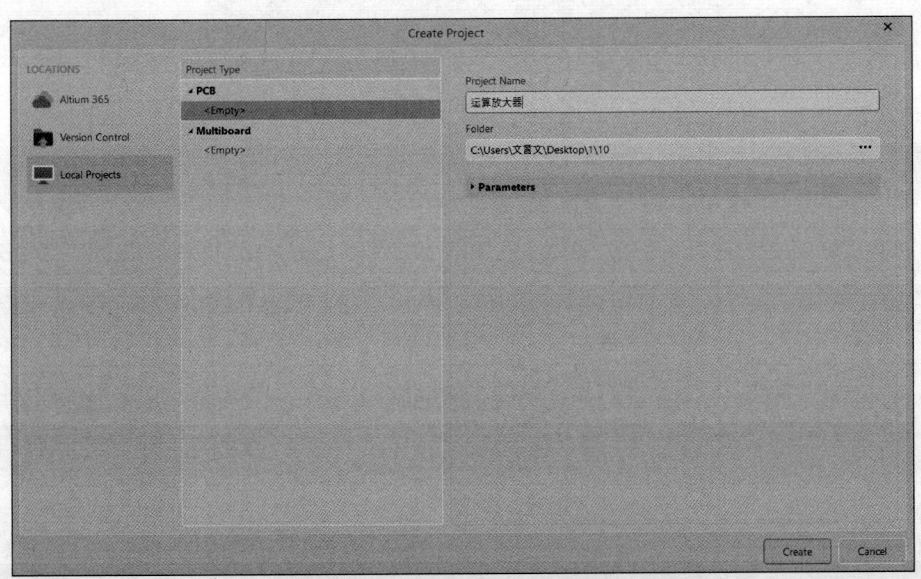


图 2-111　“Create Project”（新建工程）对话框

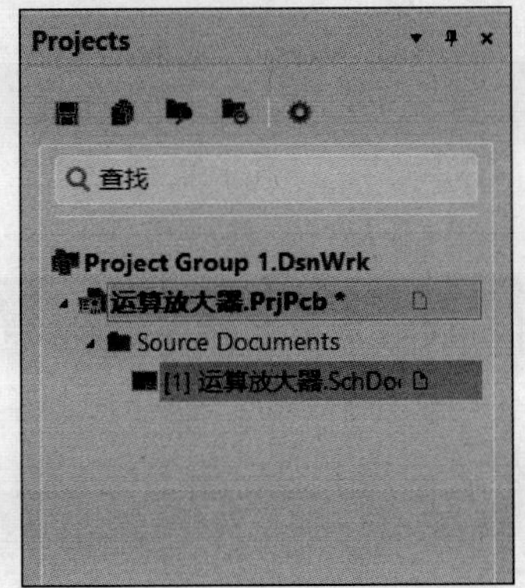


图 2-112　创建新原理图文件

3）设置图纸参数

单击右下角的“Panels”按钮，在弹出的快捷菜单中执行“Properties”（属性）命令，打开“Properties”（属性）面板，如图 2-113 所示。在此面板中对图纸参数进行设置。将图纸的尺寸设置为 A4，“Orientation”（定位）设置为“Landscape”（水平方向），勾选“Title Block”（标题块）复选框并设置为“Standard”（标准），其他采用默认设置。

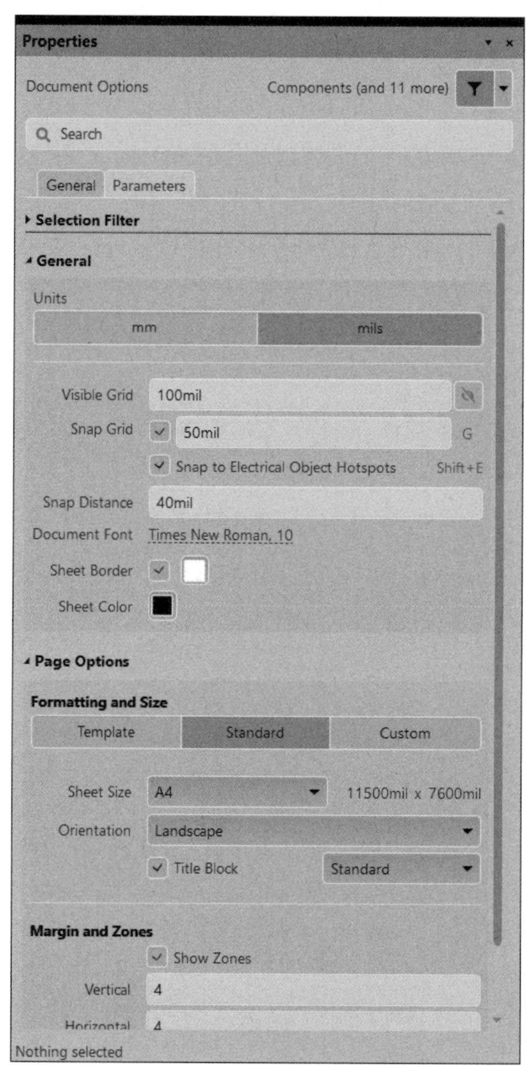


图 2-113 “Properties”面板

2. 加载元器件库

在“Components”（元器件）面板右上角单击☰按钮，在弹出的快捷菜单中执行“File-based Libraries Preferences”（库文件参数）命令，则系统将弹出图 2-114 所示的“可用的基于文件的库”对话框，然后在其中加载需要的元器件库。

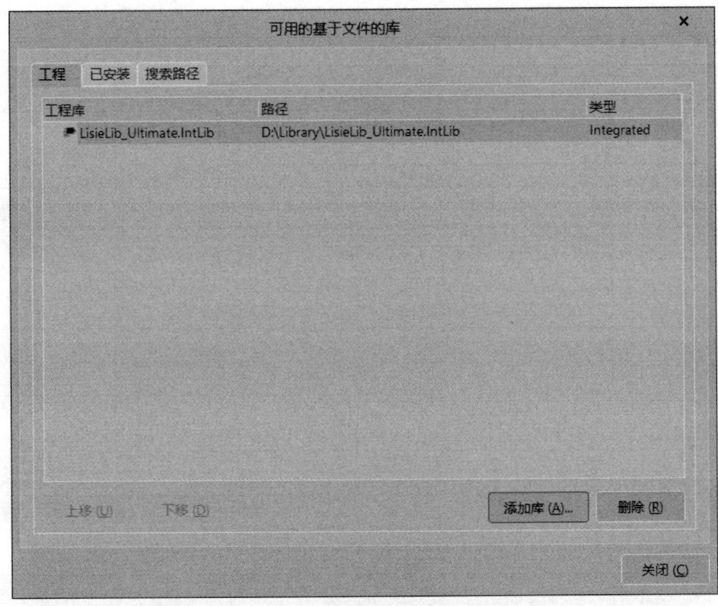


图 2-114 需要加载的元器件库

在绘制电路原理图的过程中，放置元器件的基本依据是根据信号的流向放置，或从左到右，或从右到左。首先放置电路中关键的元器件，之后放置电阻、电容等外围元器件。

3. 查找元器件

单击“Components”（元器件）面板右上角☰按钮，在弹出的快捷菜单中执行“File-based Libraries Search”（库文件搜索）命令，则系统将弹出图 2-115 所示的“基于文件的库搜索”对话框，“值”对应的文本框中输入“Res2”即可。单击 查找 (S) 按钮，系统开始查找此元器件。查找到的元器件将显示在“Components”（元器件）面板中，如图 2-116 所示。

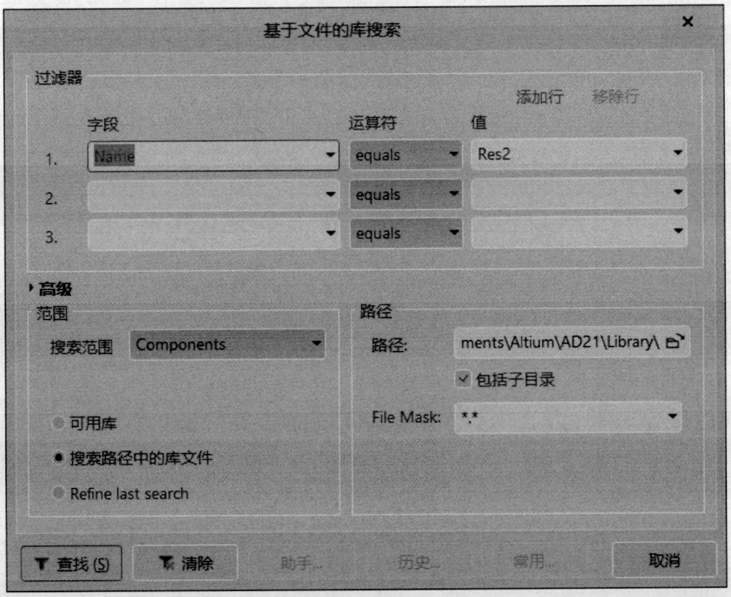

图 2-115 查找元器件 Res2

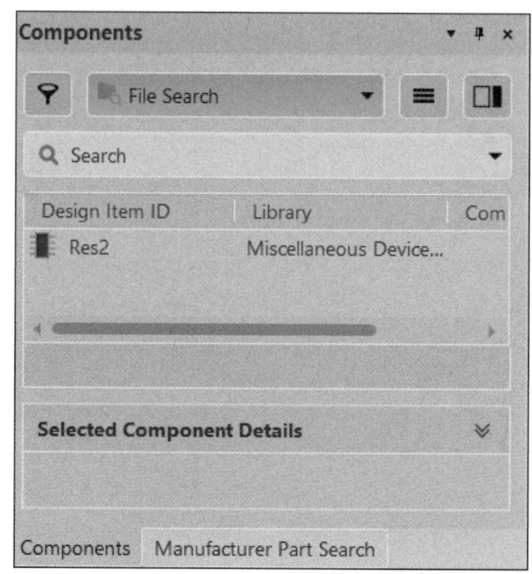


图 2-116　查找到的元器件 Res2

4. 放置元器件

右击查找到的元器件，在弹出的快捷菜单中执行“Place Res2”命令，如图 2-117 所示，将其放置到原理图中。用同样的方法可以查找其他元器件，并加载其所在的库，然后将其放置在原理图中。

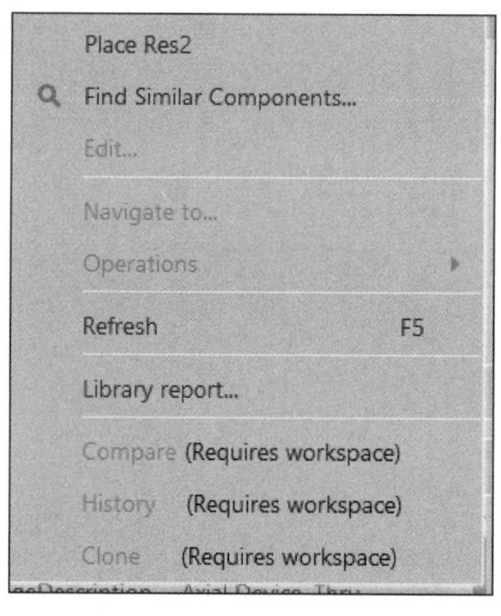


图 2-117　快捷菜单

5. 编辑元器件属性

在图纸上放置完元器件后，对每个元器件的属性进行编辑，包括元器件标识符、序号、型号等。双击对应的元器件，弹出图 2-118 的“Properties”（属性）对话框中修改元器件的属性，将“Designator”（标识符）设为 R1。使用同样的方法设置其他元器件，设置好元器件属性后的结果如图 2-119 所示。

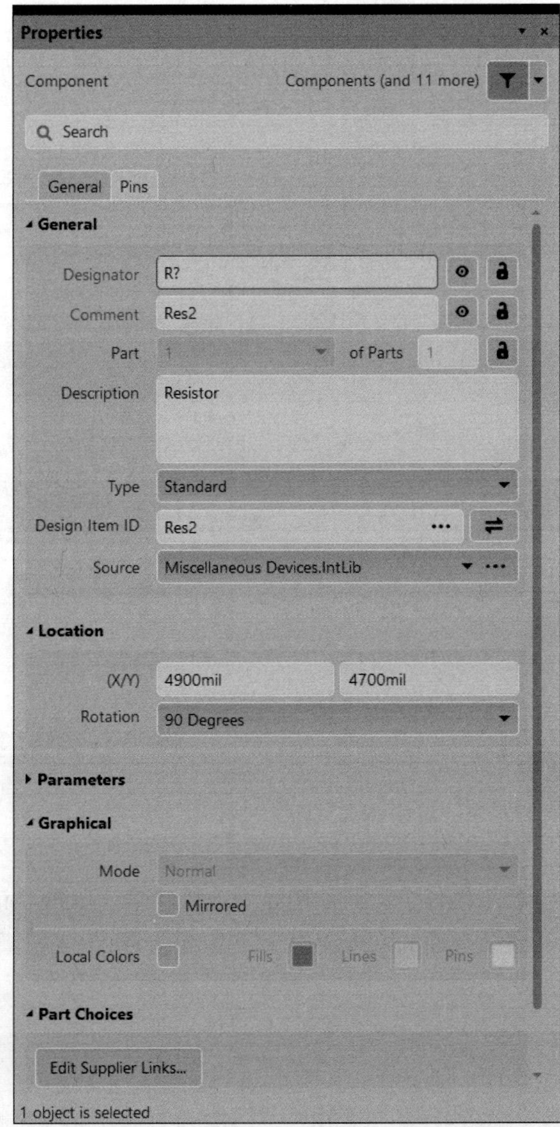


图 2-118　“Properties”对话框

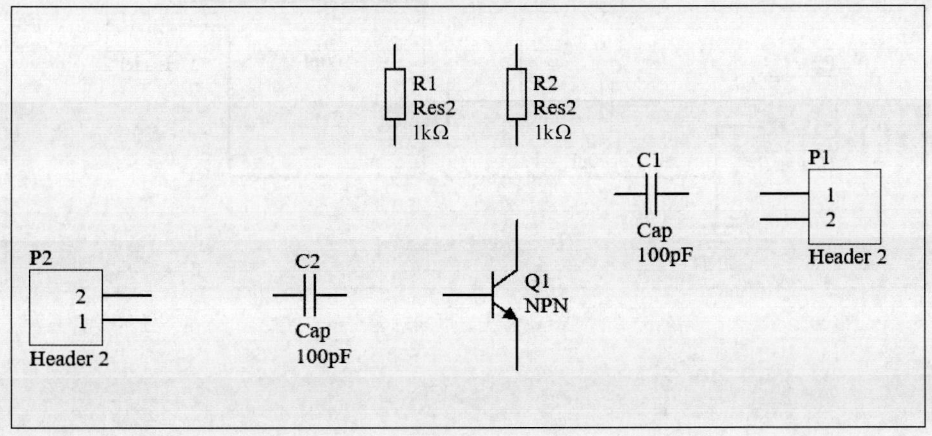


图 2-119　元器件放置结果

6. 放置电源和接地符号

单击“布线”工具栏中的放置电源按钮和接地按钮，在原理图的合适位置放置电源和接地，如图 2-120 所示。

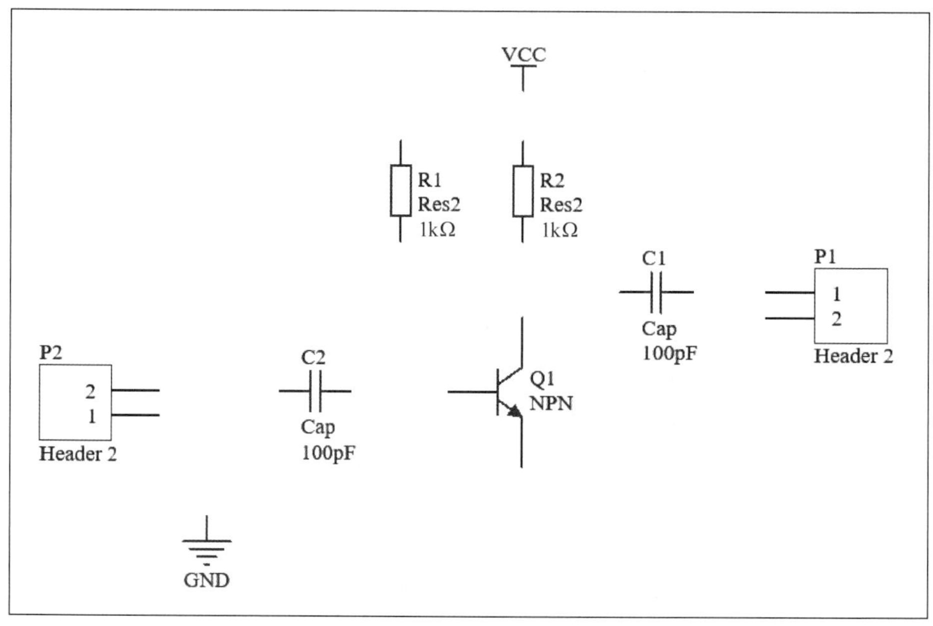


图 2-120 放置电源和接地后的结果

7. 连接导线

根据电路设计的要求，将各个元器件用导线连接起来。单击“布线”工具栏中的绘制导线按钮，完成元器件之间的电气连接，结果如图 2-121 所示。

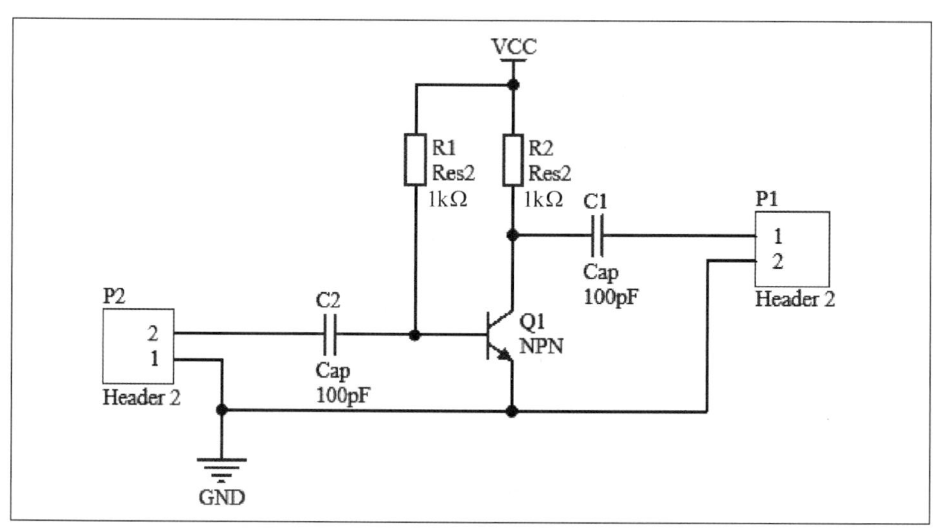


图 2-121 布线结果

国之骄傲，行业引领

**麒麟 990 5G——华为芯片**

麒麟 990 5G 是华为 2019 年 9 月 6 日发布的全球首款旗舰 5G SoC 芯片，其优点是面积更小、功耗更低。

麒麟 990 5G 采用 7nm+EUV 工艺制程，首次将 5G Modem 集成到 SoC 上，板级面积相比业界其他方案小 36%。这是世界上第一款晶体管数量超过 100 亿的移动终端芯片，达到 103 亿个晶体管，与此前的麒麟 980 相比晶体管增加 44 亿个。麒麟 990 5G 采用两个大核（基于 Cortex-A76 开发）+2 个中核（基于 Cortex-A76 开发）+4 个小核（基于 Cortex-A55 开发），与业界主流旗舰芯片相比，单核性能高 10%，多核性能提高 9%。

游戏方面，麒麟 990 5G 升级 Kirin Gaming 2.0，实现硬件基础与解决方案的高效协作，带来业界顶级的游戏体验。

拍照方面，麒麟 990 5G 采用全新 ISP 5.0，在手机芯片上实现 BM3D(Block-Matching and 3D Filtering) 单反级硬件降噪技术，暗光场景拍照更加明亮清晰；视频噪声处理更精准，视频拍摄无惧暗光场景；基于 AI 分割的实时视频后处理渲染技术，可逐帧调节视频画面色彩，让手机视频呈现出电影质感。HiAI 开放架构 2.0 再度升级，算子数高达 300 个，支持业界所有主流框架模型对接，为开发者提供更强大完备的工具链，赋能 AI 应用开发。

产业发展到高级阶段，竞争的核心不再是掌控技术本身，而是能否控制产业生态，而 5G 时代，得“芯”者得天下。

## 思考与练习

1. 在新建的工程下新建名称为练习 1.SchDoc 的原理图文件，文件的图样参数具体设置如下。

（1）图样尺寸自定义：图样宽度为 15000 mil，高度为 10000 mil，边框的宽度为 200 mil，水平参考边框分成四等分，垂直参考边框分成两等分。

（2）图样的放置方向为垂直方向。

（3）隐藏标题栏。

（4）工作区的颜色设置为 229。

2. 在新建的工程下新建名称为练习 2.SchDoc 的原理图文件，文件的图样参数具体设置如下。

（1）图样尺寸为 A3。

（2）标题栏类型选择为 ANSI。

（3）图样的放置方向为垂直方向。

（4）图样边框的颜色设置为 235，工作区的颜色设置为 23。

3. 绘制一张看门狗电路原理图，图纸外框尺寸选 A4，如图 2-122 所示。

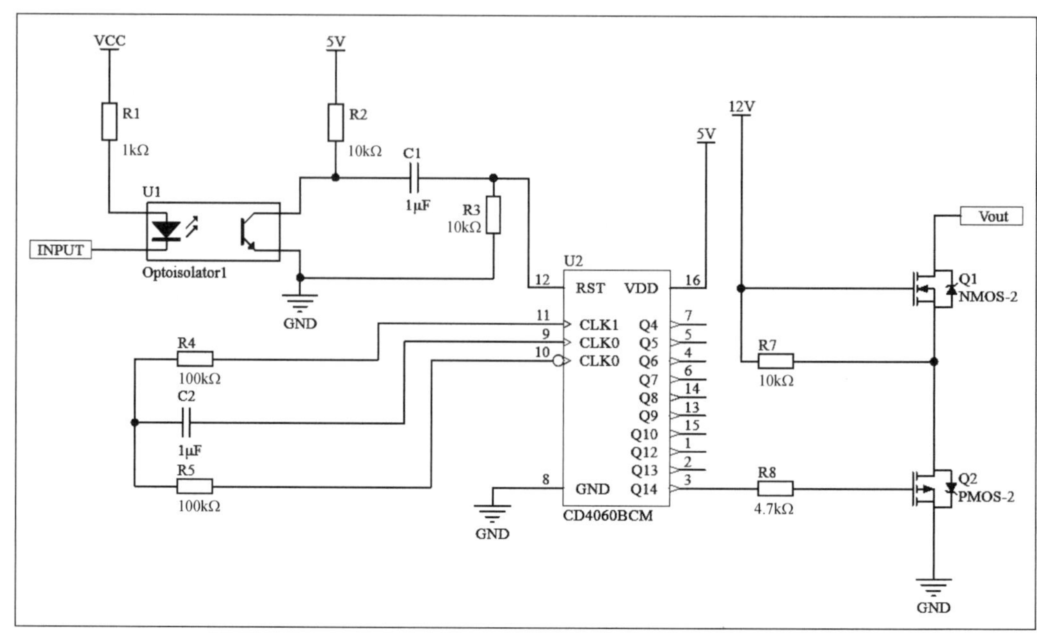


图 2-122　看门狗电路原理图

4. 绘制一张基带放大电路原理图（全国大学生电子设计竞赛优秀作品的功能模块），图纸外框尺寸选 A4，如图 2-123 所示。

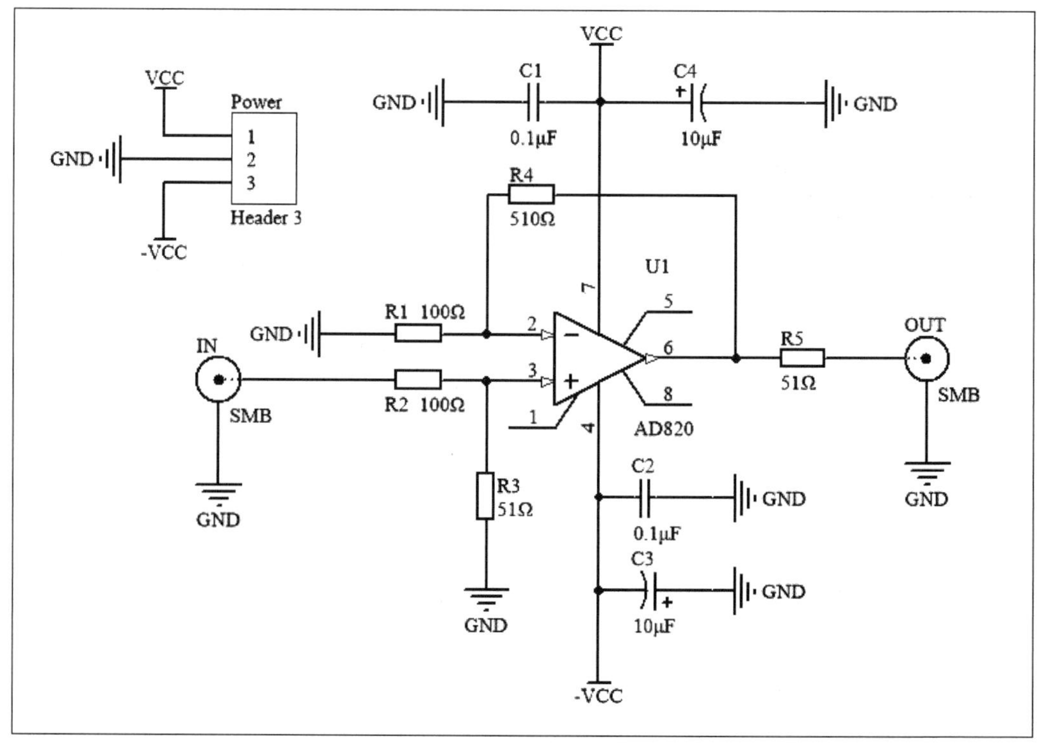


图 2-123　基带放大电路

# 项目 3　原理图设计进阶

## 学习目标

★ 掌握层次原理图的设计；
★ 掌握原理图的编译与检查；
★ 掌握原理图的打印输出。

## 能力目标

★ 能掌握层次原理图的两种设计方法；
★ 能对原理图进行编译与检查；
★ 能打印完成的原理图。

## 思政目标

★ 具备理论联系实际分析问题的能力；
★ 具备信息化手段自主解决问题的能力；
★ 具备规范操作意识；
★ 具备良好的团队合作意识。

## 任务 3.1　层次原理图的设计

### 3.1.1　层次原理图的基本概念

一个非常庞大的原理图，可称之为项目，不可能将它一次完成，也不可能将这个原理图画在一张图纸上，更不可能由一个人单独完成。Altium Designer 21 提供了一个很好的项目设计工作环境，整个原理图可划分为多个功能模块。这样，整个项目可以分层次并行设计，由此产生了原理图的层次设计，使得设计进程大大加快。

层次原理图的设计理念是将实际的总体电路进行模块划分，划分的原则是每一个电路模块都应该有明确的功能特征和相对独立的结构，而且还要有简单、统一的接口，便于模块彼此之间的连接。

针对每一个具体的电路模块，可以分别绘制相应的电路原理图，该原理图一般被称为子原理图。而各个电路模块之间的连接关系则是采用一个顶层原理图来表示，顶层原理图主要由若干个方块电路（即图纸符号）组成，用来展示各个电路模块之间的系统连接关系，描述了整体电路的功能结构。这样，把整个系统电路分解成了顶层原理图和若干个子原理图来分别进行设计。

在层次原理图的设计过程中，还需要注意一个问题。如果在对层次原理图进行编译之后，"Navigator"面板中只出现一个原理图，则说明层次原理图的设计中存在着很大的问题。另外，在一个层次原理图的工程项目中只能有一张顶层原理图，一张原理图中的方块电路不能参考本章图纸上的其他方块电路或其上一级的原理图。

### 3.1.2 层次原理图的基本结构和组成

Altium Designer 21 系统提供的层次原理图设计功能非常强大，能够实现多层的层次化设计功能。用户可以将整个电路系统划分为若干个子系统，每个子系统可以划分为若干个功能模块，而每个功能模块还可以再细分为若干个基本的小模块，这样依次细分下去，就把整个系统划分成为多个层次，电路设计由繁变简。

图 3-1 所示是一个二级层次原理图的基本结构图，由顶层原理图和子原理图共同组成，是一种模块化结构。

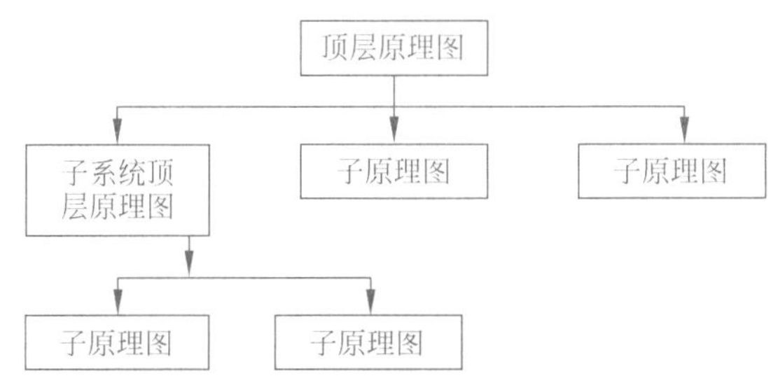


图 3-1 二级层次原理图的基本结构

其中，子原理图就是用来描述某一电路模块具体功能的普通电路原理图，只不过增加了一些输入 / 输出端口，作为与上层进行电气连接的通道。普通电路原理图的绘制方法在前面已经学习过，主要由各种具体的元器件、导线等构成。顶层原理图（即母图）的主要构成元素却不再是具体的元器件，而是代表了原理图的图纸符号。图 3-2 所示是一个电路设计实例采用层次结构设计时的顶层原理图。

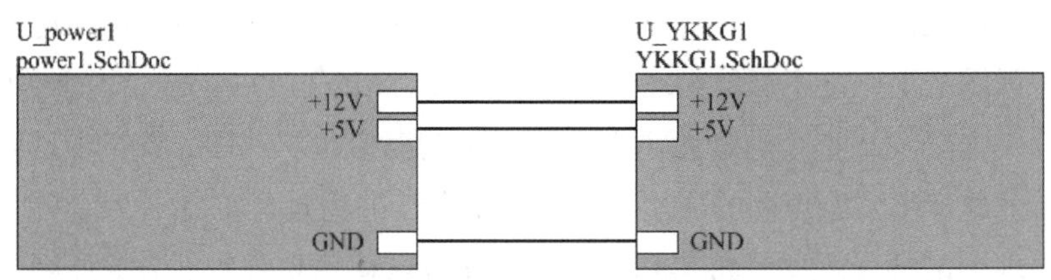


图 3-2 顶层原理图的基本组成

该顶层原理图主要由两个图纸符号组成，每个图纸符号都代表一个相应的子原理图文件，共有两个子原理图。在图纸符号的内部给出了一个或多个表示连接关系的电路端口，对于这些端口，在子原理图中都有相同名称的输入 / 输出端口与之对应，以便建立起不同层次间的信号通道。

图纸符号之间也是借助于电路端口，可以使用导线或总线完成连接。而且，同一个项目的所有电路原理图（包括顶层原理图和子原理图）中，相同名称的输入 / 输出端口和电路端口之间，在电气意义上都是相互连接的。

### 3.1.3　层次原理图的设计方法

层次原理图的设计方法实际上是一种模块化的设计方法。用户可以将系统划分为多个子系统，子系统又可划分为若干个功能模块，功能模块再细分为若干个基本模块。设计好基本模块并定义好模块之间的连接关系，即可完成整个设计过程。

设计时，可以从系统开始逐级向下进行，也可以从基本模块开始逐级向上进行，还可以调用相同的原理图重复使用。

1. 自下而上的层次原理图设计方法

自下而上就是由原理图（基本模块）产生电路方块图，因此用自下而上的方法来设计层次原理图，首先需要放置原理图，其流程如图 3-3 所示。

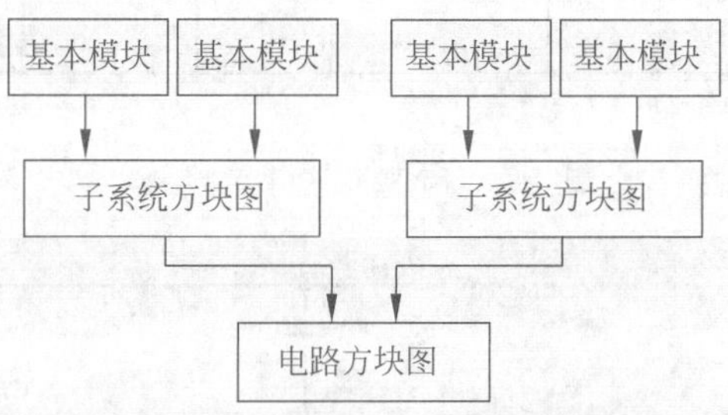


图 3-3　自下而上的层次原理图设计流程

2. 自上而下的层次原理图设计方法

自上而下就是由电路方块图产生原理图，因此用自上而下的方法来设计层次原理图，首先应放置电路方块图，其流程如图 3-4 所示。

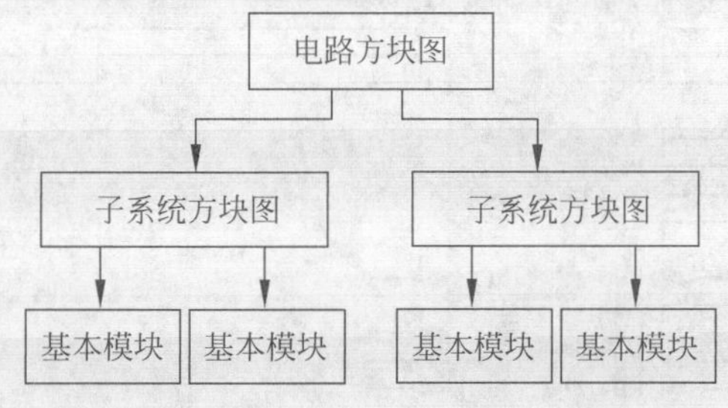


图 3-4　自上而下的层次原理图设计流程

### 3.1.4　自下而上的原理图层次设计

在电子产品的开发过程中，采用不同的逻辑模块，进行不同的组合，会形成功能完

层次原理图

全不同的电子产品系统。用户完全可以根据自己的设计目标，先选取或者先设计若干个不同功能的逻辑模块，之后通过灵活组合，来最终形成符合设计需求的完整电子系统。这样一个过程，可以借助于自下而上的层次设计方式来完成。

自下而上的层次原理图设计方法是先绘制实际电路图作为子图，再由子图生成子图符号。子图中需要放置各子图建立连接关系用的输入 / 输出端口。

下面通过“电话遥控开关电路层次设计”这个示例，讲解如何进行自下而上的原理图层次设计。

（1）建立项目。执行“文件”→“新的”→“项目”菜单命令，建立“电话遥控开关电路层次设计 1.PrjPcb”工程。

执行“文件”→“ 新的”→“原理图”菜单命令，为项目新添加三张原理图纸并分别命名为“母图 1.SchDoc”“Power1.SchDoc” 和 “YKKG1.SchDoc”。

（2）绘制子图。参照图 3-5 和图 3-6 完成两张原理图的绘制。

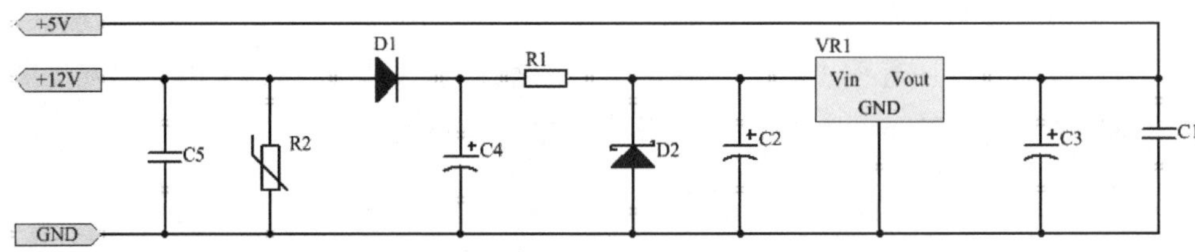


图 3-5　子图 Power1.SchDoc

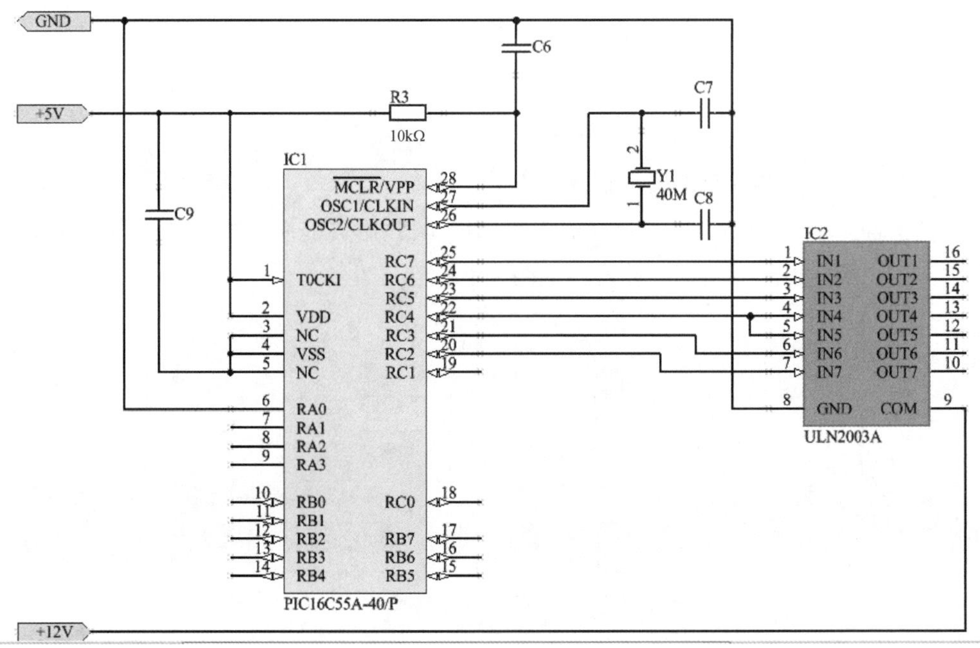


图 3-6　子图 YKKG1.SchDoc

（3）由原理图子图生成子图符号。

①将“母图 1.SchDoc”置为当前文件。

②执行“设计”→“Create Sheet Symbol From Sheet”菜单命令，弹出“Choose Document to Place”（选择文件）对话框，如图 3-7 所示。将光标移至文件名“YKKG1.SchDoc”上，单击选中该文件（高亮状态）。

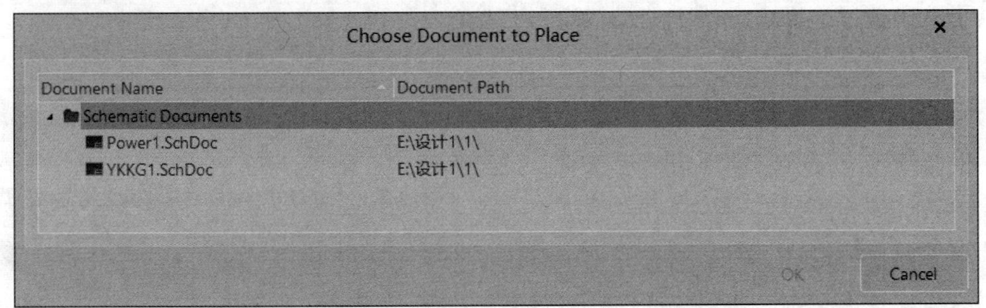


图 3-7　“Choose Document to Place”对话框

③单击“OK”按钮确认，系统生成代表原理图的子图符号，如图 3-8 所示。

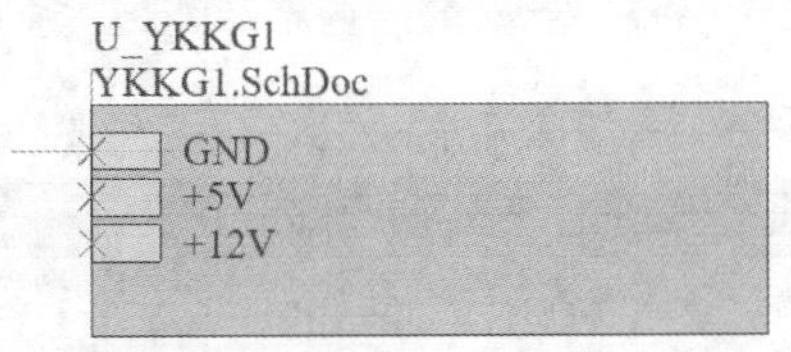


图 3-8　YKKG1.SchDoc 生成的子图符号

④在图纸上单击子图符号，将其放置在图纸上。同样的方法将“Power1.SchDoc”生成的子图符号放置在图纸上，如图 3-9 所示。

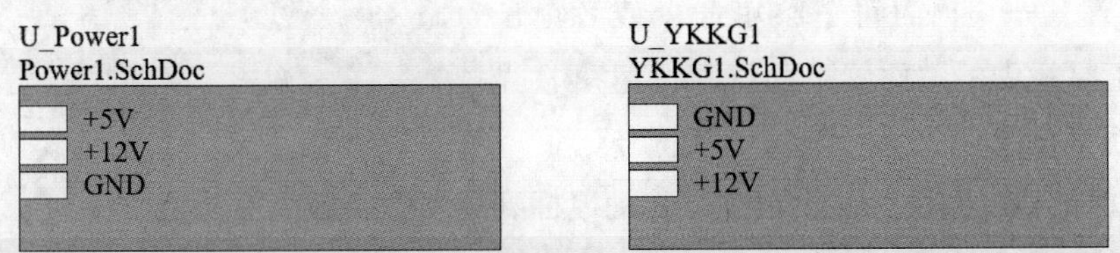


图 3-9　由原理图生成的子图符号

⑤子图符号中图纸符号和图纸入口的编辑方法如前所述。需要注意的是，生成图 3-9 所示的子图符号时，图纸入口的箭头都向右，需要进行编辑才能使其端口和原理图中的端口排列方式相同。最后用导线将两个子图符号连接起来，如图 3-10 所示，保存，完成自下而上的层次设计。

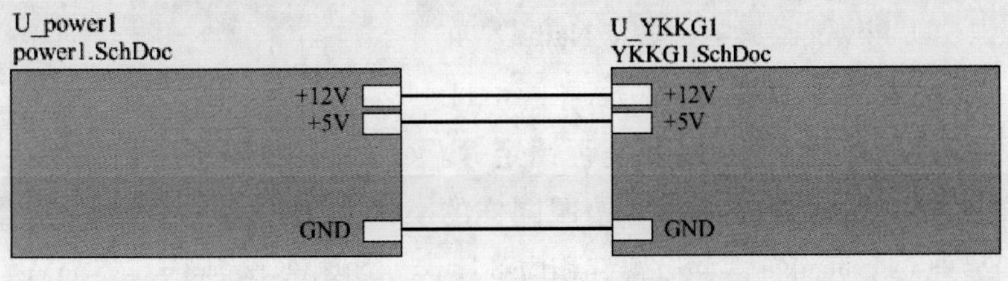


图 3-10　完成的母图

### 3.1.5 自上而下的原理图层次设计

在采用自上而下设计层次原理图时，首先建立方块电路（即母图），再制作该方块电路相对应的原理图（即子图）文件。而制作原理图时，其输入/输出端口符号必须和方块电路的输入/输出端口符号相对应。Altium Designer 提供了一条捷径，即由方块电路端口符号直接产生原理图的端口符号。

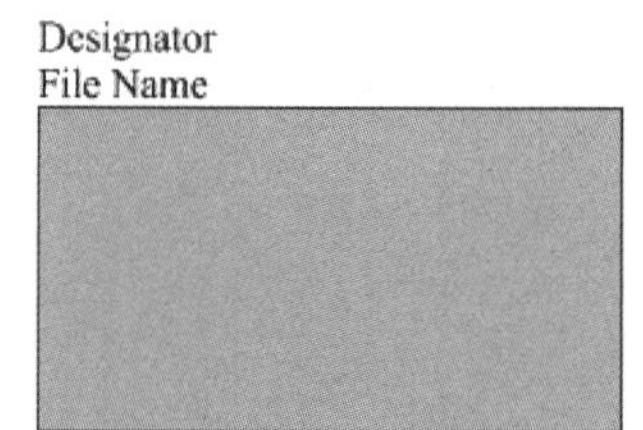


图 3-11 放置页面符

下面仍然以“电话遥控开关电路”的电路设计为例，简要介绍自上而下进行层次设计的操作步骤。

根据前面的设计，电话遥控开关电路由 2 个功能模块来具体实现，每一功能模块都涉及一个子原理图，首先完成顶层原理图的绘制。

1. 绘制顶层原理图

（1）执行“文件”→“新的”→“项目”菜单命令，新建“电话遥控开关电路层次设计 1.PrjPcb”工程，再执行“文件”→“新的”→“原理图”菜单命令，在工程中添加一个电路原理图文件，将其保存为“母图 1.SchDoc”，并设置好图纸参数。

（2）将“母图 1.SchDoc”原理图置为当前，执行“放置”→“页面符”菜单命令或者单击“布线”工具栏中的“放置页面符”按钮，光标变为十字形，并带有一个方块形状符号。

（3）单击确定方块的一个顶点，移动鼠标到适当位置，再次单击确定方块的另一个顶点，即完成了页面符的放置，如图 3-11 所示。

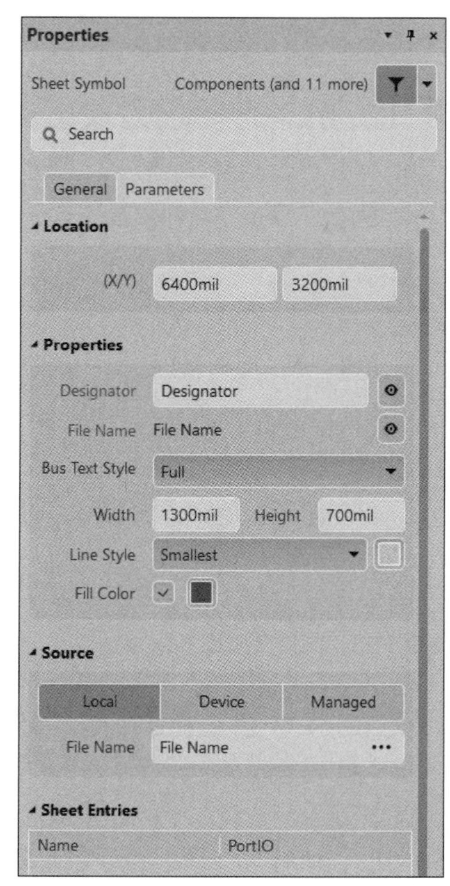


图 3-12 方块符号“Properties”面板

（4）单击所放置的页面符，打开方块符号“Properties”面板，如图 3-12 所示，在该面板中可以设置相关的属性参数。

（5）图 3-12 中，“Designator”文本框中输入图标符标识“U_Power1”，在“File Name”文本框中输入所代表的子原理图文件名“Power1.SchDoc”，并可设置是否隐藏以及是否锁定等。设置好后的页面符如图 3-13 所示。按照同样的操作，放置另外一个页面符，并设置好相应的属性，如图 3-14 所示。

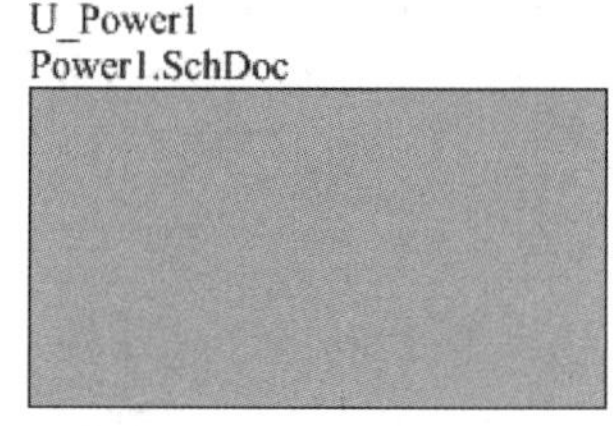


图 3-13 设置后的页面符

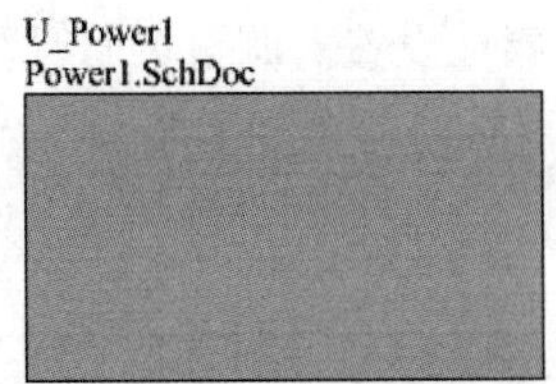

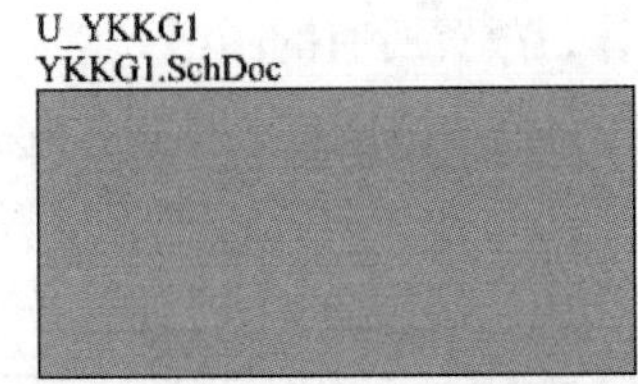


图 3-14　放置两个页面符

（6）执行“放置”→“添加图纸入口”菜单命令或者单击“布线”工具栏中的“放置图纸入口”按钮，光标变为十字形，并带有一个图纸入口的虚影。

（7）移动光标到页面符的内部，图纸入口清晰出现，沿着页面符内部的边框，随光标的移动而移动。在适当的位置单击即完成放置。连续操作，可放置多个图纸入口，如图 3-15 所示。

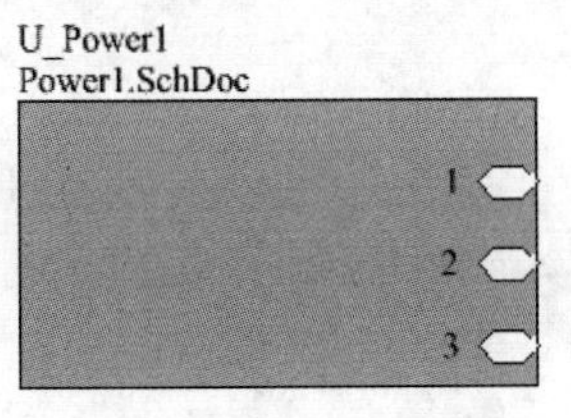

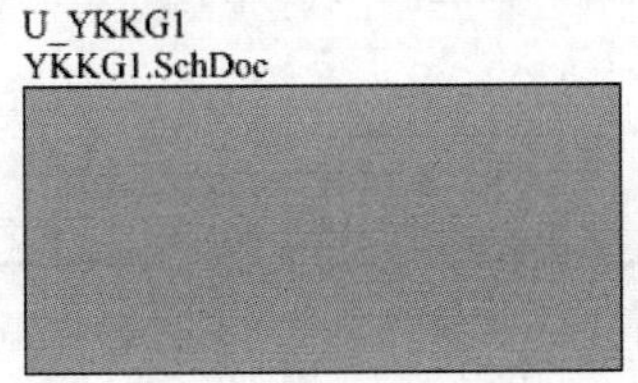


图 3-15　放置图纸入口

（8）单击所放置的图纸入口，打开如图 3-16 所示的方块入口“Properties”面板，在该面板中可以设置图纸入口的相关属性。

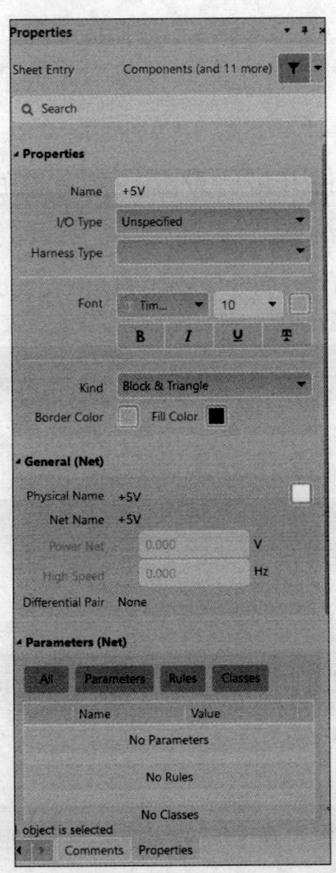


图 3-16　方块入口“Properties”面板

（9）连续操作，放置所有的图纸入口，并进行属性设置。调整页面符及图纸入口的位置，最后使用导线将对应的图纸入口连接起来，完成顶层原理图的绘制，如图 3-17 所示。

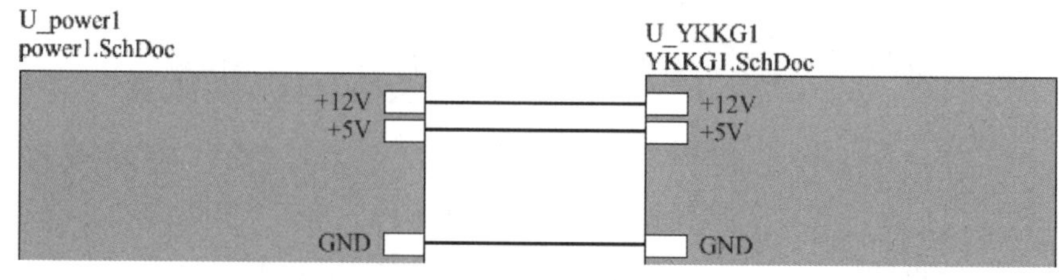


图 3-17　顶层原理图

2. 产生图纸并绘制子原理图

（1）执行“设计”→“从页面符创建图纸”菜单命令，光标变为十字形，移动光标到某一页面符内部，如图 3-18 所示。

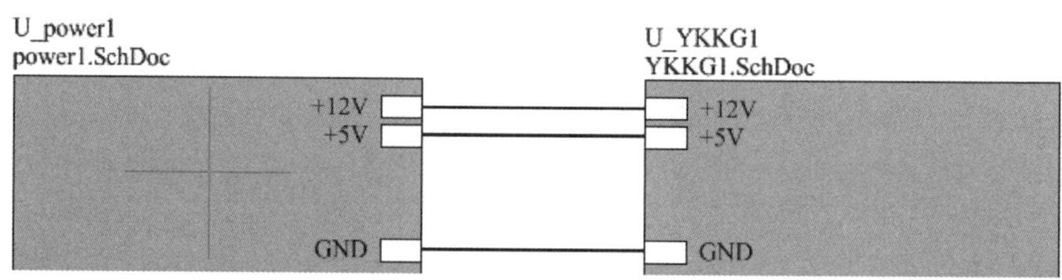


图 3-18　将十字光标移动到页面符内

（2）某一页面符内部左击页面符后，系统自动生成一个新的原理图文件，名称为“Power1.SchDoc”，与相应页面符所代表的子原理图文件名一致，同时在该原理图中放置了与图纸入口相对应的输入 / 输出端口，如图 3-19 所示。

图 3-19　生成子原理图

（3）放置各种所需的元器件并进行设置、连接，完成子原理图“Power1.SchDoc”的绘制，如图 3-5 所示。同样，由另外一个页面符生成对应的子原理图“YKKG1.SchDoc”，绘图完成后，如图 3-6 所示。

一般来说，自上而下和自下而上的层次设计方式都是切实可行的，用户可以根据自己的习惯和具体的设计需求选择使用。

### 3.1.6　层次原理图之间的切换

层次式原理图结构清晰明了，相较于简单的多电路原理图设计来说更容易从整体上把握系统的功能。多图纸设计时，如果涉及的层次较多，结构会变得较为复杂。为了便于用户在复杂的层次之间方便地进行切换，Altium Designer 系统提供了专用的切换命令，可实现多张原理图的同步查看和编辑。

1. 用“Projects”（工程）面板切换

打开“Projects”（工程）面板，如图 3-19 所示。单击面板中相应的原理图文件名，在原理图编辑区内就会显示对应的原理图。

2. 用菜单命令或工具栏按钮切换

（1）打开工程“1.PrjPcb”。

（2）在顶层原理图“母图 1.SchDoc”中执行“工具”→“上 / 下层次”菜单命令，或者单击“原理图标准”工具栏中的按钮，光标变为十字形。

（3）移动光标到某一个页面符上，单击，对应的子原理图被打开，显示在编辑窗口中，此时光标仍为十字形，处于切换状态中，如图 3-20 所示。

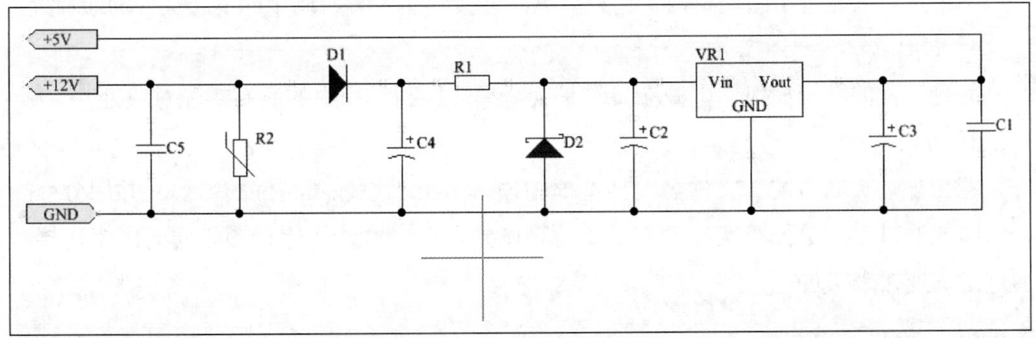


图 3-20 切换到子原理图

（4）若移动光标到某一端口如“+5V”上，单击，则返回顶层原理图“母图 1.SchDoc”中，具有相同名称的图纸入口被高亮显示，其余对象处于掩膜状态，如图 3-21 所示。

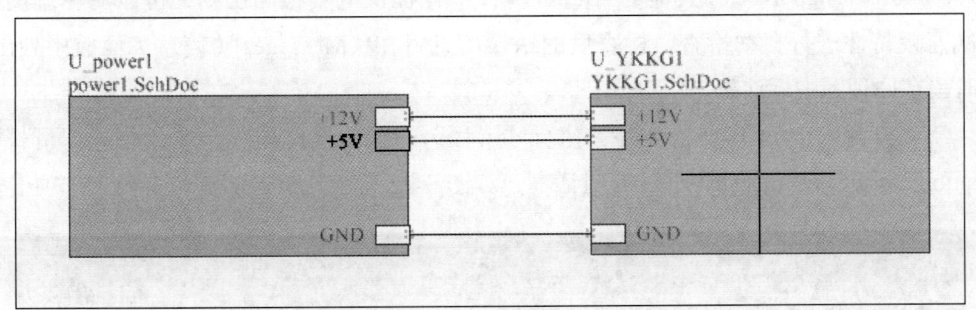


图 3-21 切换回顶层原理图

### 3.1.7 层次原理图设计的连通性

在单个原理图中，两点之间的电气连接，可以直接使用导线，也可以通过设置相同的网络标号来完成，而在多图纸设计中，则涉及了不同图纸之间的信号连通性。这种连通性具有包括横向连接和纵向连接两个方面：对于位于同一层次上的子原理图来说，它们之间的信号连通就是一种横向连接，而不同层次之间的信号连通则是纵向连接。不同的连通性可以采用不同的网络标识符来实现，常用到的网络标识符有如下几种。

1. 网络标号

网络标号一般仅用于单个原理图内部的网络连接。多图纸设计时，在整个工程中完全没有端口和图纸入口的情况下，Altium Designer 系统自动将网络标号提升为全局的网络标号，在匹配的情况下可进行全局连接，而不再仅限于单个图纸。

2. 端口

端口主要用于多个图纸之间的交互连接。在多图纸设计时，既可用于纵向连接，也可用于横向连接。纵向连接时，只能连接子图纸和上层图纸之间的信号，并且需和图纸入口匹配使用；而当设计中只有端口，没有图纸入口时，系统会自动将端口提升为全局端口，从而忽略多层次的结构，把工程中的所有匹配端口都连接在一起，形成横向连接。

3. 图纸入口

图纸入口只能位于图表符内，且只能纵向连接到图表符所调用的下层文件的端口处。

4. 电源端口

无论工程的结构如何，电源端口总是会全局连接到工程中的所有匹配对象处。

5. 离图连接

若在某一页面符的“文件名”文本框中输入多个子原理图文件的名称，并用分号隔开，即能通过单个页面符实现对多个子原理图的调用，这些子原理图之间的网络连接可通过离图连接来实现。

## 任务 3.2 原理图的差错及编译

### 3.2.1 原理图的自动检测设置

Altium Designer 21 和其他的 Altium 软件一样提供电气检测法则，可以对原理图的电气连接特性进行自动检查，检查后的错误信息将在“Messages”（信息）面板中列出，同时也在原理图中标注出来。

任意打开一个 PCB 项目文件，执行“工程”→“工程选项”菜单命令，即可打开“Options for PCB Project 1.PrjPcb”对话框，如图 3-22 所示，该对话框包含九个选项卡。

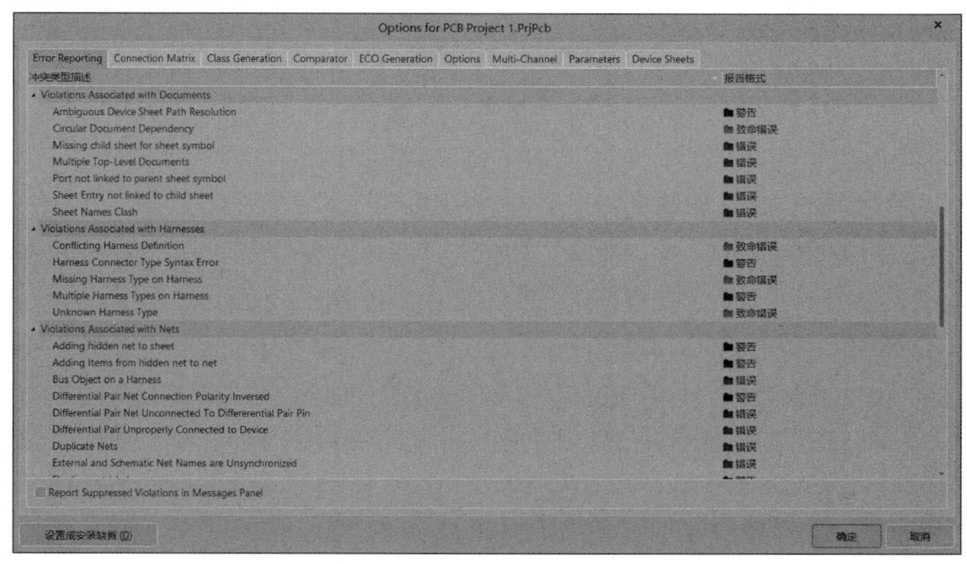


图 3-22 “Options for PCB Project 1.PrjPcb”对话框

- “Error Reporting”（错误报告）选项卡：设置原理图的电气检测法则。当进行文件的编译时，系统将根据此选项卡中的设置进行电气法则的检测。
- “Connection Matrix”（连接矩阵）选项卡：设置电路连接方面的检测法则。当对文件进行编译时，通过此选项卡的设置可以对原理图中的电路连接进行检测。
- “Class Generation”（自动生成分类）选项卡：进行自动生成分类的设置。
- “Comparator”（比较器）选项卡：设置比较器。当两个文档进行比较时，系统将根据此选项卡中的设置进行检查。
- “ECO Generation”（工程变更顺序）选项卡：设置工程变更命令。依据比较器发现的不同，在此选项卡进行设置来决定是否导入改变后的信息，大多用于原理图与 PCB 间的同步更新。
- “Options”（工程选项）选项卡：在选项卡中可以对文件输出、网络报表和网络标号等相关信息进行设置。
- “Multi-Channel”（多通道）选项卡：进行多通道设计的相关设置。
- “Parameters”（参数设置）选项卡：进行项目文件参数的设置。
- “Device Sheets”（硬件设备列表）选项卡：用于设置硬件设备列表。

在该对话框中的各项设置中，与原理图检测有关的主要是“Error Reporting”选项卡、“Connection Matrix”选项卡、“Comparator”选项卡和“ECO Generation”选项卡。当对工程进行编译操作时，系统会根据该对话框中的设置进行原理图的检测，系统检测出的错误信息将在“Messages”面板中列出。

1. “Error Reporting”（错误报告）选项卡

在 Options for Project（项目选项设置）对话框中的 Error Reporting（错误报告）选项卡，用于报告原理图设计的错误。主要涉及以下几个方面。

（1）Violations Associated with Buses（总线错误检查报告）。与总线有关的违规类型，如总线标号超出范围、不合法的总线定义、总线宽度不匹配等。

（2）Violations Associated with Components（元器件错误检查报告）。与元器件有关的违规类型，如元器件引脚重复使用、元器件模型参数错误、图纸入口重复等。

（3）Violations Associated with Documents（文档错误检查报告）。与文件相关的违规类型，主要涉及层次设计，如重复的图表符标识、无子原理图与图表符对应、端口没有连接到图表符、图纸入口没有连接到子原理图等。

（4）Violations Associated with Harnesses（线束错误检查报告）。与线束有关的违规类型，如线束定义冲突、线束类型未知等。

（5）Violations Associated with Nets（网络错误检查报告）。与网络有关的违规类型，如网络名称重复、网络标号悬空、网络参数没有赋值等。

（6）Violations Associated with Others（其他错误检查报告）。与其他对象有关的违规类型，如对象超出图纸边界及对象偏离栅格等。

（7）Violations Associated with Prarameters（参数错误检查报告）。与参数有关的违规

类型，如同一参数具有不同的类型以及同一参数具有不同的数值等。

对于每一项具体的违规，相应地有四种错误报告格式：“不报告”“警告”“错误”“致命错误”，对每一种错误都设置相应的报告类型，例如，选中 Bus indices out of range，单击“致命错误”按钮，会弹出错误报告类型的下拉列表。一般采用默认设置不需要对错误报告类型进行修改。

2. “Connection Matrix”（连接矩阵）选项卡

在规则检查设置对话框中单击 Connection Matrix 卷标，将弹出“Connection Matrix”选项卡，如图 3-23 所示。可以定义一切与违反电气连接特性有关报告的错误等级，特别是元器件引脚、端口和方块电路图上端口的连接特性。当对原理图进行编译时，错误的信息将在原理图中显示出来。要想改变错误等级的设置，单击对话框中的颜色块即可，每单击一次改变一次。与“Error Reporting”选项卡一样，这里也有四种错误等级：“不报告”“警告”“错误”和“致命错误”。在该选项卡的任何空白区域中右击，将弹出一个快捷菜单，可以进行各种特殊形式的设置。当对项目进行编译时，该选项卡的设置与“Error Reporting”选项卡中的设置将共同对原理图进行电气特性的检测。所有违反规则的连接将以不同的错误等级在“Messages”面板中显示出来。单击 设置成安装缺省 (D) 按钮即可恢复系统的默认设置。对于大多数的原理图设计保持默认的设置即可，但对于特殊原理图的设计则需要进行必要的改动。

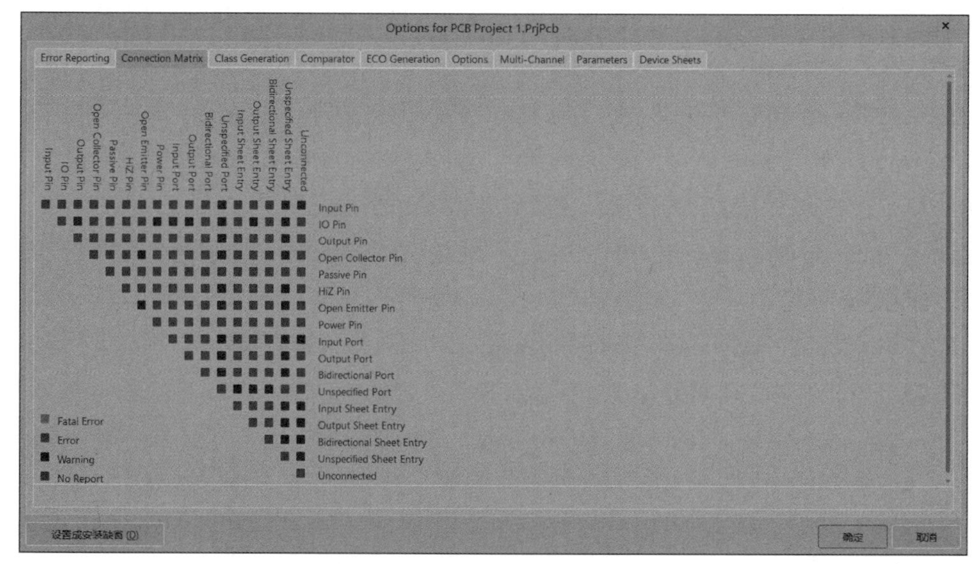


图 3-23 “Connection Matrix”选项卡

图 3-23 的连接矩阵给出了原理图中不同类型的连接点以及是否被允许的图表描述。

（1）如果横坐标和纵坐标交叉点为红色，则当横坐标代表的引脚和纵坐标代表的引脚相连接时，将出现 Fatal Error 信息。

（2）如果横坐标和纵坐标交叉点为橙色，则当横坐标代表的引脚和纵坐标代表的引脚相连接时，将出现 Error 信息。

（3）如果横坐标和纵坐标交叉点为黄色，则当横坐标代表的引脚和纵坐标代表的引脚相连接时，将出现 Warning 信息。

（4）如果横坐标和纵坐标交叉点为绿色，则当横坐标代表的引脚和纵坐标代表的引脚相连接时，将不出现错误或警告信息。

如果想修改连接矩阵的错误检查报告类型，例如，想改变 Passive Pins（电阻、电容和连接器）和 Unconnected 的错误检查，可以采取以下步骤。

（1）在纵坐标找到 Passive Pins，在横坐标找到 Unconnected，系统默认为绿色，表示当项目被编译时，在原理图上发现未连接的 Passive Pins 不会显示错误信息。

（2）单击相交处的方块，直到变成黄色，这样当编译项目时和发现未连接的 Passive Pins 时就会给出警告信息。

（3）单击“设置成安装缺省”按钮，可以恢复到系统默认设置。

3.“Comparator”（比较器）选项卡

在规则检查设置对话框中单击 Comparator 卷标，将弹出“Comparator”选项卡，如图 3-24 所示。

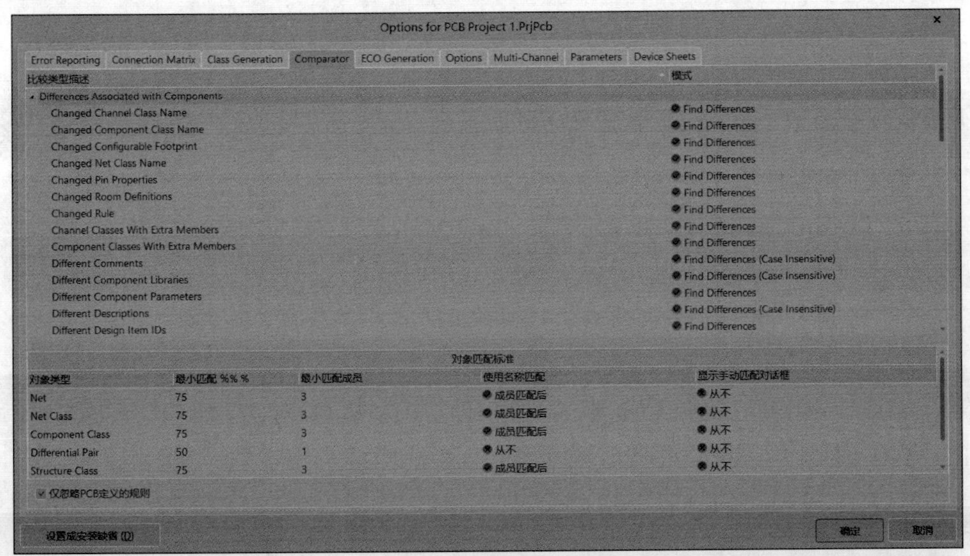


图 3-24　Comparator 选项卡

“Comparator”选项卡用于设置当一个项目被编译时给出文档之间的不同和忽略彼此的不同。在一般电路设计中不需要将一些表示原理图设计等级的特性之间的不同显示出来，所以在 Difference Associated With Components 标签找到 Changed Room Definitions、Extra Components Classes 和 Extra Room Definitions，在这些选项右边的“模式”下拉列表选择 Ignore Differences 。

4.“ECO Generation”（电气更改命令）选项卡

在规则检查设置对话框中单击 ECO Generation 卷标，将弹出“ECO Generation”选项卡，如图 3-25 所示。

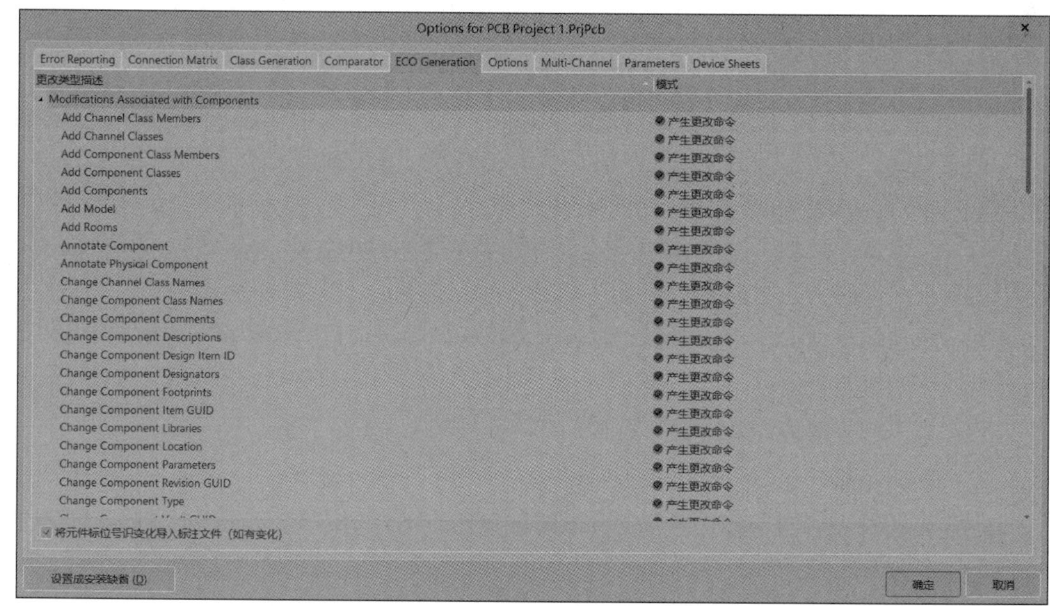


图 3-25 “ECO Generation”选项卡

通过在比较器中找到原理图的不同，当执行电气更改命令后，ECO Generation 显示更改类型详细说明。主要用于原理图的更新时显示更新的内容与以前文档的不同。该选项卡中更改的类型描述具体包括如下。

（1）“Modifications Associated with Components”：与元器件有关的更改。

（2）“Modifications Associated with Nets”：与网络有关的更改。

（3）“Modifications Associated with Parameters”：与参数有关的更改。

（4）“Modifications Associated with Structure Classes”：与结构类有关的更改。

每一类中，同样包含若干选项，而每一选项的模式可以设置为“产生更改命令”，或者“忽略不同”即不产生更改。

### 3.2.2 原理图的编译

对原理图各种电气错误等级设置完毕后，用户便可以对原理图进行编译操作，随即进入原理图的调试阶段。执行“工程”→“Validate PCB Project...”（编译 PCB 工程）菜单命令即可进行文件的编译。

文件编译后，系统的自动检测结果将出现在“Messages”（信息）面板中。打开“Messages”（信息）面板有以下两种方法。

（1）执行“视图”→“面板”→“Messages”（信息）菜单命令，如图 3-26 所示。

（2）单击右下角“Panels”按钮，在弹出的快捷菜单中执行“Messages”（信息）命令，如图 3-27 所示。

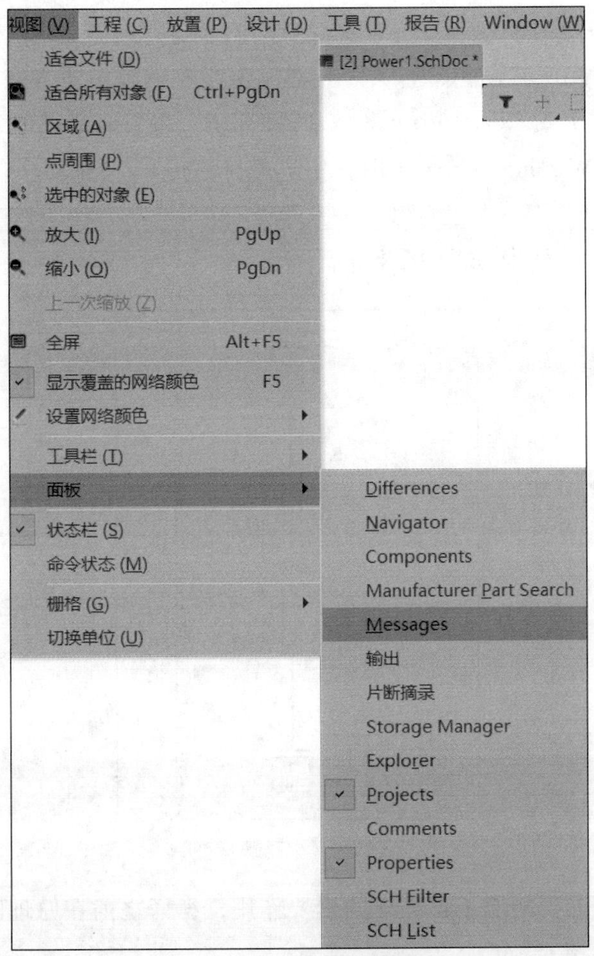


图 3-26　打开“Messages”面板的菜单命令

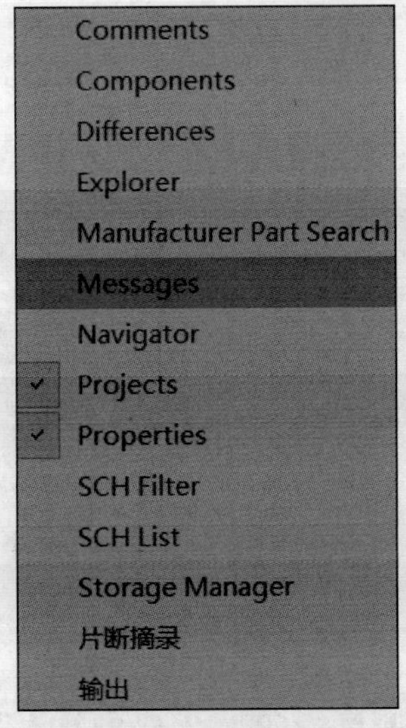


图 3-27　快捷菜单

### 3.2.3 原理图的修正

当原理图绘制无误时，“Messages”（信息）面板中的显示将为空。当出现错误的等级为“Error”（错误）或“Fatal Error”（致命错误）时，“Messages”（信息）面板将自动弹出。错误等级为“Warning”（警告）时，用户需自己打开“Messages”（信息）面板对错误进行修改。

编译工程，电路原理图如图 3-28 所示。

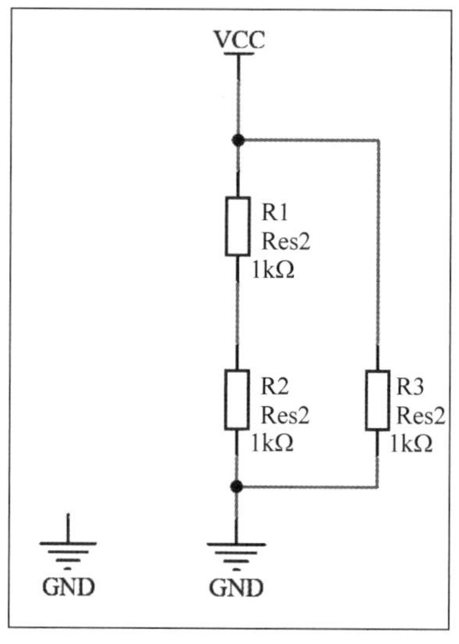


图 3-28 电路原理图

为了帮助大家更清楚地了解编译的重要作用，编译之前在原理图中增加一个接地符号。

（1）执行“工程”→“Validate PCB Project...”菜单命令，系统开始对工程进行编译。

（2）编译完成，执行“视图”→“面板”→“Messages”（信息）菜单命令。该面板上列出了工程编译的具体结果及相应的错误等级，如图 3-29 所示。

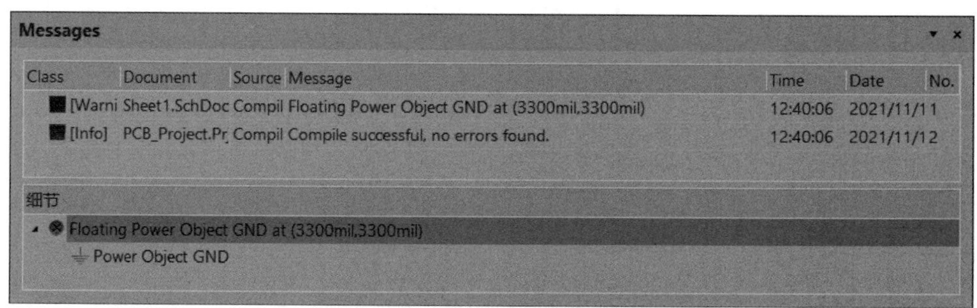


图 3-29 出错信息

（3）根据出错信息提示，删除多余的接地符号，并再次进行编译，单击右下角“Panels”按钮，在弹出的快捷菜单中执行“Messages”（信息）命令，如图 3-30 所示，显示无错误信息。

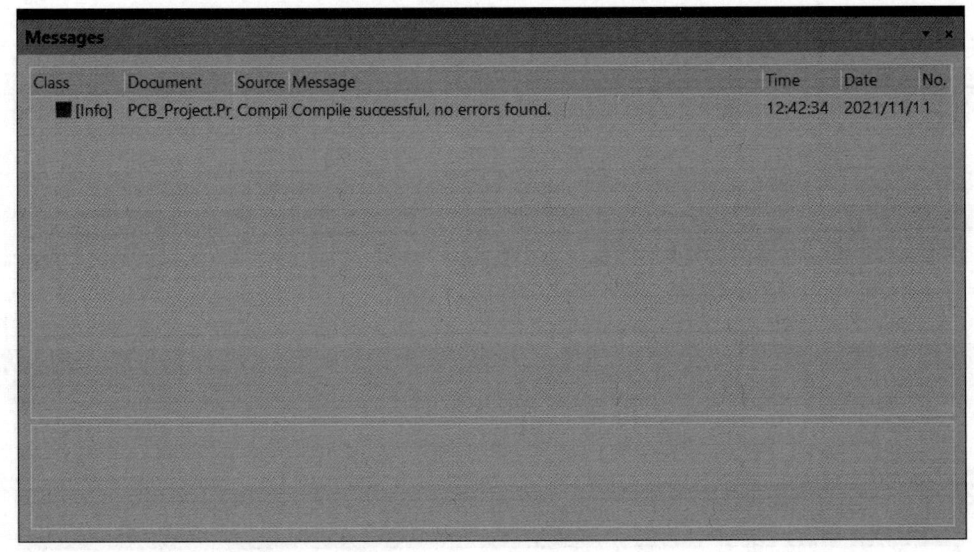


图 3-30　无错误信息

# 任务 3.3　报表的输出

## 3.3.1　网络表

网络指的是彼此连接在一起的一组元器件引脚。一个电路实际上就是由若干网络组成的，而网络表就是对电路或者电路原理图的一个完整描述。描述的内容包括两个方面：一是所有元器件的信息，包括元器件标识、元器件引脚和 PCB 封装形式等；二是网络的连接信息，包括网络名称、网络节点等。

在由原理图生成网络表时，使用的是逻辑的连通性原则，而非物理的连通性。也就是说，只要是通过网络标签所连接的网络就被视为有效的连接，并不需要真正地由连线（Wire）将网络各端点实际地连接在一起。

网络表有很多种格式，通常为 ASCII 码文本文件。网络表的内容主要为原理图中各元器件的数据（流水号、元器件类型与封装信息）以及元器件之间网络连接的数据。Altium Designer 中大部分的网络表都是将这两种数据分为不同的部分，分别记录在网络表中。

由于网络表是纯文本文件，所以用户可以利用一般的文本编辑程序自行创建或是修改已存在的网络表。当用手工方式编辑网络表时，在保存文件时必须以纯文本格式来保存。

1. 网络表选项设置

（1）打开项目文件，并打开其中的任意电路原理图文件。

（2）执行“工程”→“工程选项”菜单命令，打开“Options for PCB Project PCB_Project.PrjPcb”对话框。单击“Options”（选项）标签，打开“Options”选项卡，如图 3-31 所示。

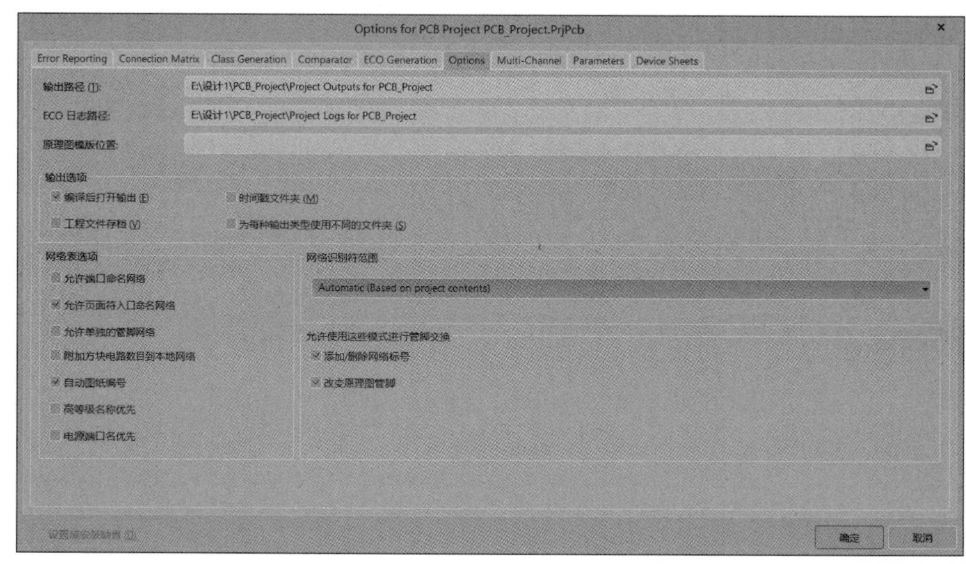


图 3-31 “Options”选项卡

在该选项卡内可以进行网络表的有关选项设置。

①“输出路径”文本框：用于设置各种报表（包括网络表）的输出路径，系统会根据当前项目所在的文件夹自动创建默认路径。单击右侧的（打开）按钮，可以对默认路径进行更改。

②“ECO 日志路径”文本框：用于设置 ECO Log 文件的输出路径，系统会根据当前项目所在的文件夹自动创建默认路径。单击右侧的（打开）按钮，可以对默认路径进行更改。

③“输出选项”选项组：用于设置网络表的输出选项，一般保持默认设置即可。

④“网络表选项”选项组：用于设置创建网络表的条件。

- “允许端口命名网络”复选框：用于设置是否允许用系统产生的网络名代替与电路输入 / 输出端口相关联的网络名。如果所设计的项目只是普通的原理图文件，不包含层次关系，可勾选该复选框。
- “允许页面符入口命名网络”复选框：用于设置是否允许用系统生成的网络名代替与图纸入口相关联的网络名，系统默认勾选。
- “允许单独的引脚网络”复选框：用于设置生成网络表时，是否允许系统自动将引脚号添加到各个网络名称中。
- “附加方块电路数目到本地网络”复选框：用于设置生成网络表时，是否允许系统自动将图纸号添加到各个网络名称中。当一个项目中包含多个原理图文档时，应勾选该复选框，以便于查找错误。
- “高等级名称优先”复选框：用于设置生成网络表时排序优先权。勾选该复选框，系统以名称对应结构层次的高低决定优先权。
- “电源端口名优先”复选框：用于设置生成网络表时的排序优先权。勾选该复选框，系统将对电源端口的命名给予更高的优先权。

2. 创建基于整个项目的网络表

（1）执行“设计”→“工程的网络表”→“Protel”(生成项目网络表)菜单命令。

（2）系统自动生成当前项目的网络表文件“PCB_Project.NET”，并存放在当前项目下的“Generated\Netlist Files”文件夹中。单击打开该项目网络表文件“PCB_Project.NET”，结果如图 3-32 所示。

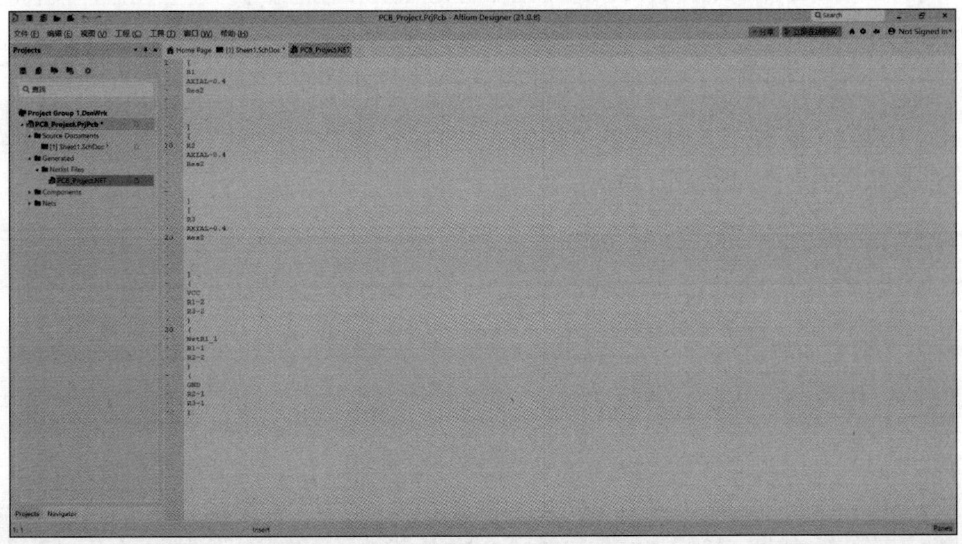

图 3-32　创建基于整个项目的网络表

标准的 Altium Designer 网络表文件是一个简单的 ASCII 码文本文件，在结构上大致可分为元器件描述和网络连接描述 2 部分。

1）元器件描述

格式如下：

```
[                         元器件声明开始
  R1                      元器件序号
  AXIAL-0.4               元器件封装
  Res2                    元器件注释
]                         元器件声明结束
```

元器件的声明以“[”开始，以“]”结束，将其内容包含在内。网络经过的每一个元器件都须有声明。

2）网络连接描述

格式如下：

```
(                         网络定义开始
  NetR1_1                 网络名称
  R1-1                    元器件序号为R1，元器件引脚号为1
  R2-2                    元器件序号为R2，元器件引脚号为2
)                         网络定义结束
```

网络定义以“(”开始，以“)”结束，将其内容包含在内。网络定义首先要定义该网络的各端口。网络定义中必须列出连接网络的各个端口。

### 3.3.2 元器件报表

元器件报表主要用于整理一个电路或一个项目文件中的所有元器件。它主要包括元器件的名称、标注、封装等内容。依据这份报表，可以详细查看项目中元器件的各类信息；同时，在制作印刷电路板时，也可以作为元器件采购的参考。建立元器件报表的步骤如下。

（1）打开项目文件，并打开其中的任意电路原理图文件。

（2）执行“报告”→“Bill of Materials”（元器件清单）菜单命令，系统弹出相应的元器件报表对话框，如图 3-33 所示。

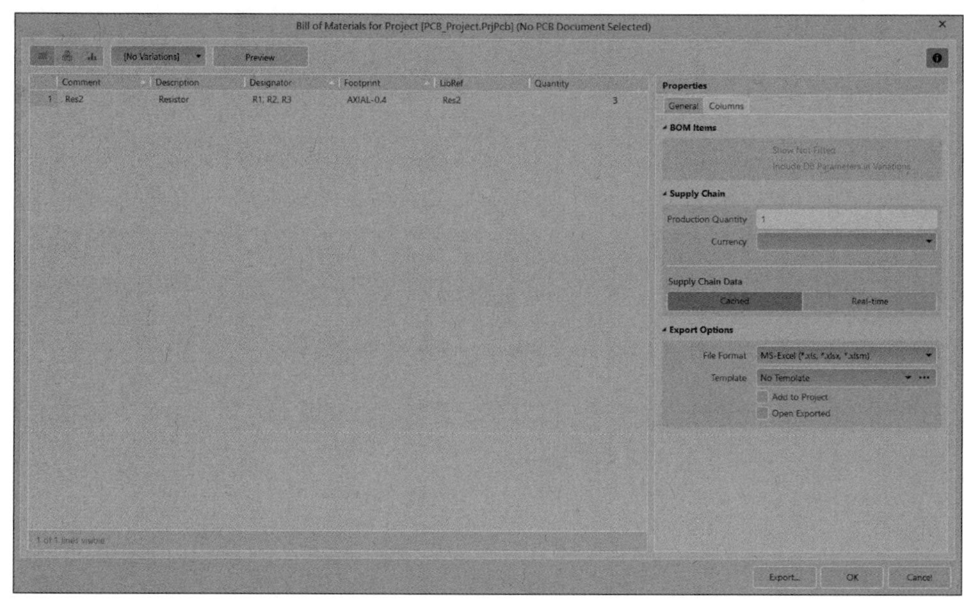


图 3-33 “Bill of Materials”对话框

在该对话框中，可以对要创建的元器件报表进行选项设置。右侧有两个选项卡，它们的含义不同。

① “General”（通用）选项卡：一般用于设置常用参数。部分选项功能如下。

- “File Format”（文件格式）下拉列表框：用于为元器件报表设置文件输出格式。
- “Template”（模板）下拉列表框：用于为元器件报表设置显示模板。
- “Add to Project”（添加到项目）复选框：若勾选该复选框，则系统在创建了元器件报表之后会将报表直接添加到项目里面。
- “Open Exported”（打开输出报表）复选框：若勾选该复选框，则系统在创建了元器件报表以后，会自动以相应的格式打开。

② “Columns”（纵队）选项卡：用于列出系统提供的所有元器件属性信息。部分选项功能如下。

- “Drag a column to group”（将列拖到组中）下拉列表框：用于设置元器件的归类标准。

• “Columns”（纵队）下拉列表框：单击 按钮，将其进行显示，即将在元器件报表中显示出来需要查看的有用信息。

设置好元器件报表的相应选项后，就可以进行元器件报表的创建、显示及输出了。元器件报表可以以多种格式输出，但一般选择 XLS 格式。

（3）元器件报表的创建。单击“Export”（输出）按钮，可以将该报表进行保存，默认文件名为“PCB Project”，是一个 Excel 文件，如图 3-34 所示。单击“保存”按钮，进行保存。返回元器件报表对话框。单击“OK”按钮，退出对话框。

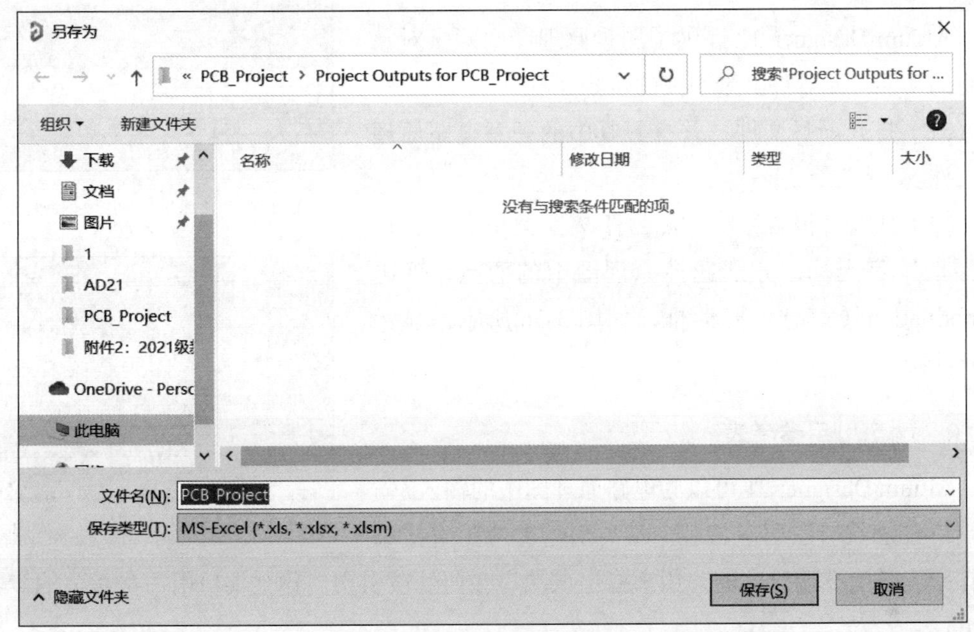


图 3-34　保存元器件报表

### 3.3.3　元器件交叉引用报表

元器件交叉引用报表用于生成整个工程中各原理图的元器件报表，相当于一份元器件清单报表。建立元器件交叉引用报表的步骤如下。

（1）打开项目文件，并打开其中的任意电路原理图文件。

（2）执行“报告”→“Component Cross Reference”（元器件交叉引用报表）菜单命令，系统弹出相应的元器件交叉引用报表对话框。元器件交叉引用报表就是一张元器件清单报表。该对话框与如图 3-33 所示的元器件报表对话框基本相同，这里不再赘述。

（3）元器件报表的创建。单击“Export”（输出）按钮，可以将该报表进行保存，默认文件名为“PCB Project”，是一个 Excel 文件，如图 3-34 所示。单击“保存”按钮，进行保存。返回元器件交叉引用报表对话框。单击“OK”按钮，退出对话框。

### 3.3.4　工程层次报告

工程层次报告可以显示项目文件中的层次原理图的元器件和网络连接关系，这样有助于直观了解项目的文件结构。建立工程层次报告的步骤如下。

（1）打开项目文件，文件中包含多个层次电路图。

（2）执行“报告”→“Report Project Hierarchy”（工程层次报告）菜单命令，形成层次原理图的元器件和网络连接关系，如图 3-35 所示。

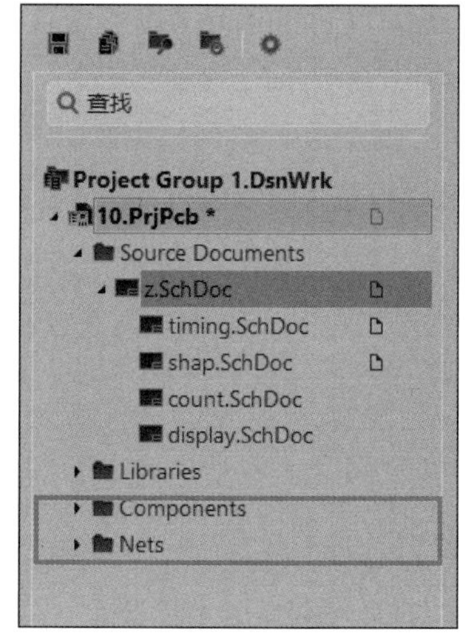


图 3-35　元器件和网络连接关系

### 3.3.5　元器件测量距离

Altium Designer 21 提供了测量原理图中两个对象间距的功能。元器件测量距离的步骤如下。

（1）打开项目文件，并打开其中的任意电路原理图文件。

（2）执行“报告”→“测量距离”菜单命令，显示浮动十字光标，分别选择原理图中的两点，弹出“Information”（信息）对话框，如图 3-36 所示，显示两点间距。

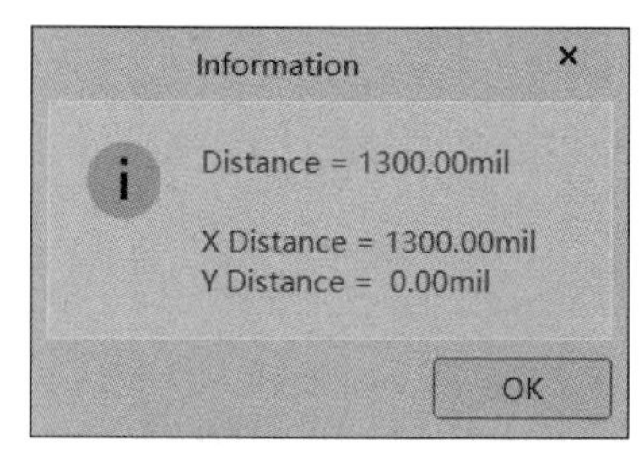


图 3-36　“Information”对话框

### 3.3.6　端口引用参考表

Altium Designer 21 可以为电路原理图中的输入 / 输出端口添加端口引用参考表。端口引用参考是直接添加在原理图图纸端口上的，用来指出该端口在何处被引用。建立端口引用参考表的步骤如下。

（1）打开项目文件，并打开其中的任意电路原理图文件。

（2）执行“报告”→“端口交叉参考”菜单命令，出现如图 3-37 所示的菜单。

图 3-37　“端口交叉参考”菜单

（3）子菜单说明如下。

①“Add To Project”（添加到工程）命令：向整个项目中添加端口引用参考。

②“从工程中移除 ...”命令：从整个项目中删除端口引用参考。

（4）菜单选择如下。

选择“Add To Project”命令，在整个项目中添加端口引用参考。若选择“从工程中移除 ...”命令，可以看到，在当前原理图或整个项目中的端口引用参考被删除。

## 任务 3.4　打印输出

### 3.4.1　设置页面

原理图绘制结束后，往往要通过打印机或绘图仪输出，以供设计人员参考、备档。

用打印机打印输出，首先要对页面进行设置，然后设置打印机，包括打印机的类型、纸张大小、原理图纸等内容。

（1）执行“文件”→“页面设置”菜单命令，将弹出如图 3-38 所示的对话框。

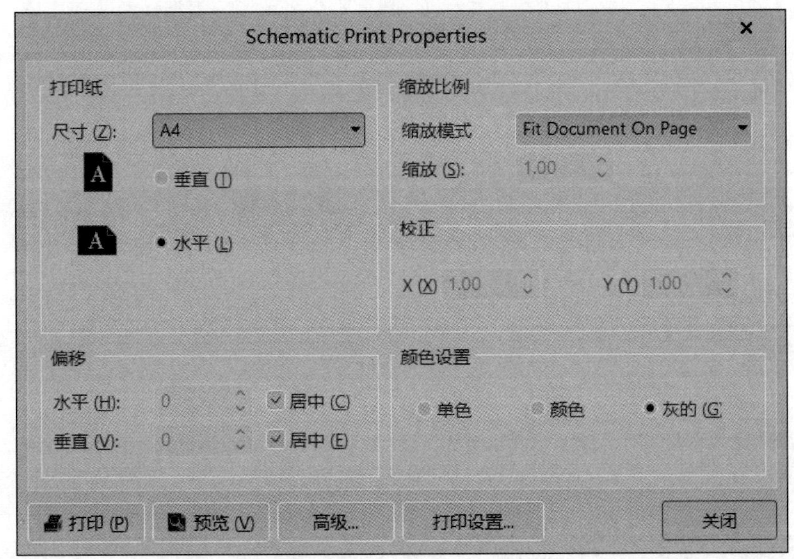


图 3-38　设置页面对话框

（2）设置各项参数。在这个对话框中需要设置打印机类型、选择目标图形文件类型、设置颜色等。

① 尺寸：选择打印纸的大小，并设置打印纸的方向，包括纵向和横向。

② 缩放比例：设置缩放比例模式，可以选择 Fit Document On Page（文档适应整个页面）和 Scaled Print（按比例打印）。当选择了 Scaled Print 时，缩放和校正编辑框将有效，设计人员可以在此输入打印比例。

③ 偏移：设置页边距，分别可以设置水平和垂直方向的页边距，如果选中“居中”复选框，则不能设置页边距，默认中心模式。

④ 颜色设置：输出颜色的设置，可以分别输出“单色”“颜色”和“灰的”。

### 3.4.2　设置打印机

在完成页面设置后，单击图 3-38 中的“打印设置”按钮，将弹出打印机设置的对话框，如图 3-39 所示，此时可以设置打印机的配置，包括打印的页码、份数等，设置完后单击“确定”按钮即可实现图纸的打印。

### 3.4.3　打印浏览

在完成打印机设置后，单击图 3-38 中的“预览”按钮，可以预览打印效果。如图 3-40 所示，如果设计者对打印预览的效果满意，单击“打印”按钮即可打印输出。

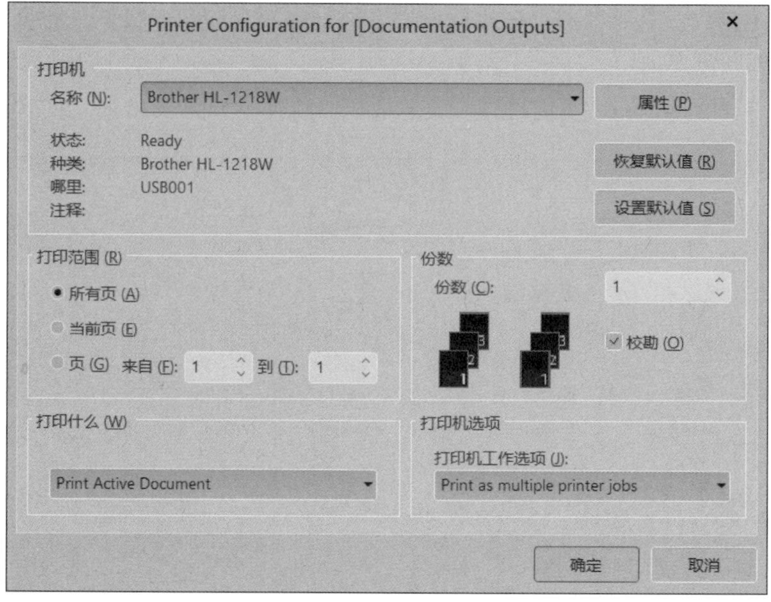


图 3-39 打印机设置的对话框

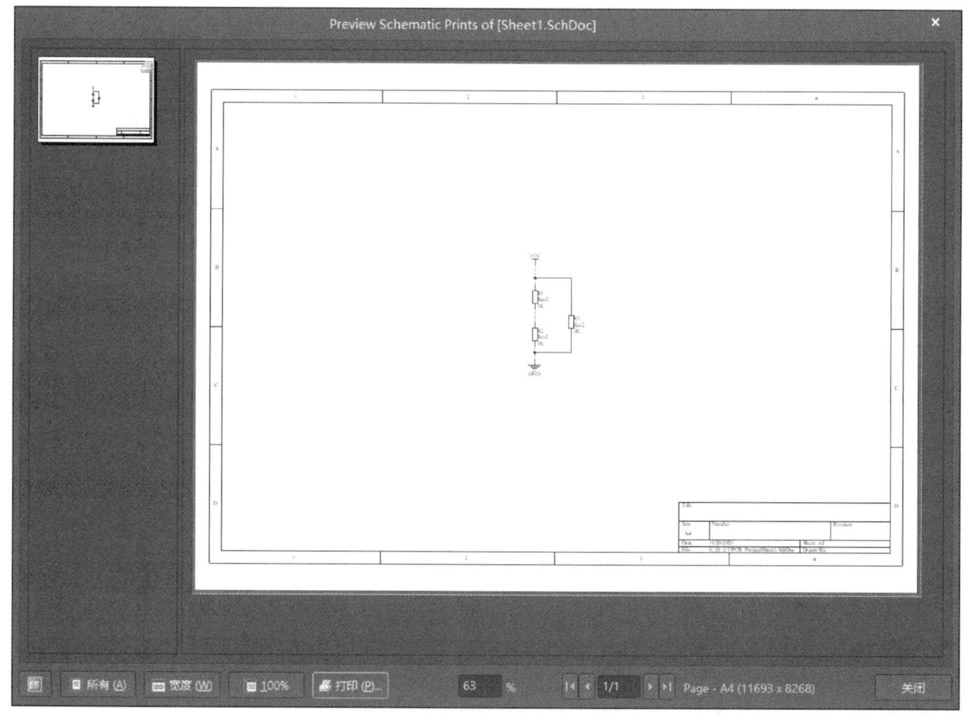


图 3-40 打印预览效果

## 任务 3.5 操作实例 —— 报警电路层次原理图设计

1. 新建工程

执行“文件”→“新的”→“项目”菜单命令，建立一个名称为“报警电路”的项目文件，如图 3-41 所示。

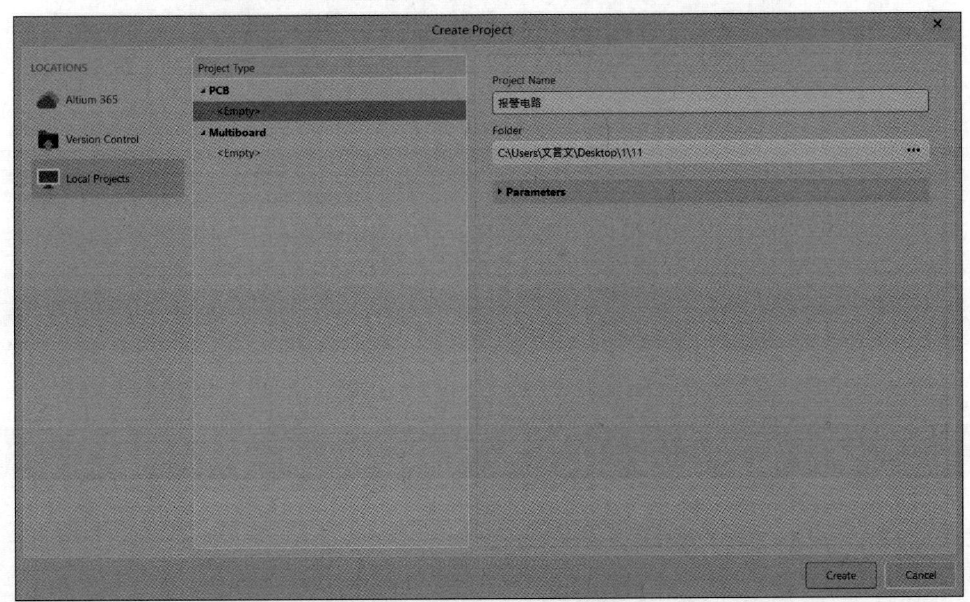


图 3-41　创建新的工程项目文件

2. 绘制主电路图

（1）执行“文件”→“新的”→“原理图”菜单命令，在工程项目文件中新建一个原理图文件，保存原理图文件名称为“主电路 .SchDoc”。

（2）执行“放置”→“页面符”菜单命令，或者单击“布线”工具栏中的按钮，放置页面符，如图 3-42 所示。使用同样的方法绘制其余页面符。绘制完成后，右击退出绘制状态。

图 3-42　放置页面符

（3）双击绘制完成的页面符，弹出“Properties”（属性）面板，如图 3-43 所示。在该面板中设置页面符属性。设置好属性的页面符如图 3-44 所示。

（4）执行“放置”→“添加图纸入口”菜单命令，或者单击“布线”工具栏中的按钮，然后依次单击放置需要的图纸入口。全部放置完成后，右击退出放置状态。双击放置的图纸入口，系统弹出“Properties”（属性）面板，如图 3-45 所示，在该面板中可以设置图纸入口的属性。完成图纸入口属性设置的方块电路图如图 3-46 所示。

（5）使用导线将各个方块电路图的图纸入口连接起来，并绘制图中其他部分原理图。绘制完成的顶层原理图如图 3-47 所示。

图 3-43 “Properties”（页面符属性）面板

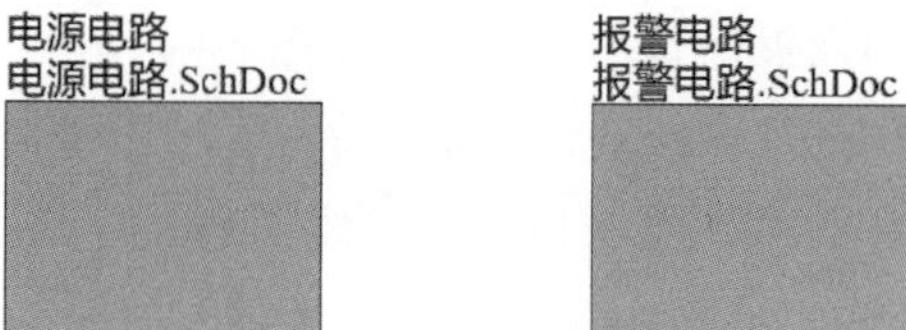


图 3-44 设置好属性的页面符

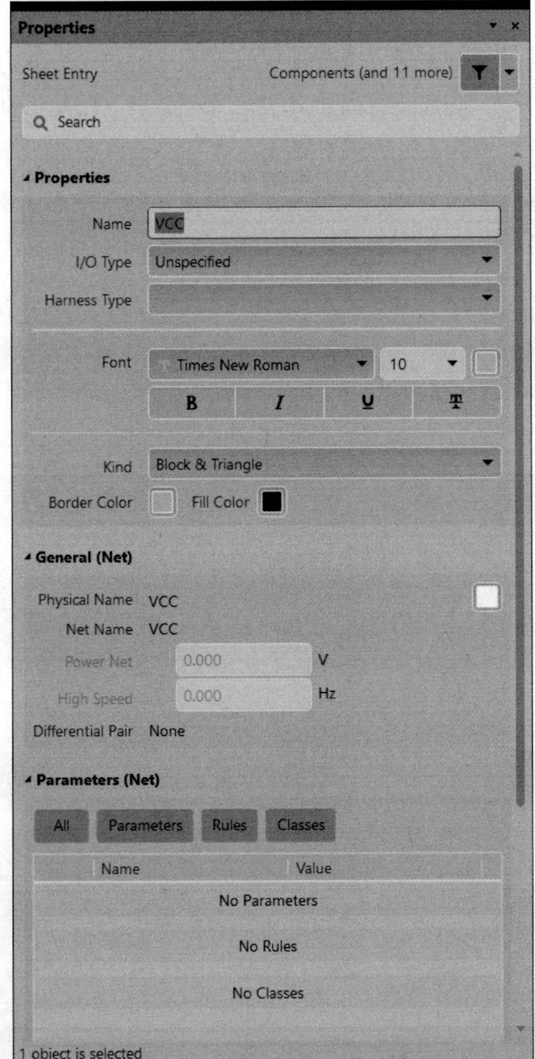


图 3-45　“Properties”（图纸入口属性）面板

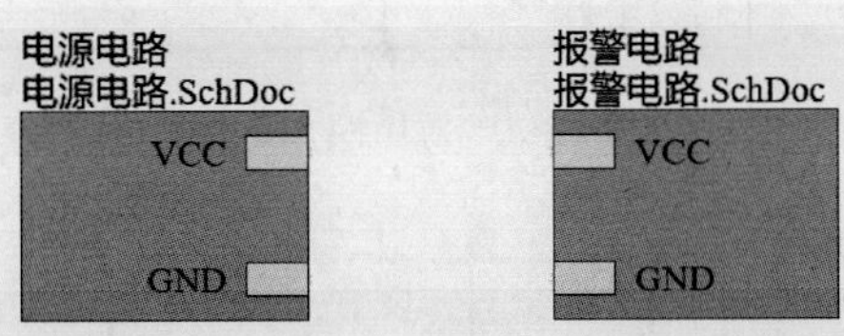


图 3-46　完成图纸入口属性设置的方块电路图

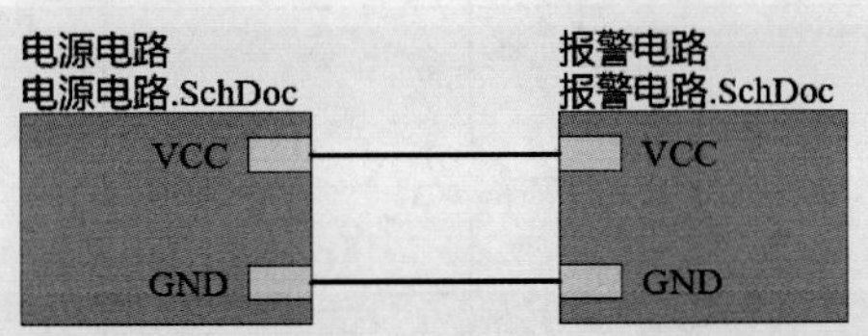


图 3-47　绘制完成的顶层电路图

3. 绘制子电路图

完成了顶层原理图的绘制以后，要把顶层原理图中的每个方块电路对应的子原理图绘制出来。执行“设计”→“从页面符创建图纸”菜单命令，鼠标指针变成十字形。移动鼠标指针到电源电路方块电路图内部空白处单击，系统会自动生成一个与该方块电路图同名的子原理图文件“电源电路 .SchDoc”，如图 3-48 所示。利用前面所学知识，补全电源电路原理图，结果如图 3-49 所示。用同样的方法，创建报警电路原理图，结果如图 3-50 所示。

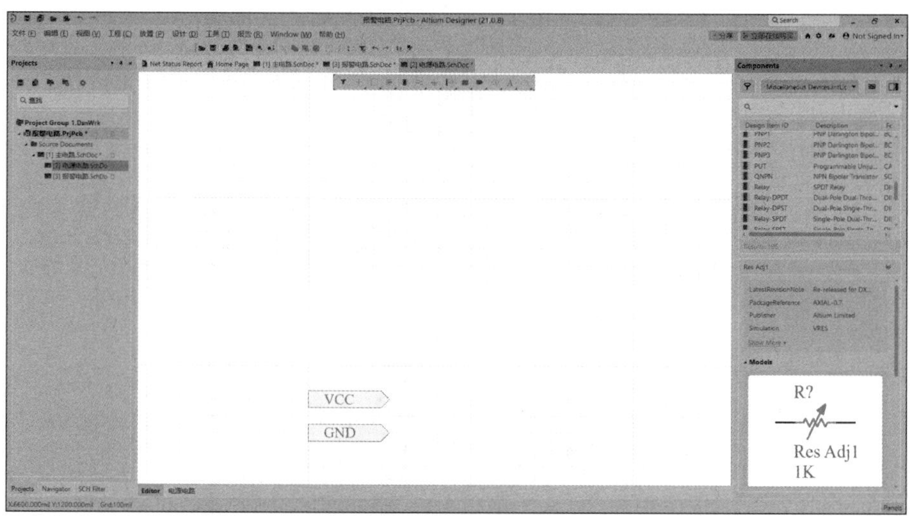


图 3-48 子原理图“电源电路 .SchDoc”

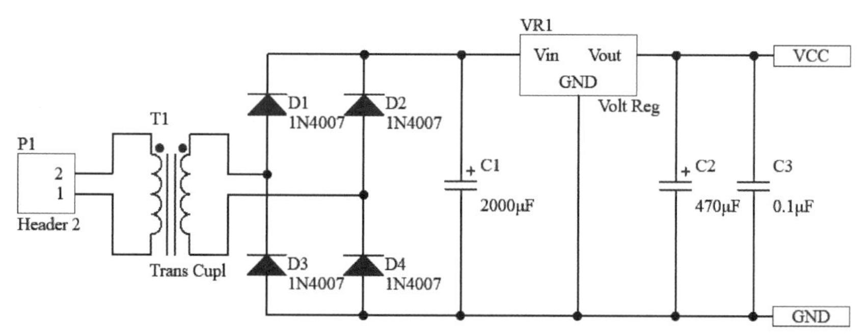


图 3-49 电源电路原理图

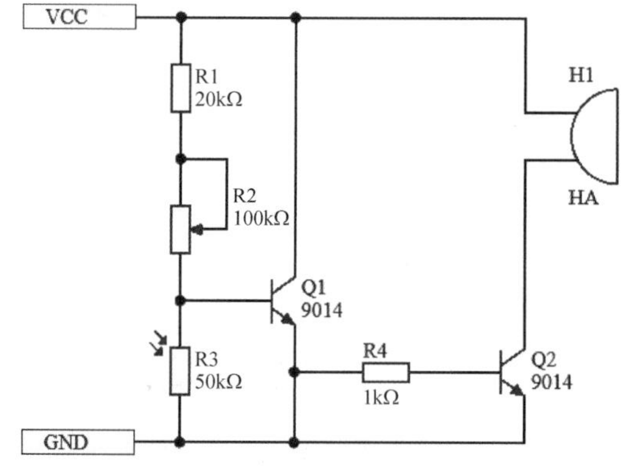


图 3-50 报警电路原理图

**国之骄傲，行业引领**

### 128 层堆栈的闪存——长江存储

2020 年 4 月份，长江存储宣布推出 128 层堆栈的 3D 闪存。该产品是业内首款 128 层 QLC 规格 3D NAND，且拥有已知型号产品中最高单位面积的存储密度，最高 I/O 传输速度和最高单颗 NAND 闪存芯片容量。同期的产品还有 128 层 TLC 闪存（X2-9060），单颗容量 512 GB（64 GB）。两款产品拥有 1.6 GB/s 的输入 / 输出读写性能，3D QLC 单颗容量高达 1.33TB，是上一代 64 层的 5.33 倍。

不仅量产速度追上来了，长江存储的 Xtacking 技术也非常不错，日前权威机构 Tech Insights 对长江存储的 128 层 512 GB TLC 的闪存做了芯片级拆解，证实了其存储密度达到了 8.48 GB/mm$^2$，超过了三星的 6.91 GB/mm$^2$、美光的 7.76 GB/mm$^2$、SK 海力士的 8.13 GB/mm$^2$，达到了国际领先的水平。

随着 5G、人工智能和超大规模数据中心时代的到来，闪存市场的需求将持续增长。长江存储晶栈 Xtacking 系列 3D NAND 闪存产品的量产，将为全球存储器市场健康发展注入新动力，为未来三维闪存技术发展带来无限可能。

## 思考与练习

1. 绘制层次原理图

根据本项目所学，结合下面给出的电路图，绘制其层次电路图。

（1）顶层电路图如图 3-51 所示。

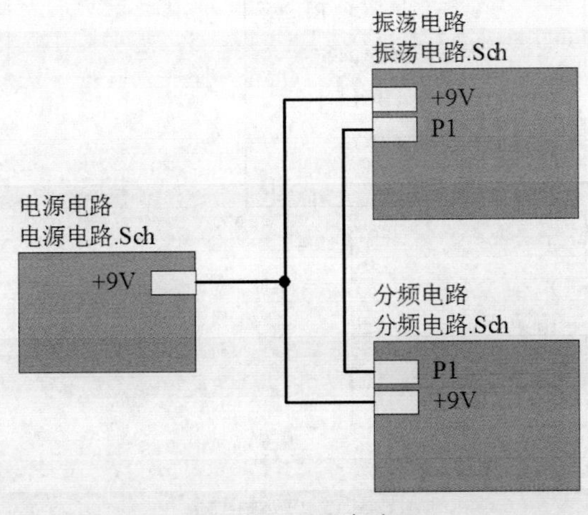


图 3-51　顶层电路图

（2）子电路图分为电源电路、振荡电路和分频电路。

① 电源电路，如图 3-52 所示。

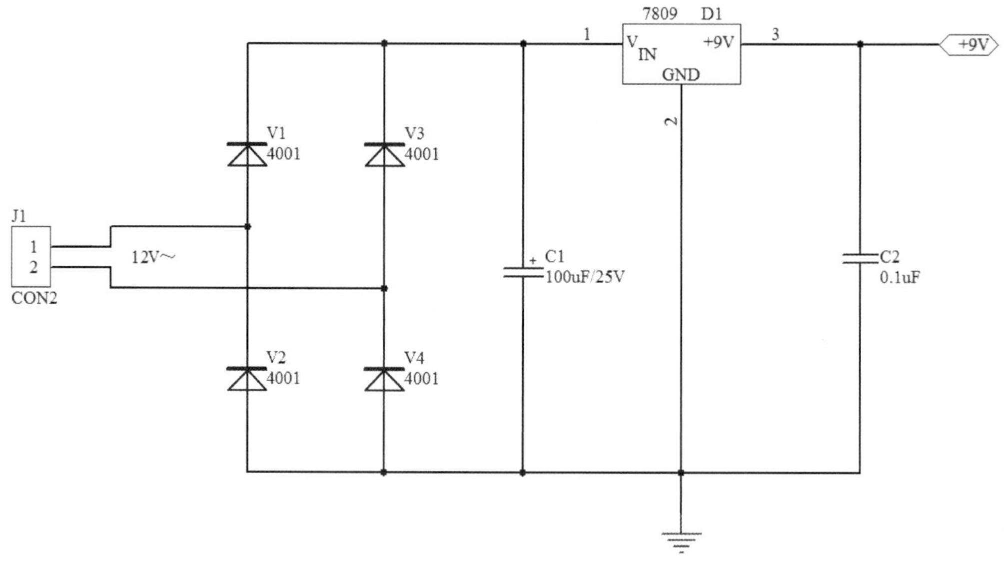


图 3-52　电源电路

② 振荡电路，如图 3-53 所示。

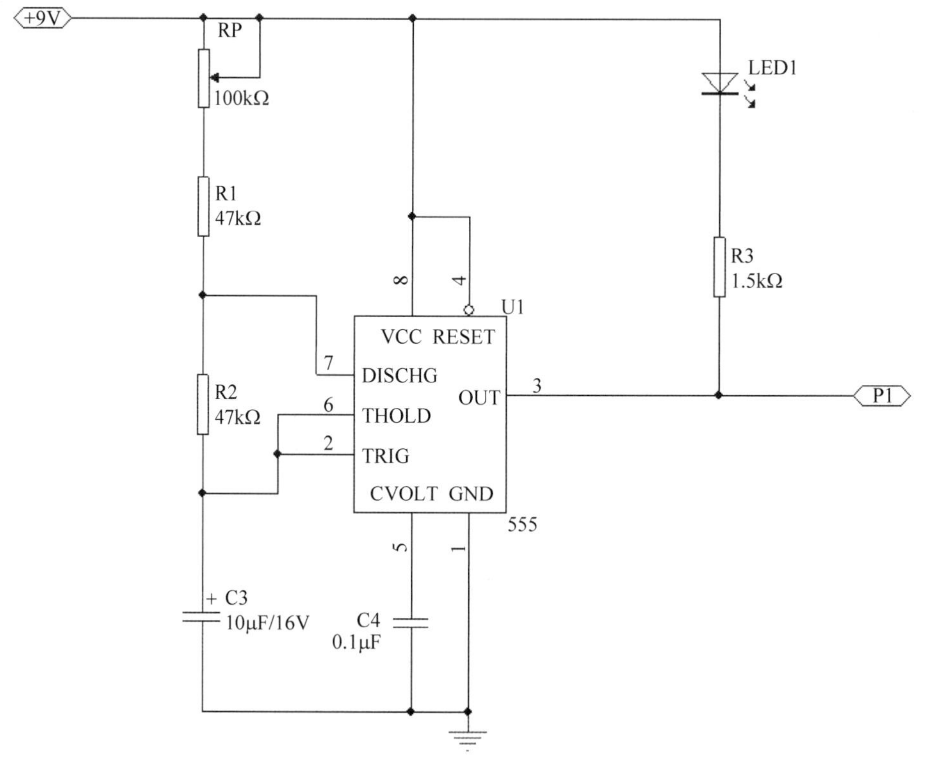


图 3-53　振荡电路

③ 分频电路，如图 3-54 所示。

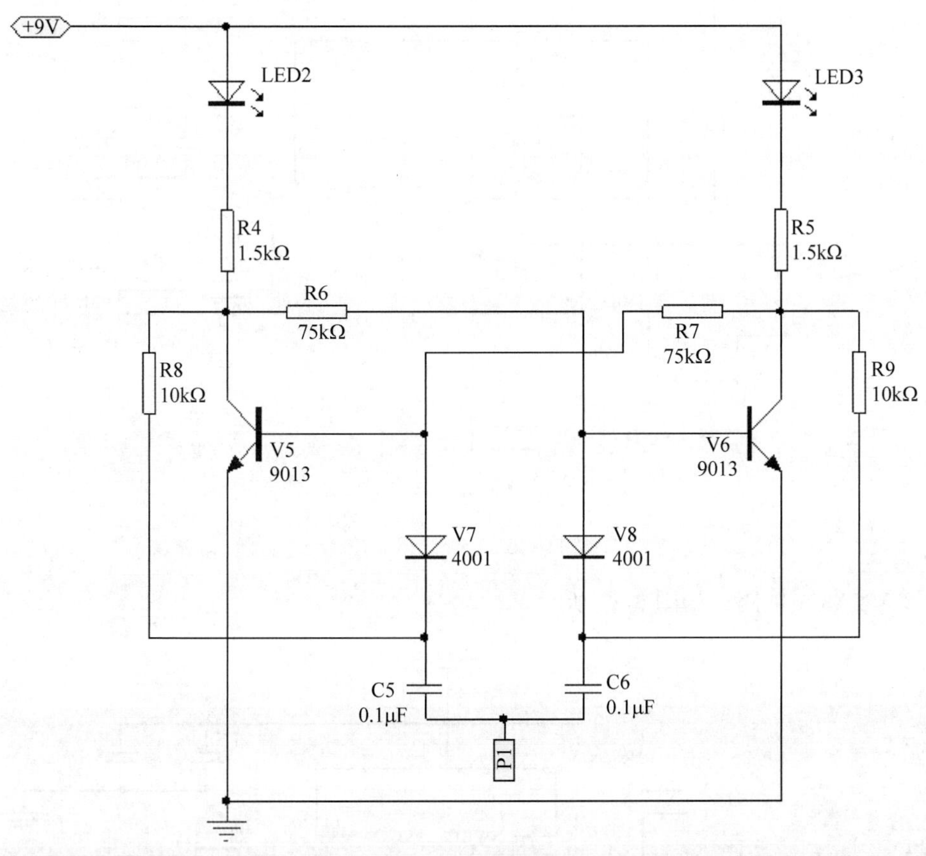


图 3-54　分频电路

2. 绘制中频放大器 VCA821 和 OPA695 层次原理图（全国大学生电子设计竞赛优秀作品的功能模块）。

（1）顶层电路图纸如图 3-55 所示。

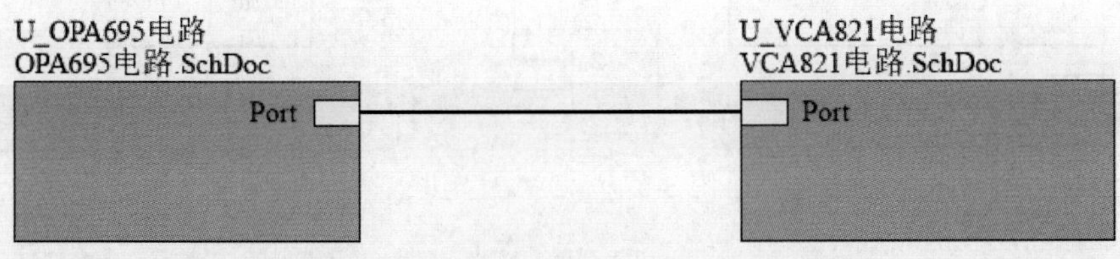


图 3-55　顶层电路图

（2）子电路图分为 OPA695 电路和 VCA821 电路。

① OPA695 电路，如图 3-56 所示。

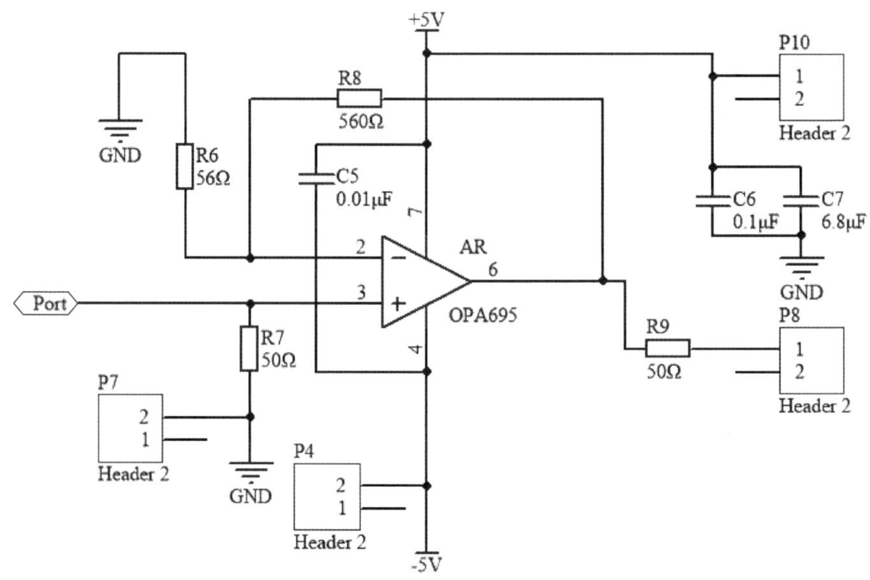


图 3-56　OPA695 电路

② VCA821 电路，如图 3-57 所示。

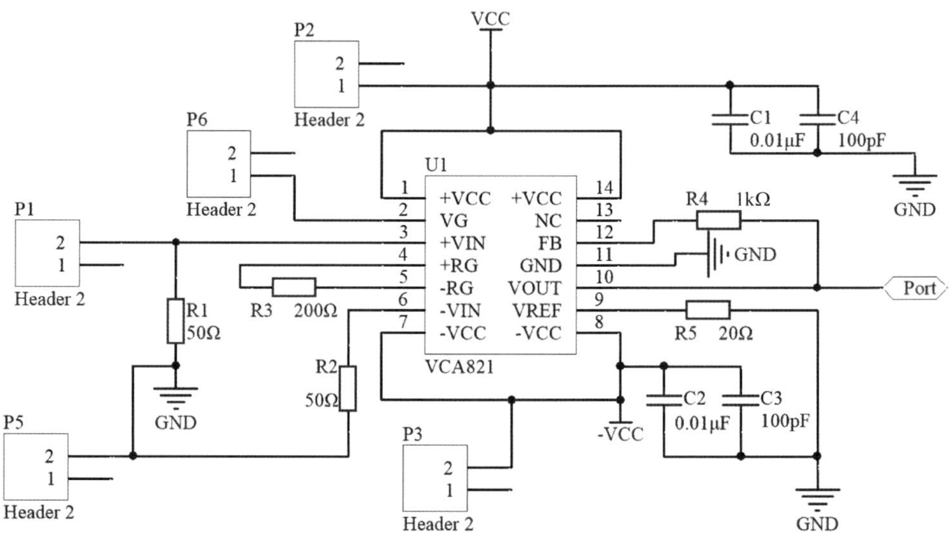


图 3-57　VCA821 电路

# 项目 4　原理图库设计

## 学习目标

★ 熟悉元器件库编辑器；
★ 熟练掌握单部件元器件的创建；
★ 掌握多子件元器件的创建。

## 能力目标

★ 能绘制各种不同要求的元器件；
★ 能应用绘制好的元器件；
★ 能对元器件进行检查与形成报告。

## 思政目标

★ 具备融会贯通的学习能力；
★ 具备严谨细致的学习作风；
★ 具备规范操作意识；
★ 具备良好的团队合作意识。

在用 Altium Designer 绘制原理图时，需要放置各种各样的元器件。Altium Designer 内置的元器件库虽然很完备，但是难免会遇到找不到所需要的元器件的时候，在这种情况下便需要自己创建元器件。Altium Designer 提供了一个完整的创建元器件的编辑器，可以根据自己的需要进行编辑或者创建元器件。

## 任务 4.1　原理图库文件编辑器

### 4.1.1　原理图库文件编辑环境

启动原理图库文件编辑器有多种方法，通过新建一个原理图库文件，或者打开一个已有的原理图库文件，都可以进入原理图库文件的编辑环境中。

执行“文件”→“新的...”→“库”→“原理图库”菜单命令，一个默认名称为“SchLib1.SchLib”原理图库文件被创建，同时原理图库编辑器被启动，如图 4-1 所示。

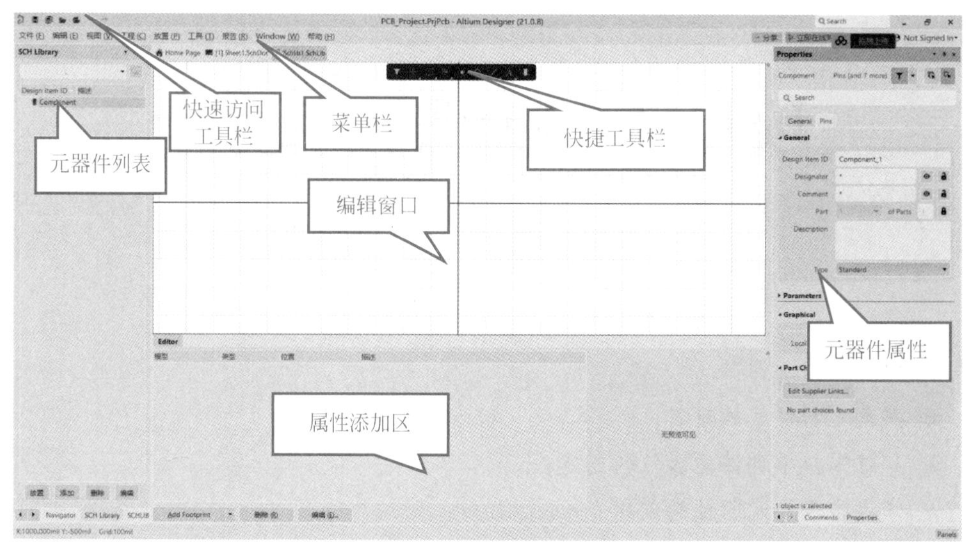


图 4-1　元器件库编辑器界面

原理图库文件编辑环境与前面的电路原理图编辑环境界面非常相似，主要由主菜单栏、原理图库标准工具栏、应用工具栏、编辑窗口及面板标签等几大部分组成，操作方法也几乎一样，但是也有不同的地方，具体表现在以下几个方面。

（1）编辑窗口：编辑窗口内不再有“图纸”框，而是被十字坐标轴划分为四个象限，坐标轴的交点即为该窗口的原点。一般在绘制元器件时，其原点就放置在编辑窗口原点处，而具体元器件的绘制、编辑则在第四象限内进行。

（2）“应用工具”工具栏：在应用工具中提供了四个重要的工具，即原理图符号绘图工具、IEEE 符号工具、栅格工具和模式管理器，它们是原理图库文件编辑环境中所特有的，用于完成原理图符号的绘制以及通过模型管理器为元器件添加相关的模型。

（3）“原理图库标准”工具栏：为操作频繁的命令提供窗口按钮（有时也称为图标）显示的方式。

（4）SCH Library 面板：在面板标签的 SCH 中，增加了 SCH Library 面板，这也是原理图库文件编辑环境中特有的工作面板，用于对原理图库文件中的元器件进行编辑、管理。

（5）模型添加及预览：用于为元器件添加相应模型，如 PCB 封装、仿真模型、信号完整性模型等，并可在右侧的窗口中进行预览。

### 4.1.2　工作面板

#### 1.“SCH Library”面板

进入原理图库文件编辑器之后，单击工作面板中的“SCH Library”（原理图元器件库）标签，即可显示“SCH Library”面板。“SCH Library”面板是原理图库文件编辑环境中的专用面板，几乎包含了用户创建的库文件的所有信息，用来对元器件库进行编辑管理，如图 4-2 所示。

在元器件库下拉列表框中列出了当前所打开的原理图元器件库文件中的所有库元器件，包括原理图符号名称及相应的描述等。其中各按钮的功能如下。

（1）“放置”按钮：将选定的元器件放置到当前原理图中。

（2）“添加”按钮：在该库文件中添加一个元器件。

（3）“删除”按钮：删除选定的元器件。

（4）“编辑”按钮：编辑选定元器件的属性。

2. 库元器件“Properties”（属性）面板

单击“SCH Library”面板“器件”栏中的库元器件名称“6N137”，则系统弹出图 4-3 所示的“Properties”（属性）面板。在该面板中可以对自己所创建的库元器件进行特性描述，以及其他属性参数设置，主要设置包括如下几项。

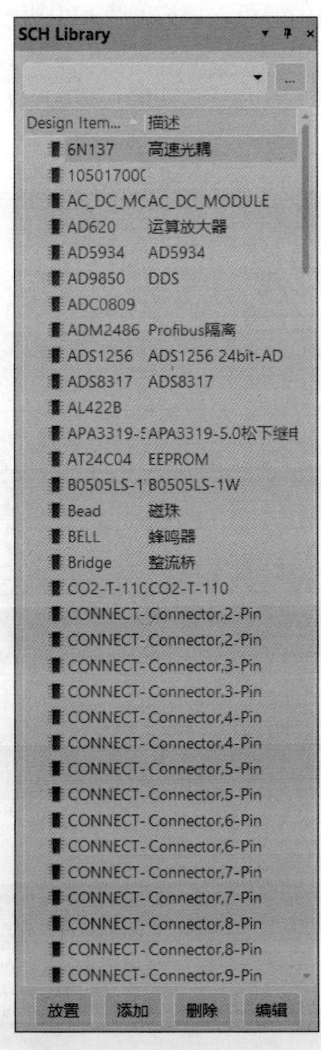


图 4-2 “SCH Library”面板

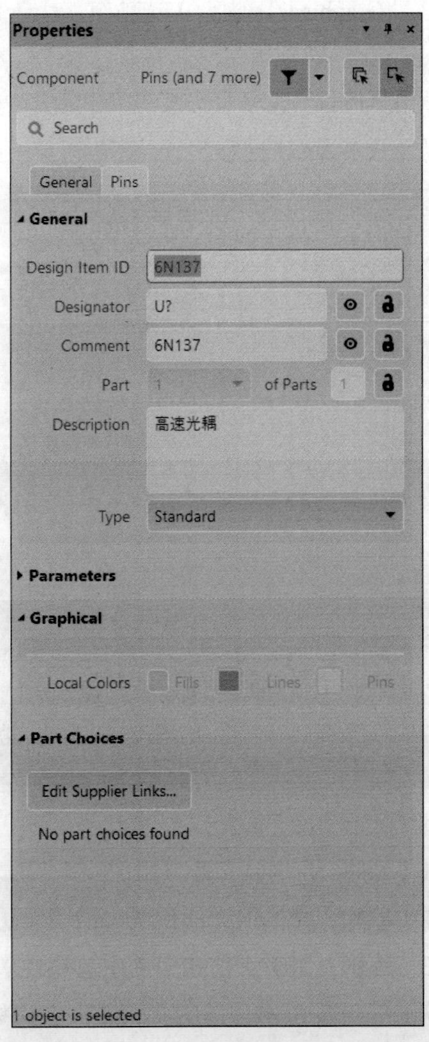


图 4-3 库元器件属性面板

1）“General”（常规的）选项卡

（1）“General”（常规的）选项组。

- “Design Item ID”（设计项目标识）文本框：库元器件名称。
- “Designator”（符号）文本框：库元器件标号，即把该元器件放置到原理图文件中时，系统最初默认显示的元器件标号。这里输入“U?”，并单击右侧的（可见）按钮，则放置该元器件时，序号“U?”会显示在原理图上。单击“锁定引脚”按钮，所有的引脚将和库元器件成为一个整体，不能在原理图上单独移动引脚。
- “Comment”（注释）文本框：用于说明库元器件型号。这里输入“6N137”，并单击右侧的可见按钮，则放置该元器件时，6N137 会显示在原理图上。
- “Description”（描述）文本框：用于描述库元器件功能。这里输入“高速光耦”。

（2）“Parameters”（参数）选项组。用于设置库元器件的封装、模型、参数、链接、规则等。

（3）“Graphical”（图形）选项组。用于设置图形中线的颜色、填充颜色和引脚颜色。

2）“Pins”选项卡

单击“Pins”选项卡，系统弹出图 4-4 所示的选项卡，显示了元器件的引脚序号和名称，以及几个操作按钮。

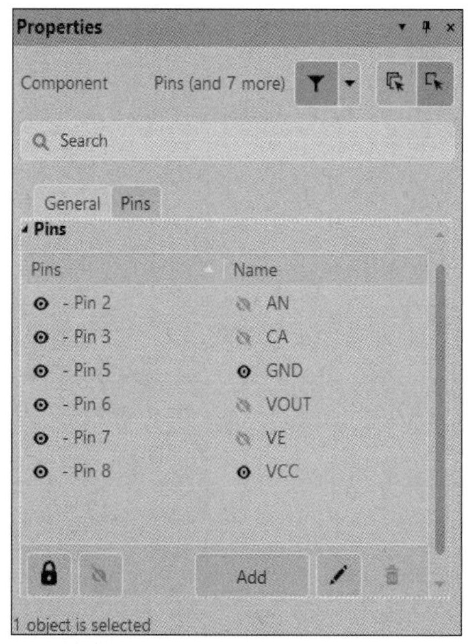


图 4-4 设置所有引脚

（1）Add：为当前元器件添加一个引脚。

（2）删除：把当前元器件选中的引脚进行删除。

（3）编辑：编辑当前选中的引脚属性。

单击编辑按钮，弹出“元器件引脚编辑器”对话框，如图 4-5 所示。在该选项卡中可以对该元器件所有引脚进行一次性的编辑设置。

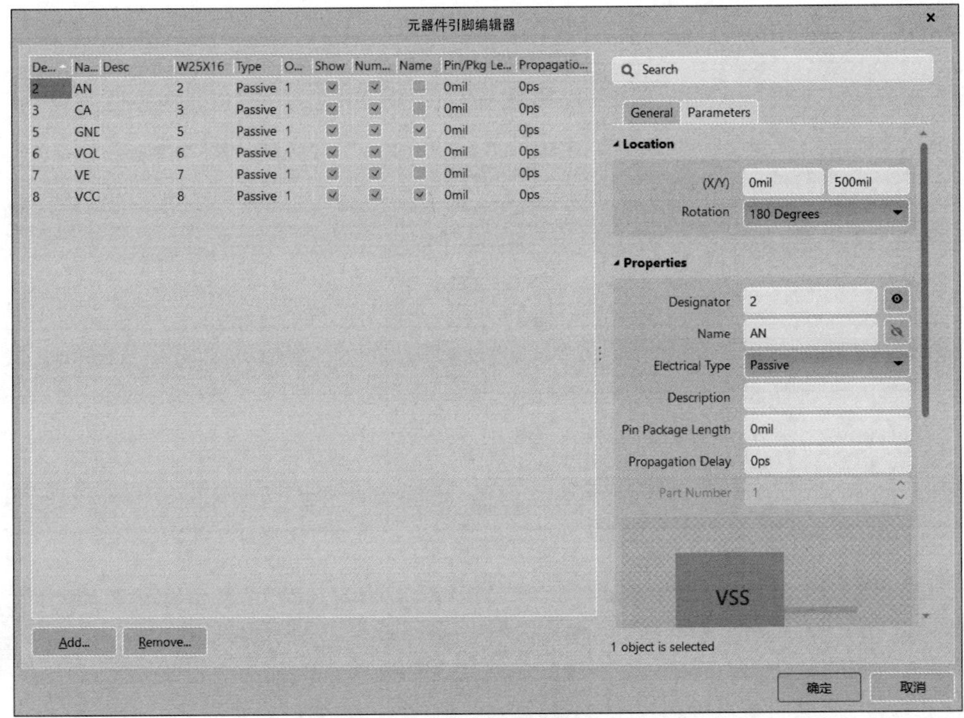


图 4-5　“元器件引脚编辑器”对话框

### 4.1.3　工具栏

对于原理图库文件编辑环境中的菜单栏及“原理图库标准”工具栏，由于功能和使用方法与原理图编辑环境中的基本一致，因此在此不再赘述。下面主要对“应用工具”工具栏中的“IEEE 符号”工具、“原理图符号”绘图工具以及“模式”工具进行简要介绍。

1.“IEEE 符号”工具

单击“应用工具”工具栏中的按钮，则会弹出相应的“IEEE 符号”工具，如图 4-6 所示，这些是符合 IEEE 标准的一些图形符号。同样，该工具中各个符号的功能与执行“放置”→“IEEE 符号”命令后弹出的菜单（见图 4-7）中的各项操作具有对应的关系，对应关系如表 4-1 所示。

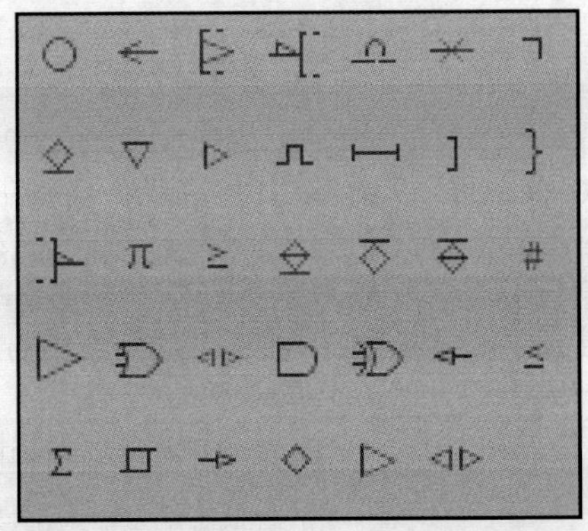

图 4-6　“IEEE 符号”工具

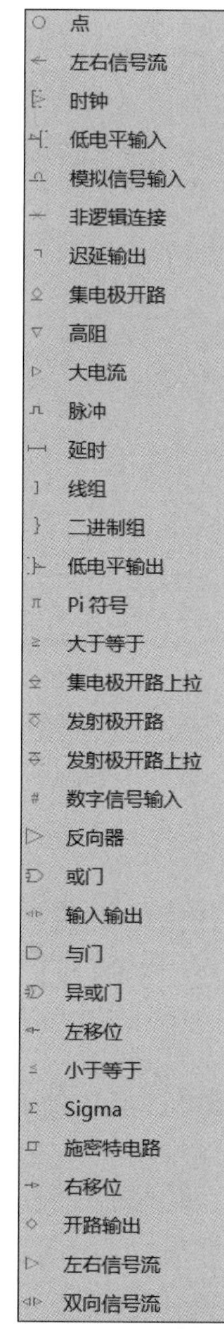


图 4-7 “IEEE 符号”菜单

表 4-1 “IEEE 符号”工具与“IEEE 符号”菜单的对应关系

| 图标 | 功　能 |
|---|---|
| ○ | 放置低态触发符号 |
| ← | 放置左向信号 |
| ⊵ | 放置上升沿触发时钟脉冲 |
| ⊣[ | 放置低态触发输入符号 |

续表

| 图标 | 功　能 |
|---|---|
|  | 放置模拟信号输入符号 |
|  | 放置无逻辑性连接符号 |
|  | 放置具有暂缓性输出的符号 |
|  | 放置具有开集性输出的符号 |
|  | 放置高阻抗状态符号 |
|  | 放置高输出电流符号 |
|  | 放置脉冲符号 |
|  | 放置延时符号 |
| ] | 放置多条 I/O 线组合符号 |
| } | 放置二进制组合的符号 |
|  | 放置低态触发输出符号 |
|  | 放置 π 符号 |
| ≥ | 放置大于等于号 |
|  | 放置具有提高阻抗的开集电极输出符号 |
|  | 放置开射极输出符号 |
|  | 放置具有电阻接地的开射极输出符号 |
| # | 放置数字输入信号 |
|  | 放置反相器符号 |
|  | 放置或门符号 |
|  | 放置双向信号 |
|  | 放置与门符号 |
|  | 放置与或门符号 |
|  | 放置数据左移符号 |
| ≤ | 放置小于等于号 |
| Σ | 放置 Σ 符号 |
|  | 放置施密特触发输入特性符号 |
|  | 放置数据右移符号 |
|  | 放置开路输出 |
|  | 放置由左至右的信号流 |
|  | 放置双向信号流 |

2. “原理图符号”绘图工具

单击“应用工具”工具栏中的按钮，则会弹出相应的“原理图符号”绘图工具，如图 4-8 所示。其中各个图标的功能与“放置”菜单中的各项命令具有对应的关系，如图 4-9 所示。其中各个按钮的功能如下。

（1）按钮：用于绘制直线。

（2）按钮：用于绘制贝塞尔曲线。

（3）按钮：用于绘制椭圆弧或圆弧。

（4）按钮：用于绘制多边形。

（5）A按钮：用于添加说明文字。

（6）按钮：用于放置超链接。

（7）按钮：用于放置文本框。

（8）按钮：用于在当前库文件中添加一个元器件。

（9）按钮：用于在当前元器件中添加一个元器件子功能单元。

（10）按钮：用于绘制矩形。

（11）按钮：用于绘制圆角矩形。

（12）按钮：用于绘制椭圆或圆。

（13）按钮：用于插入图像。

（14）按钮：用于放置引脚。

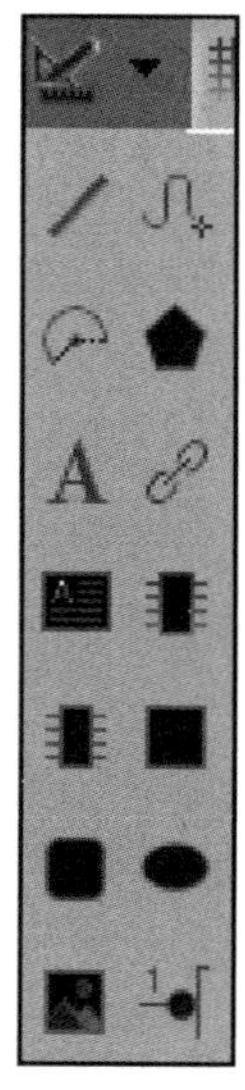

图 4-8 “原理图符号”绘图工具

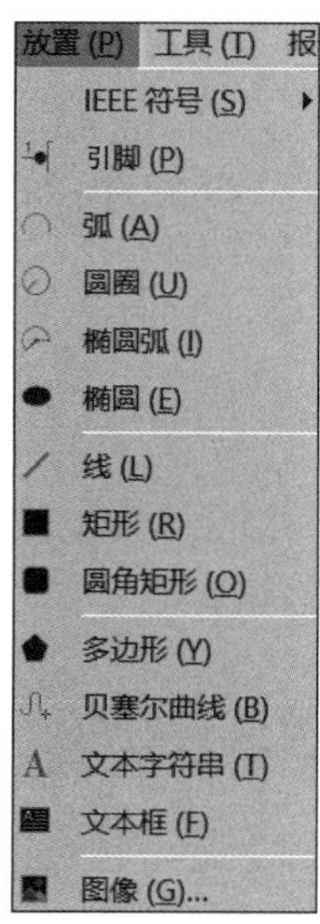


图 4-9 “放置”菜单

3.“模式”工具

该工具用于控制当前元器件的显示模式，如图 4-10 所示。

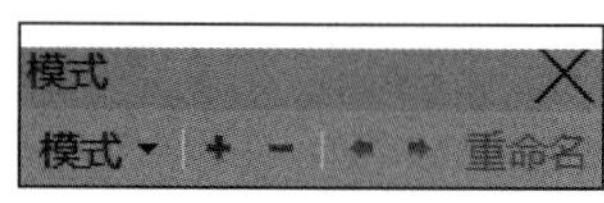


图 4-10 “模式”工具

（1）模式图标：单击该图标可以为当前元器件选择一种显示模式，系统默认为 Normal。

（2）+图标：单击该图标可以为当前元器件添加一种显示模式。

（3）−图标：单击该图标可以删除元器件的当前显示模式。

（4）图标：单击该图标可以切换到前一个显示模式。

（5）图标：单击该图标可以切换到后一个显示模式。

# 任务 4.2　单部件元器件的绘制

## 4.2.1　添加或新建新元器件

单部件元器件的绘制

在元器件库编辑器界面，单击“SCH Library”工作面板上的“添加”按钮，如图 4-11 所示，添加一个新元器件；或者执行“工具”→“新器件”菜单命令，如图 4-12 所示，新建一个新元器件，弹出如图 4-13 所示的对话框，即可命名新元器件。命名完成后，若名称不合理，也可以单击图 4-11 面板上的“编辑”按钮，那么元器件库编辑器界面的右边会弹出“Properties”面板，在“Design Item ID”对话框中输入新的名称，即可实现元器件名称的重命名。

如果界面上未出现“SCH Library”面板，可以单击元器件库编辑器界面的右下角“Panels”按钮，选择“SCH Library”标签，即可打开相应的面板。

图 4-11 “SCH Library”面板

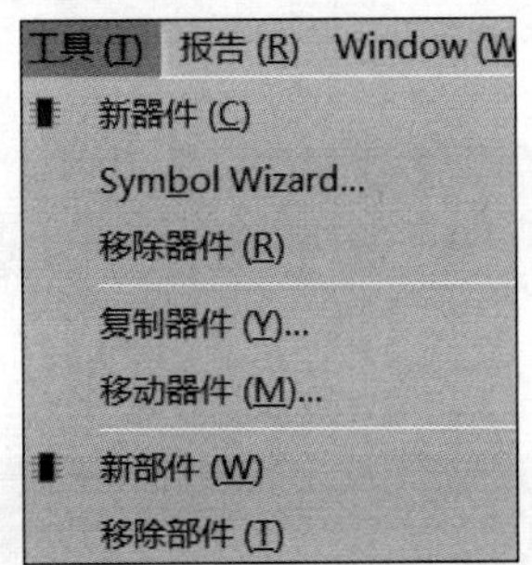


图 4-12 “工具”菜单

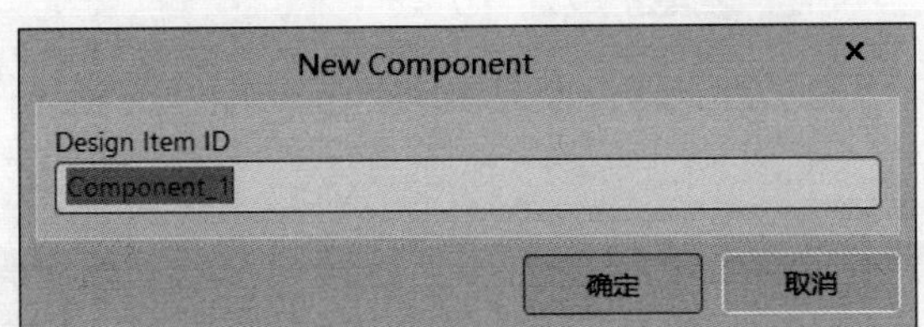


图 4-13 “新元器件”命名对话框

## 4.2.2　绘制元器件符号边框并设置其属性

绘制如图 4-14 所示的元器件。

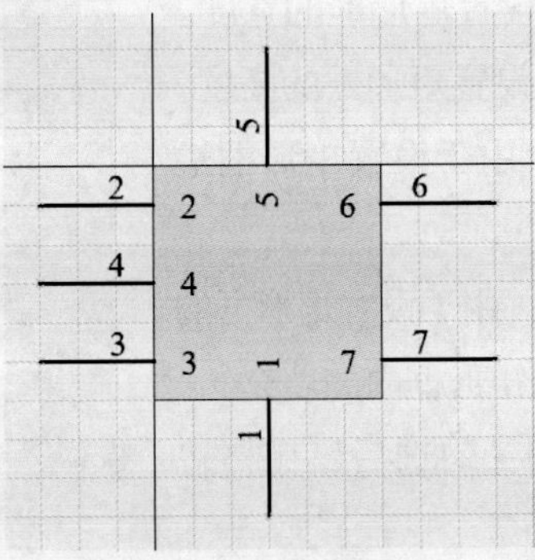

图 4-14 元器件

1. 绘制元器件符号边框

（1）长按快捷工具栏如图 4-15 中的放置线按钮，并在绘图工具中单击 矩形 (R) 按钮，如图 4-16 所示；或执行“放置”→“矩形”菜单命令；或单击“应用工具”工具栏中的“原理图符号”，绘图工具中的按钮来绘制一个直角矩形，将编辑状态切换到画直角矩形模式。

图 4-15 快捷工具栏

（2）此时鼠标指针旁会多出一个大十字和矩形符号，将大十字指针中心移动到坐标轴原点处（X：0，Y：0），单击把它定为直角矩形的左上角；移动鼠标指针到矩形的右下角，再单击，确定元器件符号矩形边框的对角顶点，右击或者按 Esc 键退出放置状态，如图 4-17 所示。

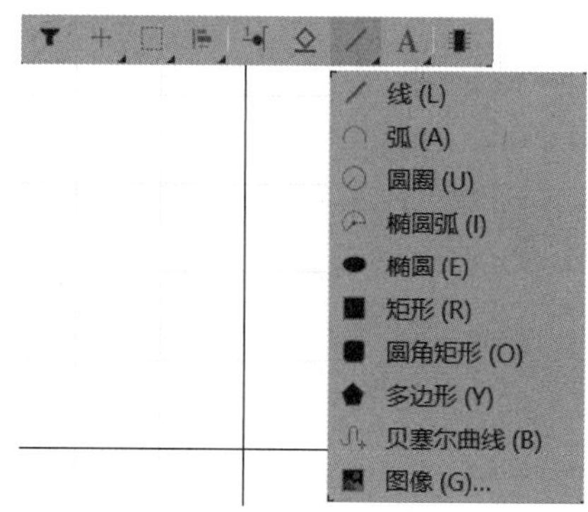


图 4-16 绘图工具

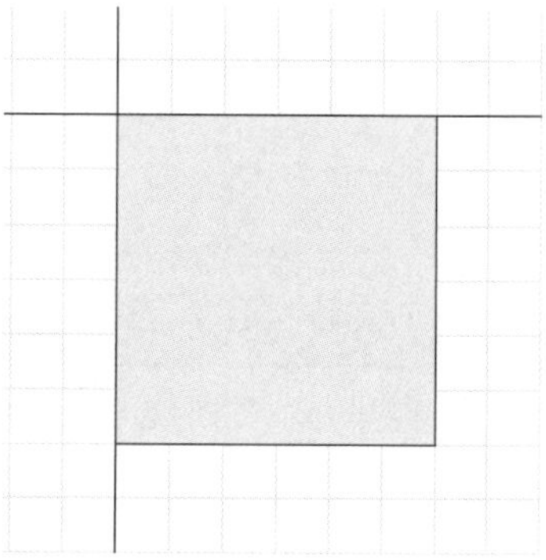

图 4-17 绘制矩形

2. 矩形框属性设置

放置完毕后，可以选中矩形框对边框的大小进行调整。单击矩形框，可以对其属性进行设置，如图 4-18 所示。

（1）(X/Y)（位置 X 轴 /Y 轴）：用于设置矩形框左下角的 X 轴和 Y 轴的坐标。

（2）Width（宽度）：用于设置矩形框的宽度。

（3）Height（高度）：用于设置矩形框的高度。

（4）Border（边界线宽）：用于设置矩形框边界的线宽。

（5）Fill Color（填充颜色）：用于设置矩形框的填充颜色，取消勾选，即可取消矩形框内的填充。

（6）Transparent（透明的）：勾选后，栅格也显示在矩形框内。

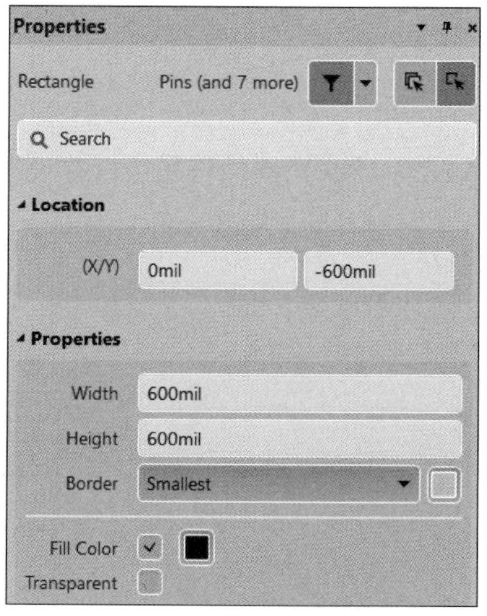


图 4-18 矩形框属性设置

### 4.2.3　放置引脚并设置其属性

1. 放置引脚

（1）单击快捷工具栏如图 4-15 中的放置引脚按钮，或执行“放置”→“引脚”菜单命令；或单击“应用工具”工具栏的“原理图符号”绘图工具的按钮。鼠标指针变成十字形并附着一个引脚符号。

（2）移动鼠标到合适的位置，单击完成放置，放置 7 个引脚后，如图 4-19 所示，右击或者按 Esc 键退出放置状态。

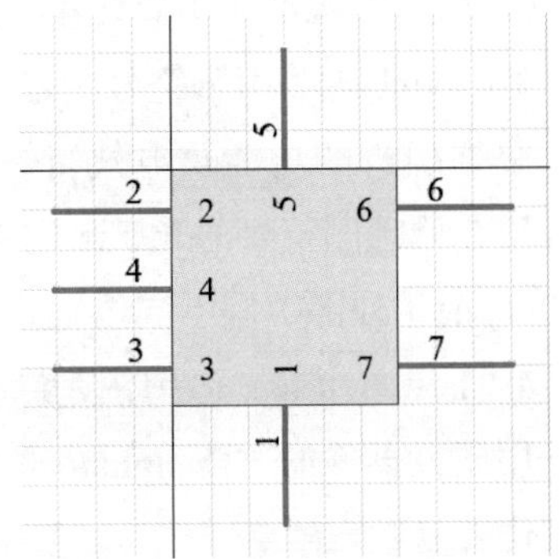

图 4-19　放置引脚后的图形

在放置引脚时，一端会出现一个“×”表示引脚的电气特性，有电气特性的一端需要朝外放置，用于原理图设计时连接电气走线。

在放置引脚时，可以按 Space 键使引脚旋转一定的角度，如引脚 1 旋转 270°，引脚 5 旋转 90°。

2. 引脚属性设置

单击引脚，可以对其属性进行设置，如图 4-20 所示。

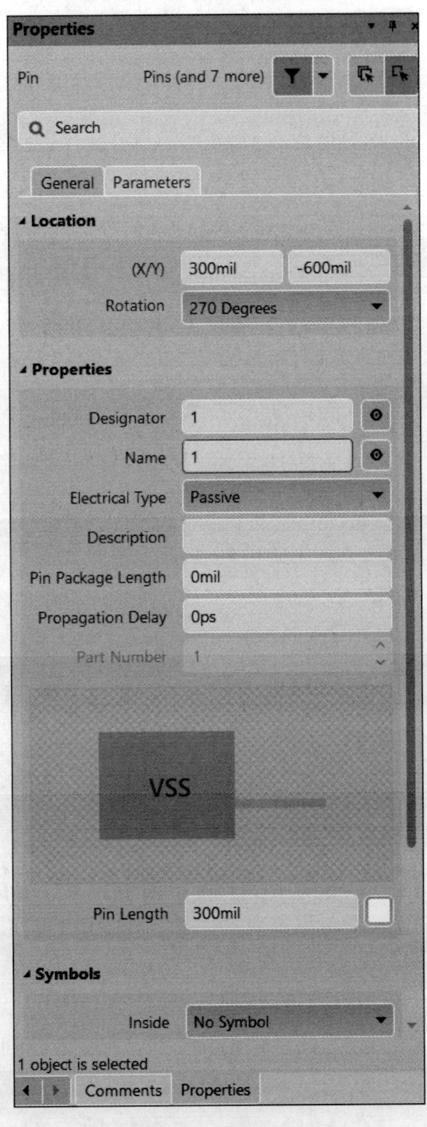


图 4-20　引脚属性设置

1）Location（位置）选项组

（1）(X/Y)(位置 X 轴 /Y 轴)：用于设定引脚符号在原理图中的 X 轴和 Y 轴坐标。

（2）Rotation（旋转）：用于设置端口放置的角度，有 0 Degrees、90 Degrees、180 Degrees、270 Degrees 四种选择。

2）Properties（属性）选项组

（1）Designator（指定引脚标号）：用于设置库元器件引脚的编号，应该与实际的引脚编号相对应。

（2）Name（名称）：用于设置库名称引脚的名称。

（3）Electrical Type（电气类型）：用于设置库元器件引脚的电气特性。有 Input（输入）、IO（输入输出）、Output（输出）、OpenCollector（打开集流器）、Passive（中性的）、Hiz（脚）、Emitter（发射器）、Power（激励）八个选项。

（4）Description（描述）：用于填写库元器件引脚的特性描述。

（5）Pin Package Length（引脚包长度）：用于填写库元器件引脚封装长度。

（6）Pin Length（引脚长度）：用于填写库元器件引脚的长度。

3）Symbols（引脚符号）选项组

根据引脚的功能及电气特性为该引脚设置不同的 IEEE 符号，作为读图时的参考。可放置在原理图符号的Inside（内部）、Inside Edge（内部边沿）、Outside Edge（外部边沿）或 Outside（外部）等不同位置，设置 Line Width（线宽），没有任何电气意义。

4）Font Settings（字体设置）选项组

用于元器件的“Designator”（指定引脚标号）和“Name”（名称）字体的通用设置与通用位置参数设置。

## 任务 4.3　多子件元器件的绘制

多子件元器件的绘制

随着芯片集成技术的迅速发展，芯片能够完成的功能越来越多，芯片上的引脚数目也越来越多。在这种情况下，如果将所有的引脚绘制在一个元器件符号上，元器件符号将过于复杂，导致原理图上的连线混乱，原理图会显得过于庞杂，难以管理。针对这种情况，Altium Designer 提供了元器件分部分（Part）绘制的方法来绘制复杂的元器件。

当一个元器件封装包含多个相对独立的功能部分（部件）时，可以使用子件。子件是属于元器件的一个部分，如果一个元器件被分为子件，则该元器件至少有两个子件，元器件的引脚会被分配到不同的子件当中。

下面讲解多子件元器件的创建方法。

（1）按照单部件元器件的创建方法创建此类 IC 的一个功能模块。

（2）在面板列表中选中此元器件，执行“工具”→“新部件”菜单命令，会生成两个子件“Part A”和“Part B”，如图 4-21 所示。

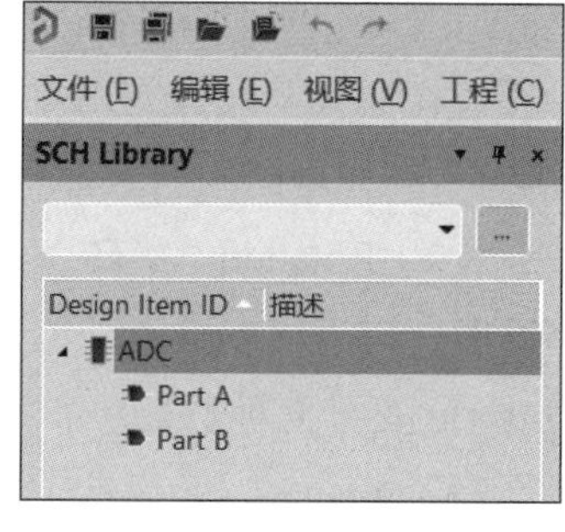


图 4-21　子件的创建

（3）根据第（2）步的操作方法可以创建出“Part C”“Part D”……。

（4）对于元器件属性设置，单击总的元器件，进行设置即可，不需要单个再来设置。

## 任务 4.4　元器件的检查与报告

### 4.4.1　器件规则检查

用元器件规则检查器检查测试是否有重复的引脚及缺少的引脚。

（1）执行“报告”→“器件规则检查”菜单命令，弹出“库元器件规则检测”对话框，如图 4-22 所示。

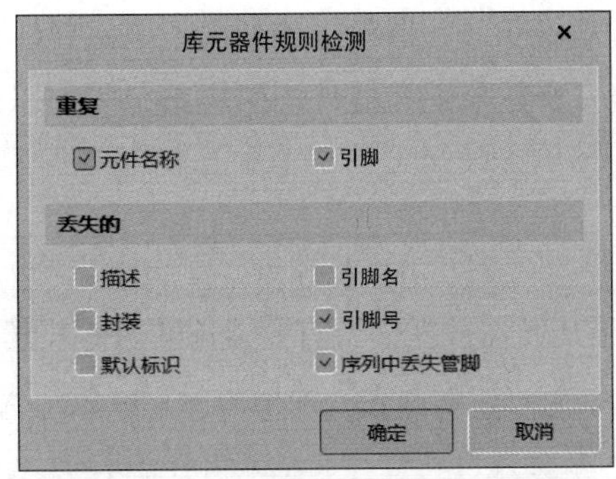


图 4-22　“库元器件规则检测”对话框

（2）设置需要检查的属性特征，单击“确定”按钮，在文本编辑器中显示出名为“Schlib1.ERR”的文件，其中显示了所有与规则检查冲突的元器件，如图 4-23 所示。

（3）根据建议对库做必要的修改后再执行该报告。

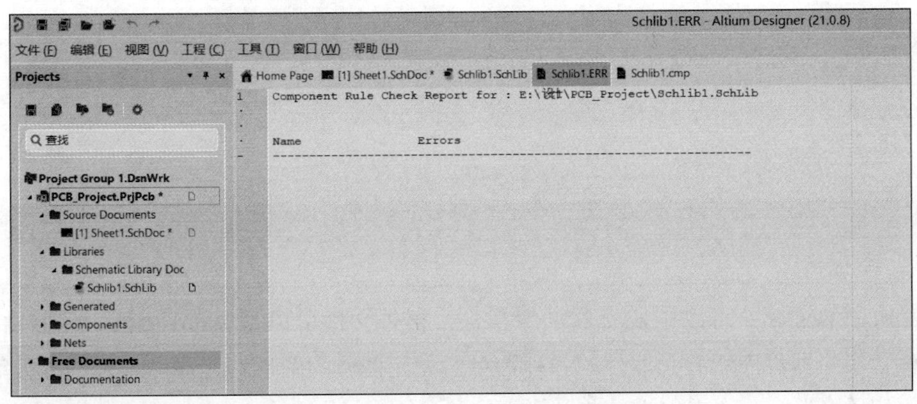


图 4-23　元器件规则检查器运行结果

## 4.4.2　元器件报表

执行“报告”→“器件”菜单命令，可对元器件库编辑管理器当前窗口中的元器件生成元器件报表，系统会自动打开文本编辑程序来显示其内容，如图 4-24 所示。

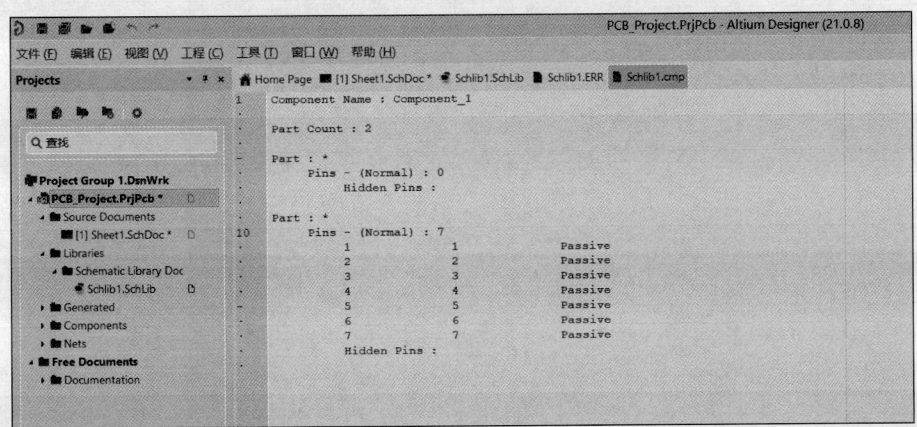


图 4-24　元器件报表窗口

元器件报表的扩展名为 .cmp，元器件报表列出了该元器件的所有相关信息，如子元器件个数、元器件组名称以及各个子元器件的引脚细节等，以前面设计的图 4-19 为例，其报表如图 4-24 所示。

### 4.4.3 库列表

元器件库列表列出了当前元器件库中所有元器件的名称及其相关描述，元器件库列表的扩展名为 .rep。执行“报告”→“库列表”菜单命令，可对元器件库编辑管理器当前的元器件库生成元器件库列表，系统会自动打开文本编辑程序来显示其内容，如图 4-25 所示。

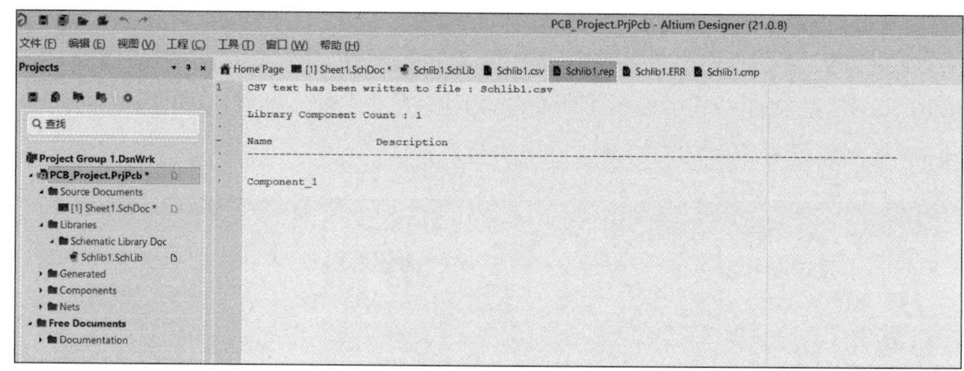


图 4-25　元器件库报表窗口

### 4.4.4 库报告

Altium Designer 可以生成元器件库报告，报告文件可以是 Word 文档。元器件库报告中包含了元器件库所有元器件的各种信息，如元器件的图形、元器件名称、参数等。

执行“报告”→“库报告”菜单命令，系统会弹出如图 4-26 所示的库报告设置对话

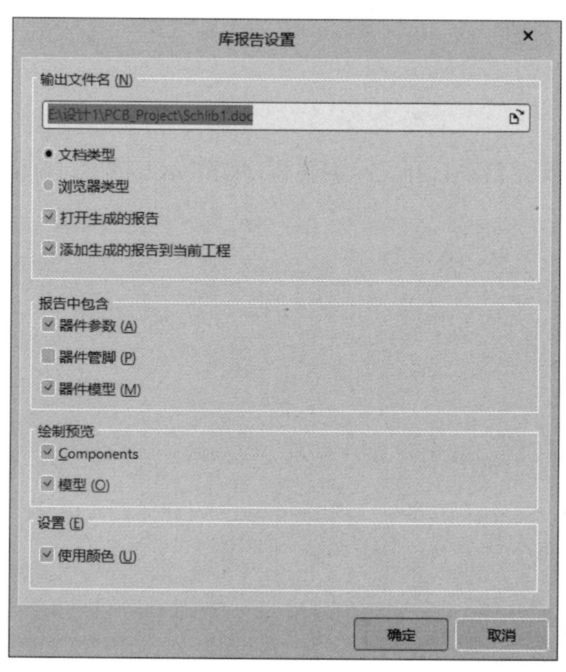


图 4-26　库报告设置对话框

框。在该对话框中，可以选择生成的文件类型，如 .doc 或 .html 文件；还可以设置包含到报告中的内容，如元器件参数、元器件引脚或元器件模型等。设置好了需要输出的内容后，按“确定”按钮就可以生成当前打开的元器件库的元器件报告。

## 任务 4.5　操作实例——绘制三端稳压器

1. 创建文档

（1）执行“文件”→“新的”→“项目”菜单命令，弹出“Create Project”（新建工程）对话框。默认选择“Local Projects”（本地工程），在“Project Name”（工程名称）文本框中输入文件名“电源电路”，在“Folder”（路径）文本框中输入文件路径。完成设置后，单击“Create”按钮，关闭对话框，完成工程的新建。

（2）执行“文件”→“新的”→“库”→“原理图库”菜单命令，新建原理图库文件，在新建的原理图库文件上右击，在弹出的快捷菜单中执行“另存为”命令，将新建的文件保存为“regulator.SciLib”，如图 4-27 所示。

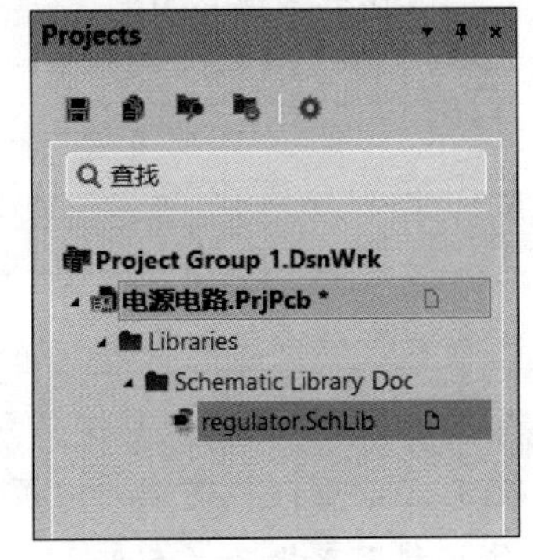


图 4-27　新建的文档

2. 设置绘制环境

在原理图元器件库工作环境中，打开“SCH Library”面板，单击“Component”（元器件库）栏下面的“添加”按钮，弹出“New Component”（新器件）对话框，输入新器件名称“78L05”，如图 4-28 所示。单击“确定”按钮，退出该对话框，元器件库中多出了一个元器件“78L05”。

3. 绘制矩形外框

执行“放置”→“矩形”菜单命令，或者单击“应用工具”工具栏中“原理图符号”绘图工具中的“矩形”按钮■，这时鼠标变成十字形状，并带有一个矩形图形。在图纸上绘制一个如图 4-29 所示的矩形。

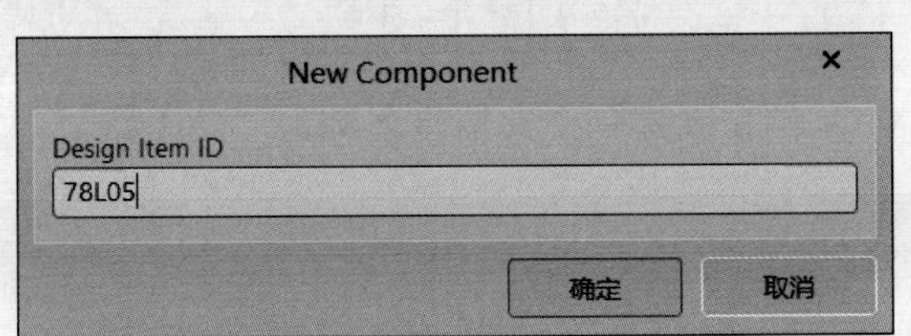


图 4-28　“New Component”（新器件）对话框

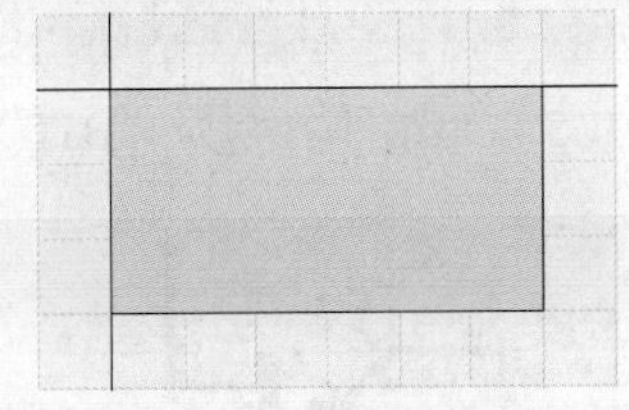

图 4-29　绘制矩形

4. 放置引脚

执行“放置”→“引脚”菜单命令，或者单击“应用工具”工具栏中“实用工具”按钮下拉菜单中的“引脚”按钮，在编辑窗口中显示浮动的引脚符号，在矩形框对应位置单击放置引脚，结果如图 4-30 所示。双击引脚，打开“Properties”面板，在该面板设置引脚的编号和名称，绘制结果如图 4-31 所示。

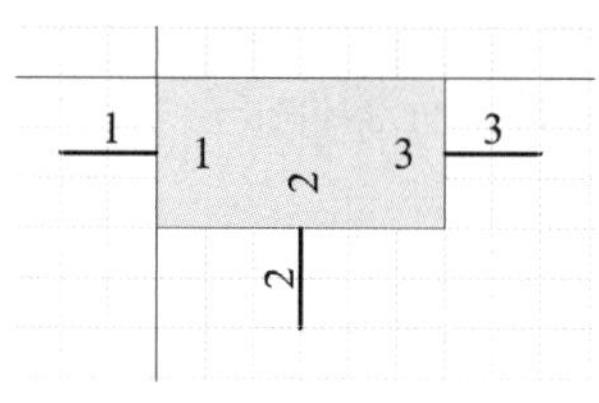

图 4-30　放置引脚

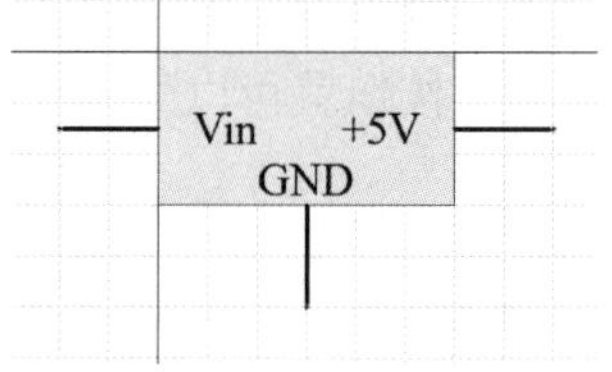

图 4-31　引脚编辑结果

## 国之骄傲，行业引领

**刀片电池——比亚迪电池**

2020 年 3 月 29 日，比亚迪正式发布刀片电池，该电池采用磷酸铁锂技术，将首先搭载于“汉”车型。中国科学院院士欧阳明高分析指出，“刀片电池”的设计使得它在短路时产热少、散热快，并且评价其在“针刺试验”中的表现“非常优异”。

“刀片电池”通过结构创新，在成组时可以跳过“模组”，大幅提高了体积利用率，最终达成在同样的空间内装入更多电芯的设计目标。相较传统电池包，“刀片电池”的体积利用率提升了 50% 以上，也就是说续航里程可提升 50% 以上，达到了高能量密度三元锂电池的同等水平。

## 思考与练习

1. 创建 1.SchLib 文件，绘制下面要求的元器件。

（1）元器件名称为“DY”。

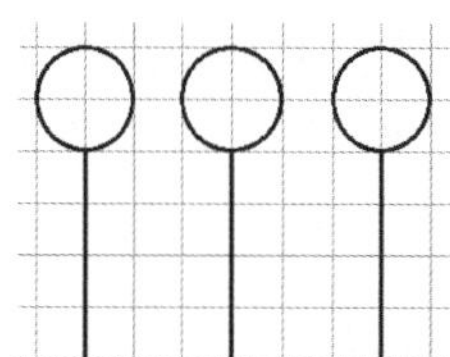

（2）元器件名称为“MOTOR”。

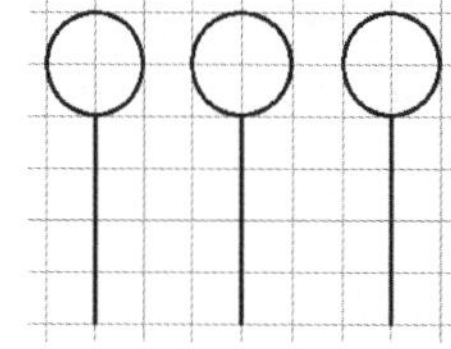

（3）元器件名称为“BJT”。

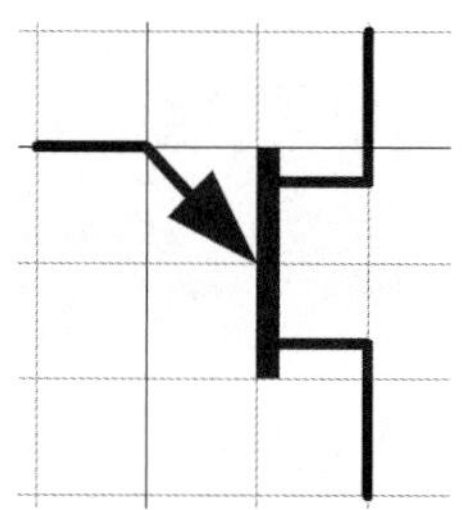

（4）新建一个元器件名称为“变压器 1”。

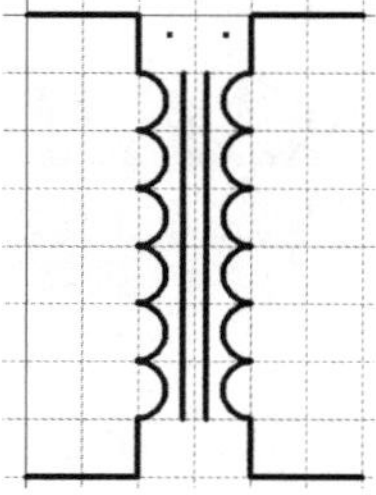

（5）元器件名称为“光耦三极管”。　（6）元器件名称为“COM5”。

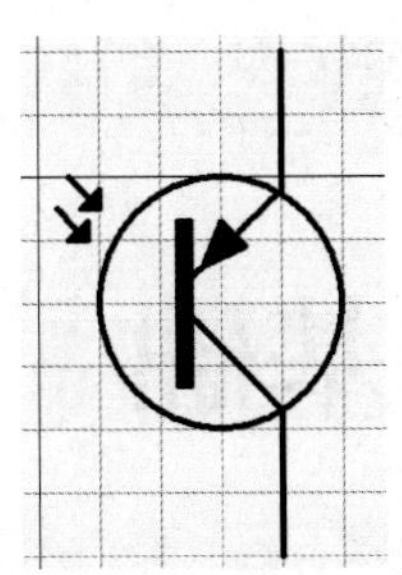

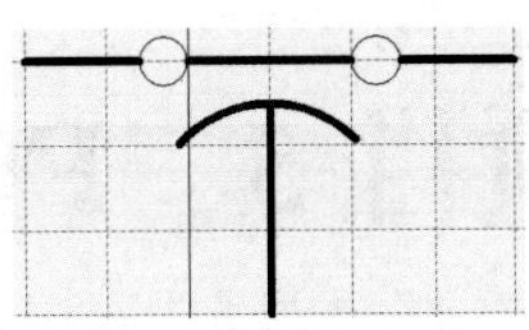

2. 元器件的绘制练习，创建文件名为“2.SchLib”（全国大学生电子设计竞赛优秀作品的功能模块元器件）。

（1）元器件名称为“OPA695”。　（2）元器件名称为“VCA821”。

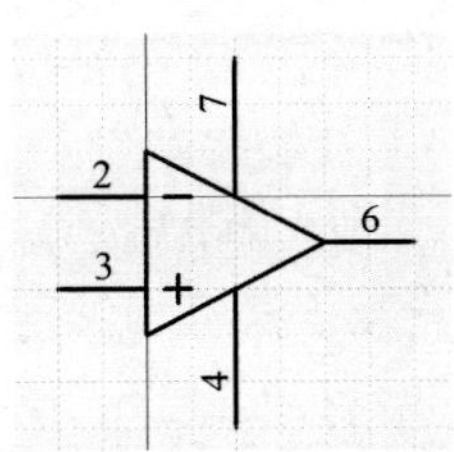


| 引脚 | 名称 | 名称 | 引脚 |
|---|---|---|---|
| 1 | +VCC | +VCC | 14 |
| 2 | VG | NC | 13 |
| 3 | +VIN | FB | 12 |
| 4 | +RG | GND | 11 |
| 5 | -RG | VOUT | 10 |
| 6 | -VIN | VREF | 9 |
| 7 | -VCC | -VCC | 8 |

3. 包含大部分元器件的绘制练习（文件名为“3.SchLib”），新建一个元器件名称为“74F06”。该元器件包含了六个部分，下图显示了三个部分，还有三个部分读者自行查手册寻找引脚序号。

部分 1

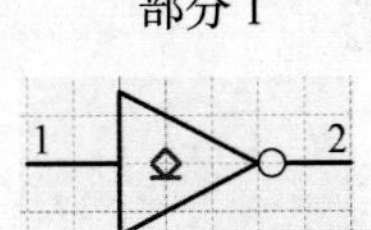


部分 2

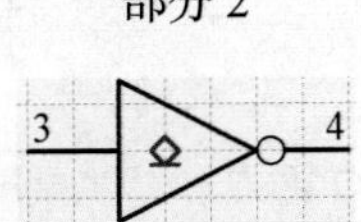


部分 3

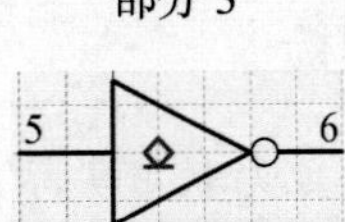

# 项目 5　PCB 设计基础

学习目标

★ 熟悉印刷电路板的分类；
★ 掌握电路板层数的设置；
★ 了解系统快捷键的组合方式。

能力目标

★ 能掌握 PCB 编辑器的启动方法；
★ 能设置不同的电路板层；
★ 能掌握常用元器件封装的选择方法。

思政目标

★ 具备理论联系实际分析问题的能力；
★ 具备思考问题、解决问题的能力；
★ 具备安全、规范的操作意识；
★ 具备良好的沟通能力及团队协作精神。

## 任务 5.1　印刷电路板的基本常识

### 5.1.1　印刷电路板的结构

印刷电路板的基础

PCB 是通过一定的制作工艺，在绝缘度非常高的基材上覆盖上一层导电性能良好的铜薄膜构成覆铜板，然后根据具体的 PCB 图的要求，在覆铜板蚀刻出 PCB 图上的导线，并钻出印刷板安装定位孔以及焊盘和导孔。

1. 印刷电路板的分类

根据印刷电路板的结构，印刷板可以分成单面板、双面板和多层板三种。这种分法主要与 PCB 设计图的复杂程度有关。

根据基材的性质可将印制电路板分为刚性和柔性两种。

根据适用范围可将印制电路板分为低频印制电路板和高频印制电路板两种。

2. 印刷电路板的组成结构

形成成品的 PCB 是包含一系列元器件由印刷电路板材料支撑、通过印刷板材料中的铜箔层进行电气连接的电路板，在电路板的表面还有对 PCB 起注释作用的丝印层。

总结起来，印刷电路板包含以下几个组成部分。

（1）元器件：用于完成电路功能的各种元器件。

（2）铜箔：铜箔在电路板上可以表现为导线、过孔、焊盘和敷铜等，各自的作用如下。

① 导线：用于连接电路板上各种元器件的引脚。

② 过孔：在多层的电路板中，为了完成电气连接的建立，在某些导线上会显示过孔。

③ 焊盘：用于电路板上固定元器件，也是信号进入元器件通路的组成部分。

④ 敷铜：是在电路板上的某个区域填充铜箔，可以改善电路性能。

（3）丝印层：印刷电路板的顶层，采用绝缘材料制成。在丝印层上可以注释板和元器件的信息。丝印层还能起到保护顶层导线的功能。

（4）印制材料：采用绝缘材料制成，用于支撑整个电路板。

### 5.1.2　PCB 的板层

1. 电路板的分层

PCB 一般包括很多层，不同的层次包含不同的设计信息。制板时通常会将各层分开制作，然后经过压制、处理，生成各种功能的电路板。

Altium Designer 提供了以下六种类型的工作层，可以设置 74 个板层。

1）Signal Layer（信号走线层）

即铜箔层，用于完成电气连接。Altium Designer 允许电路板设计 32 个信号走线层，分别为 Top Layer、Mid Layer1 ～ Mid Layer30 和 Bottom Layer，各层以不同的颜色显示。

2）Internal Plane Layer（中间层，也称内部电源与地线层）

也属于铜箔层，用于建立电源和地线网络。系统允许电路板设计 16 个中间层，分别为 Internal Layer1 ～ Internal Layer16，各层以不同的颜色显示。

3）Mechanical Layer（机械层）

用于描述电路板机械结构、标注及加工等生产和组装信息所使用的层面，不能完成电气连接特性，但其名称可以由用户自定义。系统允许 PCB 设计 16 个机械层，分别为 Mechanical 1 ～ Mechanical 16，各层以不同的颜色显示。

4）Mask Layer（阻焊层）

用于保护铜线，也可以防止焊接错误。系统允许 PCB 设计四个阻焊层，即 Top Paste（顶层锡膏防护层）、Bottom Paste（底层锡膏防护层）、Top Solder（顶层阻焊层）和 Bottom Solder（底层阻焊层），分别以不同的颜色显示。

5）Silkscreen Layer（丝印层）

也称图例（Legend），该层通常用于放置元器件标号、文字与符号，以标示出各零件在电路板上的位置。系统提供有两层丝印层，即 Top Overlay（顶层丝印层）和 Bottom Overlay（底层丝印层）。

6）Other Layers（其他层）

（1）Drill Guides（钻孔）和 Drill Drawing（钻孔图），用于描述钻孔图和钻孔位置。

（2）Keep-Out Layer（禁止布线层）用于定义布线区域，基本规则是元器件不能放置于该层上或进行布线。只有在这层设置了闭合的布线范围，才能启动元器件自动布局和自动布线功能。

（3）Multi-Layer（多层）用于放置穿越多层的 PCB 元器件，也用于显示穿越多层的机械加工指示信息。

2. 电路板层数设置

（1）先在工程项目中创建一个 PCB 的文档，如图 5-1 所示。创建完成后，如图 5-2 所示，PCB 文档就出现在工程项目下方，然后对 PCB 文档进行保存，可以用系统默认的 PCB 文档名称，也可以重新重命名。

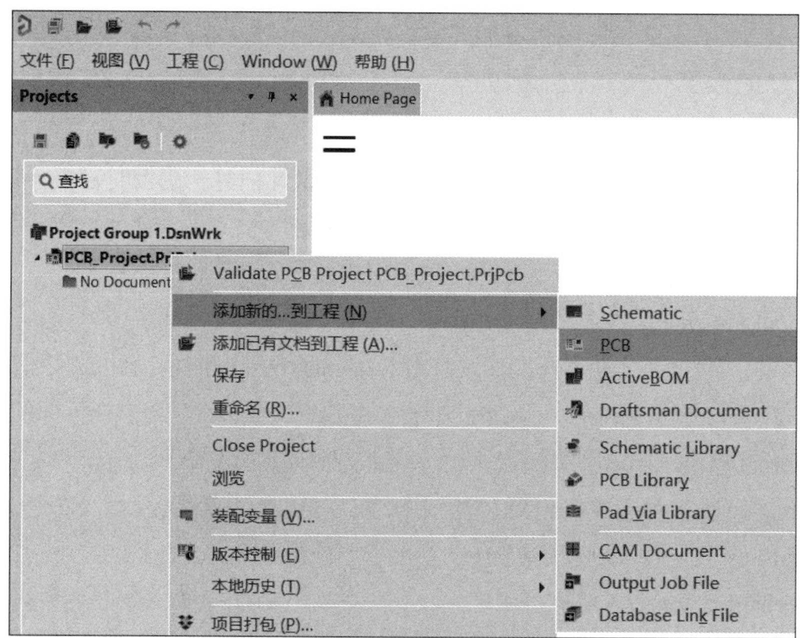


图 5-1　在工程下创建文档

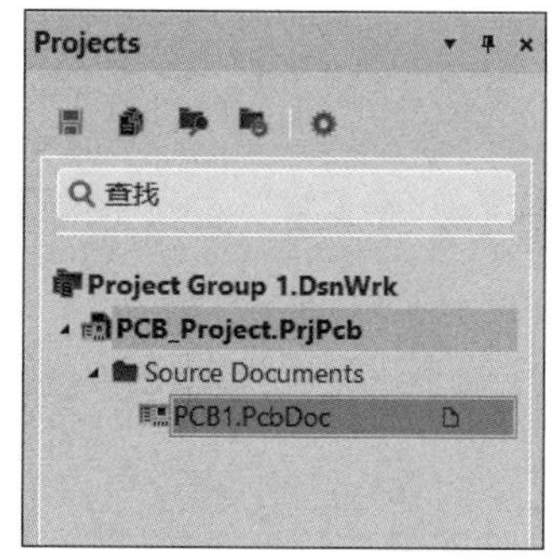


图 5-2　PCB 文档创建完成

（2）对电路板工作层的管理可以执行“Design”→“Layer Stack Manager”菜单命令，系统将打开后缀名为“.PcbDoc”的文件，如图 5-3 所示。在该对话框中可以增加层、删除层、移动层所处的位置及对各层的属性进行设置。

PCB1.PcbDoc * 　PCB1.PcbDoc [Stackup]

+ Add　Modify　Delete　Features

| # | Name | Material | Type | Weight | Thickness | Dk | Df |
|---|---|---|---|---|---|---|---|
| | Top Overlay | | Overlay | | | | |
| | Top Solder | Solder Resist | Solder Mask | | 0.4mil | 3.5 | |
| 1 | Top Layer | | Signal | 1oz | 1.4mil | | |
| | Dielectric 1 | FR-4 | Dielectric | | 12.6mil | 4.8 | |
| 2 | Bottom Layer | | Signal | 1oz | 1.4mil | | |
| | Bottom Solder | Solder Resist | Solder Mask | | 0.4mil | 3.5 | |
| | Bottom Overlay | | Overlay | | | | |

图 5-3　层堆栈管理器对话框

（3）文件的中心显示了当前 PCB 图的层结构。默认设置为双层板，即只包括 Top Layer（顶层）和 Bottom Layer（底层）两层。右击某一个层，弹出快捷菜单，如图 5-4 所示，用户可以在快捷菜单中插入、删除或移动新的层。

（4）双击某一层的名称可以直接修改该层的属性，对该层的名称及厚度进行设置。

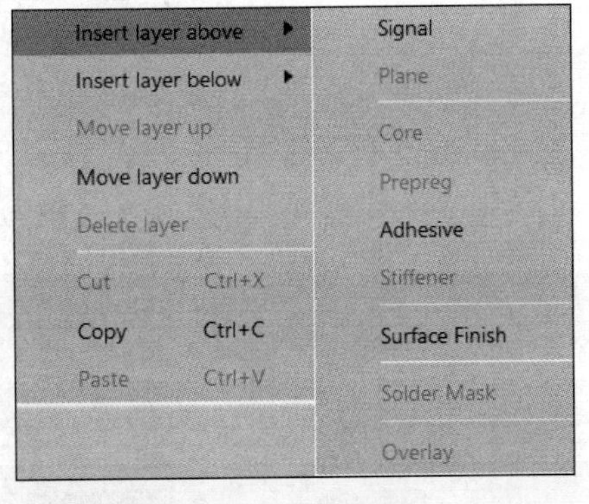


图 5-4　快捷菜单

### 5.1.3　PCB 元器件封装

元器件封装是指实际的电子元器件焊接到电路板时所指示的轮廓和焊点的位置，它使元器件引脚和印制电路板上的焊盘保持一致。纯粹的元器件封装只是一个空间的概念，不同的元器件有相同的封装，同一个元器件也可以有不同的封装。所以在取用焊接元器件时，不仅要知道元器件的名称，还要知道元器件的封装。

1. 元器件封装的种类

从结构方面，封装经历了从最早期的晶体管 TO（如 TO-89、TO92）发展到了双列直插封装，随后由 PHILIP 公司开发出了 SOP 小外形封装，以后逐渐派生出 SOJ（J 型引脚小外形封装）、TSOP（薄小外形封装）、VSOP（甚小外形封装）、SSOP（缩小型 SOP）、TSSOP（薄的缩小型 SOP）及 SOT（小外形晶体管）、SOIC（小外形集成电路）等。从材料介质方面，包括金属、陶瓷、塑料，很多高强度工作条件需求的电路如军工和宇航级别仍有大量的金属封装。

封装主要分为针脚式封装和表面贴片式（Surface Mounted Technology，SMT）封装。

1）针脚式元器件封装

针脚式元器件封装是针对针脚类元器件的，如图 5-5 所示。在 PCB 编辑窗口，单击针脚式元器件的任一焊盘，即可弹出针脚式元器件焊盘“Propertiers”面板。其中焊盘的参数信息如图 5-6 所示。可以看出焊盘的板层必须为 Multi-Layer，因为针脚式元器件焊接时，先要将元器件针脚插入焊盘导孔中，并贯穿整个电路板，然后再焊接。

图 5-5　针脚式元器件封装

2）表面贴片式元器件封装

表面贴片式元器件封装如图 5-7 所示。与此类封装的焊盘只限于表层，即顶层或底层，其焊盘的属性信息，Layer 板层属性必须为单一表面，在 PCB 编辑窗口，单击贴片式元器件的任一焊盘，即可弹出贴片式元器件焊盘参数面板，如图 5-8 所示。

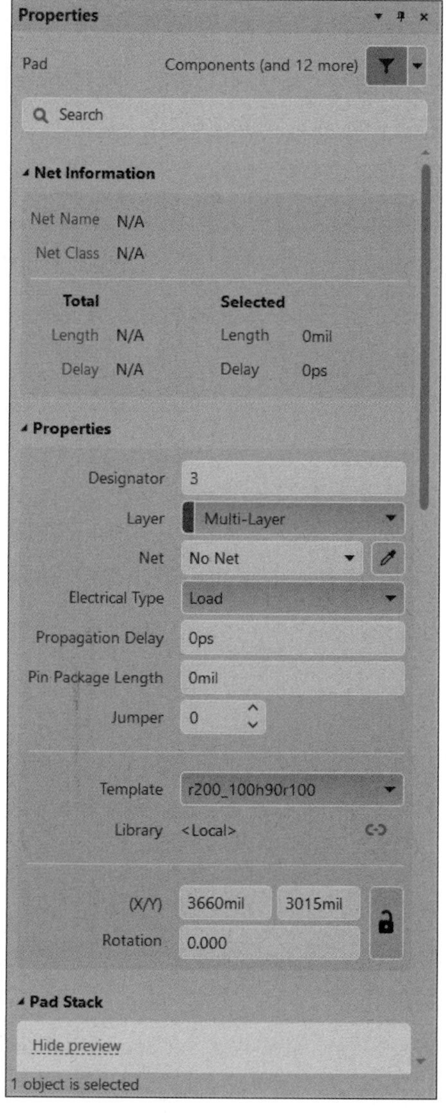

图 5-6　针脚式封装元器件的焊盘参数信息

图 5-7　表面贴片式元器件封装

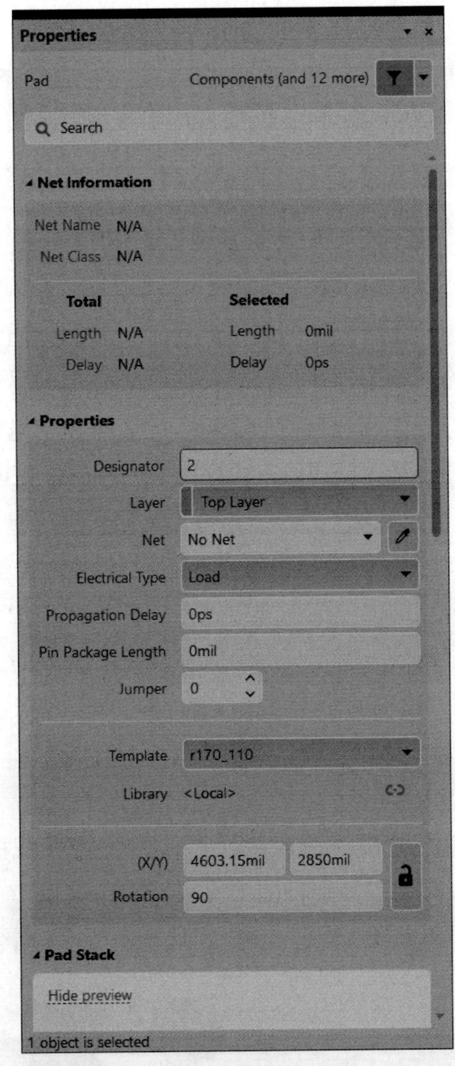


图 5-8　贴片式封装元器件的焊盘参数面板

2. 元器件封装的命名

元器件封装的命名原则为：元器件类型 + 焊盘距离（焊盘数）+ 元器件外形尺寸。可以根据元器件的名称来判断元器件封装的规格：如电阻元器件的封装为 AXIAL-0.3，表示元器件封装为轴状，两焊盘之间的距离为 0.3 英寸（等于 300 mil）；DIP-8 表示双列直插式元器件封装，数字 8 是焊盘的个数，CAPPR1.5-4 × 5 表示极性电容的封装，这几个数据的单位 mm，数字 1.5 表示两个焊盘之间的距离为 1.5 mm，数字 4 是外面圆的直径，数字 5 是十字离圆的边缘最远距离。

3. 常用元器件的封装

因为元器件的种类繁多，所以其封装类型也很多。即便是同一种功能的元器件，也可能因为生产厂家的不一样，封装也是不同的，所以无法一一列举。

常用的插件式分立元器件封装由极性电容类（RB5-10.5 ～ RB7.6-15）、非极性电容类（RAD-0.1 ～ RAD-0.4）、电阻类（AXIAL-0.3 ～ AXIAL-1.0）、可变电阻类

（VR1 ～ VR5）、晶体三极管（BCY-W3）、二极管类（DIODE-0.5 ～ DIODE-0.7）和常用的集成电路 DIP-XXX 封装、SIP-XXX 封装等，这类封装大多数可以在“Miscellaneous Devices PCB.Pcblib”元器件库中找到。

### 5.1.4 PCB 的其他术语

1. 铜模导线与飞线

1）铜模导线

铜模导线是在印制电路板上布置的铜质线路，也称为导线，用于传递电流信号，实现电路的物理连接。导线从一个焊点走向另外一个焊点，其宽度、走线路径等对整个电路板的性能有着直接的影响。导线是印刷电路板的重要组成部分，电路板设计工作的很大一部分是围绕如何布置导线来进行的，是电路板设计的核心。

2）飞线

在 PCB 编辑器中与电路板设计相关的还有一种线，称为飞线，其作用是指示 PCB 中各节点的电气逻辑连接关系，而不是表示物理上的连接，也可以称之为预拉线。飞线是根据网络表中定义的引脚连接关系生成的，在引入网络表后，PCB 中各元器件之中都是采用飞线指示连接关系，直到两节点间布置了铜模导线。

2. 焊盘和过孔

1）焊盘

焊盘是用焊锡连接元器件引脚和导线的 PCB 图件。其形状主要由 4 种类型，如图 5-9 所示，分别是圆形（Round）、方形（Rectangular）、八边形（Octagonal）和圆角矩形（Rounded Rectangle），焊盘主要有两个参数：孔径尺寸（Hole Size）和焊盘大小。

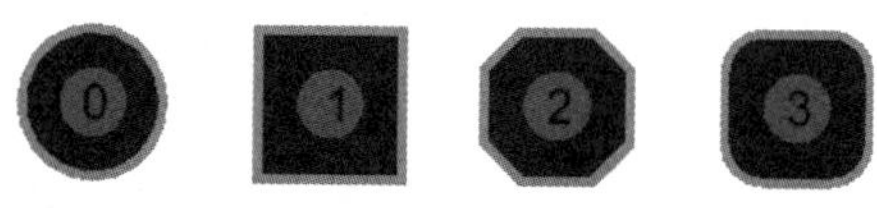


图 5-9 焊盘的形状

2）过孔

过孔是连接不同板层间的导线的 PCB 元器件。过孔有三种类型：从顶层到底层的穿透式过孔、从顶层通到内层或从内层通道底层的盲孔、内层间的屏蔽过孔。过孔一般都为圆形，过孔的主要参数：孔尺寸和直径，如图 5-10 所示。

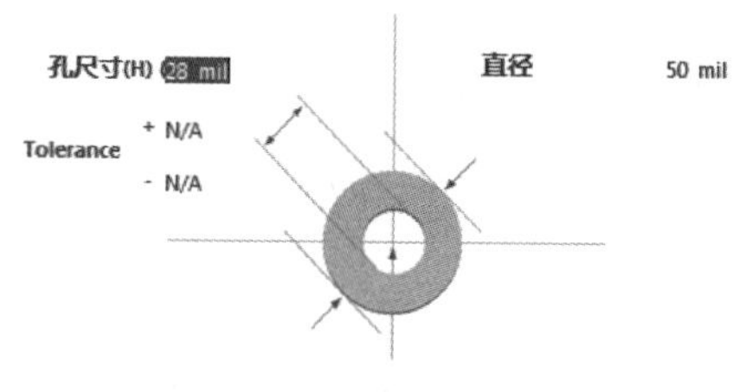


图 5-10 过孔的尺寸

3. 网络、中间层和内层

网络和导线是有所不同的，网络上还包含焊点，因此在提到网络时不仅指导线而且还包括和导线连接的焊盘、过孔。

中间层和内层是两个容易混淆的概念。中间层是指用于布线的中间板层，该层中布的是导线；内层是指电源层或地线层，该层一般情况下不布线，它是由整片铜膜构成的电源线或地线。

4. 安全距离

安全距离是指在印刷电路板上，为了避免导线、过孔、焊盘之间相互干扰，而留出的间隙。主要是由线路中的电流大小来定一般的安全距离，电流很小，可以取 10 mil 或者更小，还要考虑厂家能否制作。只有强电部分，或者电流比较大的线路，强电部分 220 V 的安全间距一般要 100 mil 以上才可。

5. 物理边界与电气边界

1）物理边界

物理边界是电路板的形状边界。在制板时用机械层来规范它。

2）电气边界

电气边界是用来限定布线和放置元器件的范围，是通过在禁止布线层绘制边界来实现的。

一般情况下，物理边界的尺寸等于电气边界，通常是用电气边界代替物理边界。

## 任务 5.2　PCB 设计的基本原则

### 5.2.1　PCB 设计的一般原则

PCB 设计的一般原则，首先要考虑 PCB 尺寸大小；再确定特殊组件的位置；接着对电路的全部零件进行布局；然后再布线。具体原则如下。

1. PCB 的尺寸

印刷电路板大小要适中，过大时印刷线条长，阻抗增加，不仅抗噪声能力下降，成本也高；过小，则散热不好，同时易受临近线路干扰。

2. 布局

（1）按照电路的流程安排各个功能电路单元的位置，使布局便于信号流通，并使信号尽可能保持一致的方向。

（2）以每个功能电路的核心组件为中心，围绕它来进行布局。

（3）在高频信号下工作的电路，要考虑零件之间的分布参数。

（4）位于电路板边缘的零件，离电路板边缘一般不小于 2 mm。电路板的最佳形状为矩形，长宽比为 3∶2 或 4∶3，电路板面积大于 200 mm × 150 mm 时，应考虑电路板所承受的机械强度。

（5）时钟发生器、晶体振荡器和 CPU 的时钟输入端应尽量相互靠近且远离其他低频器件。

（6）电流值变化大的电路尽量远离逻辑电路。

（7）印刷电路板在机箱中的位置和方向，应保证散热量大的器件处在正上方。

3. 特殊组件

（1）尽可能缩短高频器件之间的连线，减少它们的电磁噪声。

（2）应加大电位差较高的某些器件之间或导线之间的距离，以免意外短路。

（3）质量超过 15g 的器件，应当用支架加以固定，然后焊接。

（4）对于电位器、可调电感线圈、可变电容器、微动开关等可调组件的布局，应考虑整机的结构要求。

（5）应留出印制电路板定位孔及固定支架所占用的位置。

4. 布线

（1）输入 / 输出端的导线应避免相邻平行，最好加线间地线，以免发生反馈耦合。

（2）印刷电路板导线间的最小宽度主要是由导线与绝缘基板间的黏附强度和流过它们的电流值决定的。只要允许，尽可能用宽线，尤其是电源线和地线。对于集成电路，尤其是数字电路，只要制作技术上允许，可使间距小至 5 ～ 6 mm。导线的最小间距主要由最坏情况下的线间绝缘电阻和击穿电压决定。

（3）功率线、交流线尽量布置在和信号线不同的板上，否则应和信号线分开走线。

5. 焊点

焊点中心孔要比器件引线直径稍大一些，焊点太大易形成虚焊。焊点外径 D 一般不小于（$d$+1.2）mm，其中 $d$ 为引线孔径。

6. 电源线

根据印刷电路板电流的大小，尽量加粗电源线宽度，使电源线、地线的走向和数据传递的方向一致。

7. 地线

在电子产品中，接地是抑制噪声的重要方法。

（1）正确选择单点接地与多点接地。信号的工作频率小于 1 MHz，采用单点接地。信号的工作频率大于 10 MHz，采用就近多点接地。信号的工作频率在 1 MHz ～ 10 MHz 时，如果采用单点接地，其地线长度不应超过波长的 1/20，否则应采用多点接地。

（2）将数字电路电源与模拟电路电源分开。

（3）尽量加粗接地线。如果条件允许，接地线的宽度应大于 3 mm。

（4）将接地线构成死循环路。

8. 去耦电容配置

在数字电路中，当电路以一种状态转换为另一种状态时，就会在电源线中产生一个很大的尖峰电流，形成瞬间的噪声电压。配置旁路电容可以抑制因负载变化而产生的噪声。

（1）电源输入端跨接一个 10 ～ 100 μF 的电解电容器。

（2）每个集成芯片的 VCC 和 GND 之间跨接一个 0.01 ～ 0.1 μF 的陶瓷电容。

（3）对抗噪声能力弱、关断电流变化大的器件及 ROM、RAM，应在 VCC 和 GND 间接去耦电容。

（4）在单片机复位端“RESET”上配以 0.01 μF 的去耦电容。

（5）去耦电容的引线不能太长，尤其是高频旁路电容不能带引线。

（6）开关、继电器、按钮等产生火花放电，必须采用 RC 电路来吸收放电电流。

9. 热设计

从有利于散热的角度出发，印刷电路板最好是直立安装，板与板之间的距离一般不应小于 2 cm，而且组件在印制板上的排列方式应遵循一定的规则。

对于采用自由对流空气冷却的设备，最好是将集成电路（或其他组件）按纵长方式排列。如图 5-11 所示。

对于采用强制空气冷却的设备，最好是将集成电路（或其他组件）按横长方式排列。如图 5-12 所示。

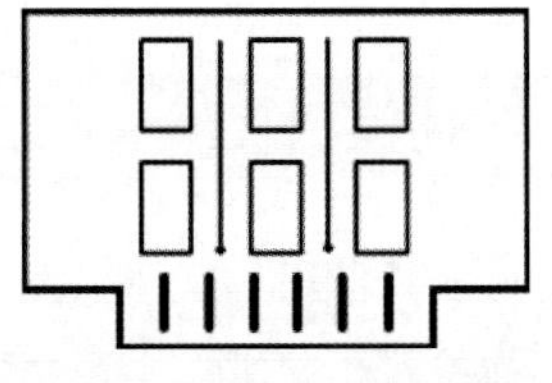

图 5-11　纵长方式排列

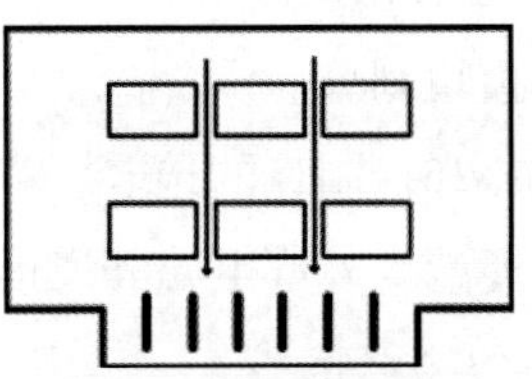

图 5-12　横长方式排列

### 5.2.2　PCB 的抗干扰设计原则

在电子系统设计中，为了少走弯路和节省时间，应充分考虑并满足干扰性的要求，避免在设计完成后再去采取抗干扰的补救措施。印刷电路板的抗干扰设计的一般原则如下。

1. 抑制干扰源

抑制干扰源就是尽可能地减小干扰源的 du/dt，di/dt。常用措施如下。

（1）继电器线圈增加续流二极管。

（2）在继电器接点两端并接火花抑制电路。

（3）给电机加滤波电路。

（4）布线时避免 90° 折线。

（5）晶闸管两端并接 RC 抑制电路。

2. 切断干扰传播途径

按干扰的传播路径可分为传导干扰和辐射干扰。传导干扰指通过导线传播到敏感器件的干扰；辐射干扰指通过空间辐射传播到敏感器件的干扰。一般的解决方法是增加干扰源与敏感器件的距离，用地线将它们隔离或在敏感器件上加蔽罩。常用措施如下。

（1）充分考虑电源对单片机的影响。

（2）如果单片机的I/O口用来控制电机等噪声器件，在I/O口与噪声源之间应加隔离。

（3）注意晶体振荡器（简称晶振）布线。

（4）电路板合理分区，如强、弱信号，数字、模拟信号，尽可能把干扰源与敏感器件远离。

3. 提高敏感器件的抗干扰性能

提高敏感器件的抗干扰性能是指从敏感器件这边考虑尽量较小对干扰噪声的拾取，

以及从不正常状态尽快恢复的方法。常用措施如下。

（1）布线时尽量减少回路环的面积，以降低感应噪声。

（2）布线时，电源线和地线要尽量粗。

（3）对于单片机闲置的 I/O 口，不要悬空，要接地或接电源。

### 5.2.3 PCB 可测性设计

可测性设计是指能使测试生成和故障诊断变得容易的设计，是电路本身的一种设计特性，是提高可靠性和维护性的重要保证。

PCB 可测性设计包括两个方面的内容：结构的标准化设计和应用新的测试技术。

1. 结构的标准化设计

（1）进行模块划分。

（2）测试点和控制点的选取。

（3）尽可能减少外部电路和反馈电路。

2. 应用新的测试技术

常用的可测性设计技术有扫描通道、电平敏感扫描设计、边界扫描等。

## 任务 5.3 PCB 编辑器的启动

### 5.3.1 利用快捷菜单命令启动 PCB 编辑器

PCB 编辑器的启动

在“Projects”（工程）面板中工程文件上右击，在弹出的快捷菜单中执行“添加新的 ... 到工程”→“PCB”命令，如图 5-13 所示，在该工程文件中新建一个 PCB 文件。

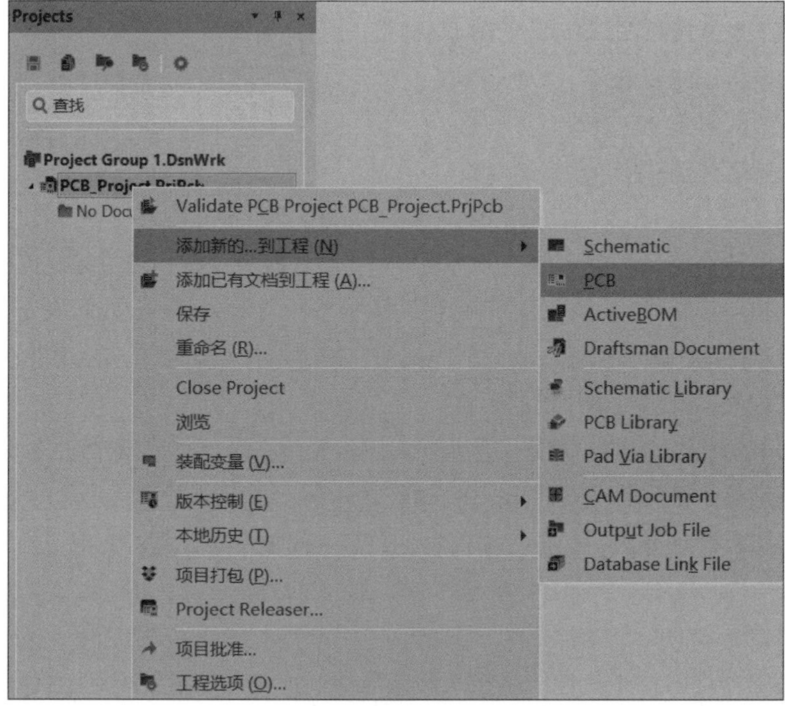


图 5-13 快捷菜单新建 PCB 文件

### 5.3.2　利用菜单命令启动 PCB 编辑器

执行“文件”→“新的”→“PCB”菜单命令，创建一个空白 PCB 文件，如图 5-14 所示。

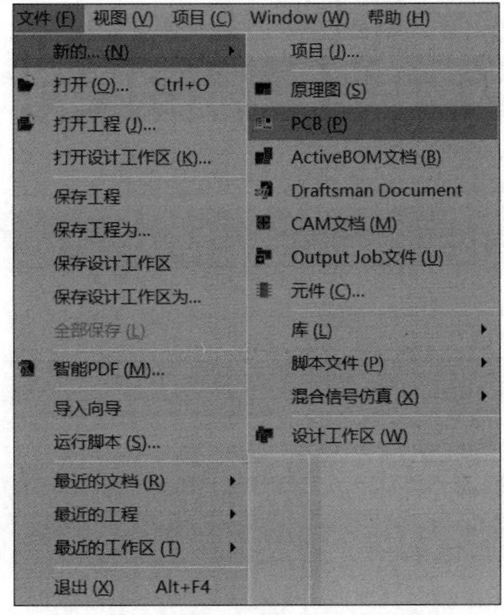


图 5-14　“文件”菜单新建 PCB 文件

**国之骄傲，行业引领**

**C919 飞机——中国首架量产大飞机**

C919 飞机是中国首款完全按照国际先进适航标准研制的单通道大型干线客机，具有中国完全的自主知识产权。最大航程超过 5500 km，性能与国际新一代的主流单通道客机相当。C919 客机属中短途商用机，实际总长 38 m，翼展 35.8 m，高度 12 m，其基本型布局为 168 座。标准航程为 4075 km，最大航程为 5555 km，经济寿命达 9 万飞行小时。2022 年 5 月 14 日，中国商飞公司即将交付首家用户的首架 C919 飞机首次飞行试验圆满完成。为我国航天航空科技实现高水平自立自强再立新功。

C919 飞机采用先进气动布局和新一代超临界机翼等先进气动力设计技术，达到比现役同类飞机更好的巡航气动效率；采用先进的发动机以降低油耗、噪声和排放；采用先进的结构设计技术和较大比例的先进金属材料和复合材料，减轻飞机的结构重量；采用先进的电传操纵和主动控制技术，提高飞机综合性能，改善人为因素和舒适性等。

## 思考与练习

1. 简述元器件封装的分类，并回答元器件封装的含义。
2. 简述 PCB 设计的基本原则。
3. 创建一个 PCB 文件并重命名为“MyPCB.PcbDoc”。

# 项目 6　PCB 的设计操作

## 学习目标

★ 掌握 PCB 设计流程；
★ 掌握布局的基本原则；
★ 掌握布线的基本原则。

## 能力目标

★ 能掌握板框的绘制方法；
★ 能掌握布局的不同方法；
★ 能设置布线规则、掌握布线方法。

## 思政目标

★ 具备严谨细致、精益求精的工匠精神；
★ 具备自主创新能力；
★ 具备规范意识，养成行业标准行为习惯；
★ 具备良好的沟通能力及团队协作精神。

## 任务 6.1　PCB 设计流程

印刷电路板的设计是电子电路设计中的重要环节。前面介绍的原理图设计等工作只是从原理上给出了电气连接关系，其功能的最后实现还是依赖于 PCB 的设计，因为制板时只需要向制板厂商送去 PCB 图而不是原理图。

在进行印刷电路板设计之前，有必要了解印刷电路板的设计过程。通常，先设计好原理图，然后创建一个空白的 PCB 文件，再设置 PCB 的外形、尺寸；根据自己的习惯设置环境参数，接着向空白的 PCB 文件导入数据，然后设置工作参数，通常包括板层的设定和布线规则的设定。具体设计流程如图 6-1 所示，各步骤具体内容介绍如下。

1. 准备原理图

印刷电路板设计的前期工作——绘制原理图，前面已经介绍过，这里不再赘述。

2. 规划印刷电路板

根据电路的复杂程度、应用场合等因素，选择电路板是单层板、双层板还是多层板，选取电路板的尺寸，电路板与外界的接口形式，以及接插件的安装位置和电路板的安装方式等。

3. 设置环境参数

设置环境参数是印刷电路板设计中非常重要的步骤。主要内容有设定电路板的结构及其尺寸、板层参数等。

4. 导入数据

导入数据主要是将由原理图形成的网络表、元器件封装等参数导入 PCB 空白文件中。Altium Designer 提供一种不通过网络表而直接将原理图内容传输到 PCB 文件的方法。当然，这种方法看起来虽然没有直接通过网络表文件，其实这些工作由 Altium Designer 内部自动完成了。

5. 设定工作参数

设置电气栅格、可视栅格的大小和形状，公制与英制的转换，工作层面的显示和颜色等。大多数参数可以用系统的默认值。

6. 元器件布局

元器件的布局分为自动布局和手动布局。一般情况下，自动布局很难满足要求。元器件布局应当从机械结构、散热、电磁干扰、将来布线的方便性等方面进行综合考虑。

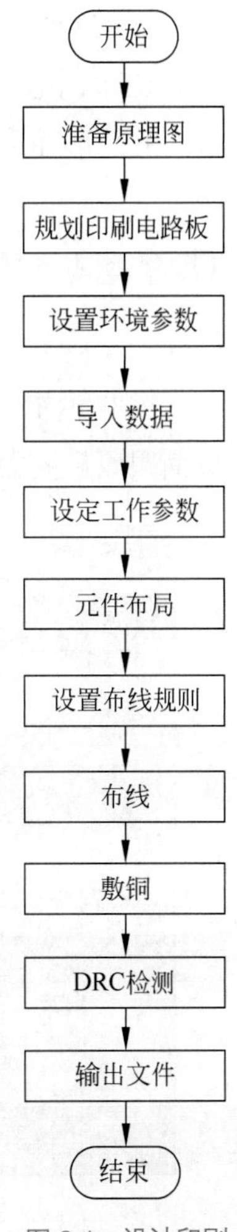


图 6-1　设计印刷电路板流程

7. 设置布线规则

布线规则设置也是印刷电路板设计的关键之一。布线规则是设置布线时的各种规范，如安全间距、导线宽度等。

8. 布线

布线分为自动布线和手动布线。如果参数设置合理、布局妥当，可以使用自动布线完成设计。很多情况下，自动布线往往很难满足设计要求，如拐弯太多等问题，需进行手动布线。

9. 敷铜

对各布线层中放置地线网络进行敷铜，以增强设计电路的抗干扰能力。另外，需要大电流的地方也可采用敷铜的方法来加大通过电流的能力。

10. DRC 检验

对布线完毕后的电路板做 DRC 检验，以确保印刷电路板符合设计规则，所有的网络均已正确连接。

11. 输出文件

在印刷电路板设计完成后，还有一些重要的工作需要完成，如保存设计的各种文件，并打印输出或文件输出，包括 PCB 文件等。

## 任务 6.2 PCB 编辑器

### 6.2.1 PCB 设计基础界面

PCB 编辑界面主要由菜单栏、快捷工具栏、工作窗口、项目面板、层标签等组成，界面跟原理图的界面非常相似，所以这里只做简单的介绍。如图 6-2 所示。

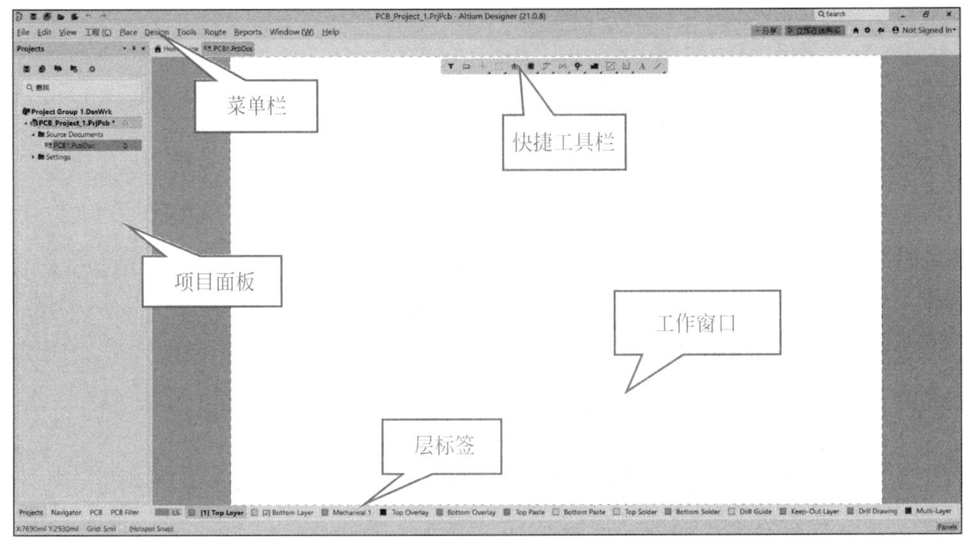


图 6-2 PCB 编辑器界面

（1）菜单栏：包含系统所有的操作命令，菜单中有下划线字母的为热键，大部分带图标的命令在工具栏中都有对应的图标按钮。

（2）快捷工具栏：主要用于 PCB 的编辑。

（3）文件栏（文件标签）：激活的每个文件都会在编辑窗口顶部有相应的标签，单击文件标签可以使相应文件处于当前编辑窗口。

（4）项目面板：已激活且处于定位状态的面板。

（5）工作窗口：各类文件显示的区域，在此区域内可以实现 PCB 图的编辑和绘制。

（6）状态栏：主要显示光标的坐标和栅格大小。

（7）命令栏：主要显示当前正在执行的命令。

（8）层标签：每一层的名称标签。

### 6.2.2 PCB 编辑器工具栏

PCB 编辑器的工具栏如图 6-3 所示，有五种形式：Filter、PCB Standard、Utilities、Wiring、导航。Filter 工具栏如图 6-4 所示，PCB 标准工具栏如图 6-5 所示，Utilities 工具

栏如图 6-6 所示，Wiring 工具栏如图 6-7 所示，导航工具栏如图 6-8 所示，这里不介绍工具栏的具体操作，具体的应用将在接下来的项目中涉及。

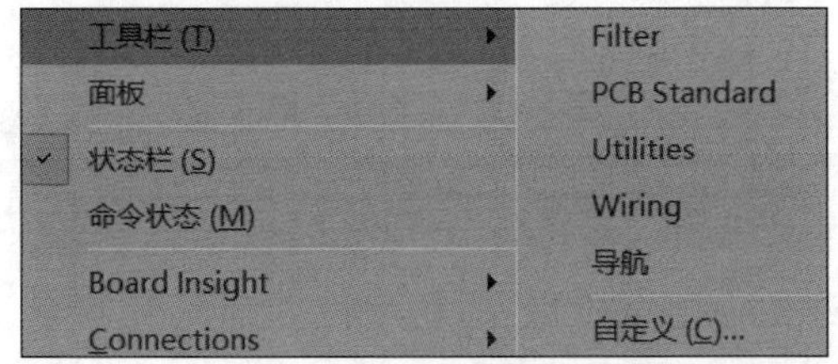


图 6-3　PCB 编辑器工具栏

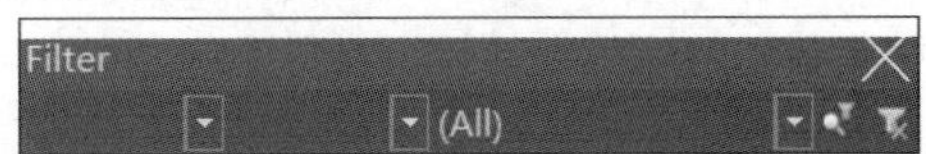


图 6-4　Filter 工具栏

图 6-5　PCB 标准工具栏

图 6-6　Utilities 工具栏

图 6-7　Wiring 工具栏

图 6-8　导航工具栏

# 任务 6.3　规划 PCB 和设置环境参数

## 6.3.1　规划 PCB

规划 PCB

实际设计的 PCB 都有严格的尺寸要求，这就需要认真规划、准确定义电路板的物理尺寸和电气边界。规划电路板的一般步骤如下。

1. 创建 PCB 文件

执行“File”→“新的 ...”→“PCB”菜单命令。

2. 设置 PCB 物理边界

PCB 物理边界就是 PCB 的外形。执行“Design”→“Board Shape”菜单命令，如图 6-9 所示，子菜单中包含以下几个选项。

（1）Define Board Shape from Selected Objects：由选中对象定义 PCB 外形。

（2）Define Board Shape from 3D body(Requires 3D mode)：由 3D 图形定义 PCB 外形。

（3）Create Primitives From Board Shape：由 PCB 外形创建基本类型。

（4）Define Board Cutout：定义 PCB 切割。

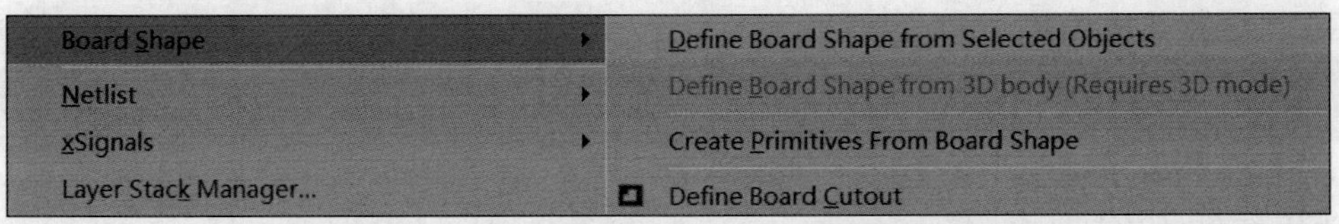


图 6-9　“Board Shape”子菜单

下面绘制 PCB 物理边界，将当前的工作层切换到第一机械层（Mechanical 1），执行

“Design” → “Board Shape” → “Define Board Shape from Selected Objects” 菜单命令。

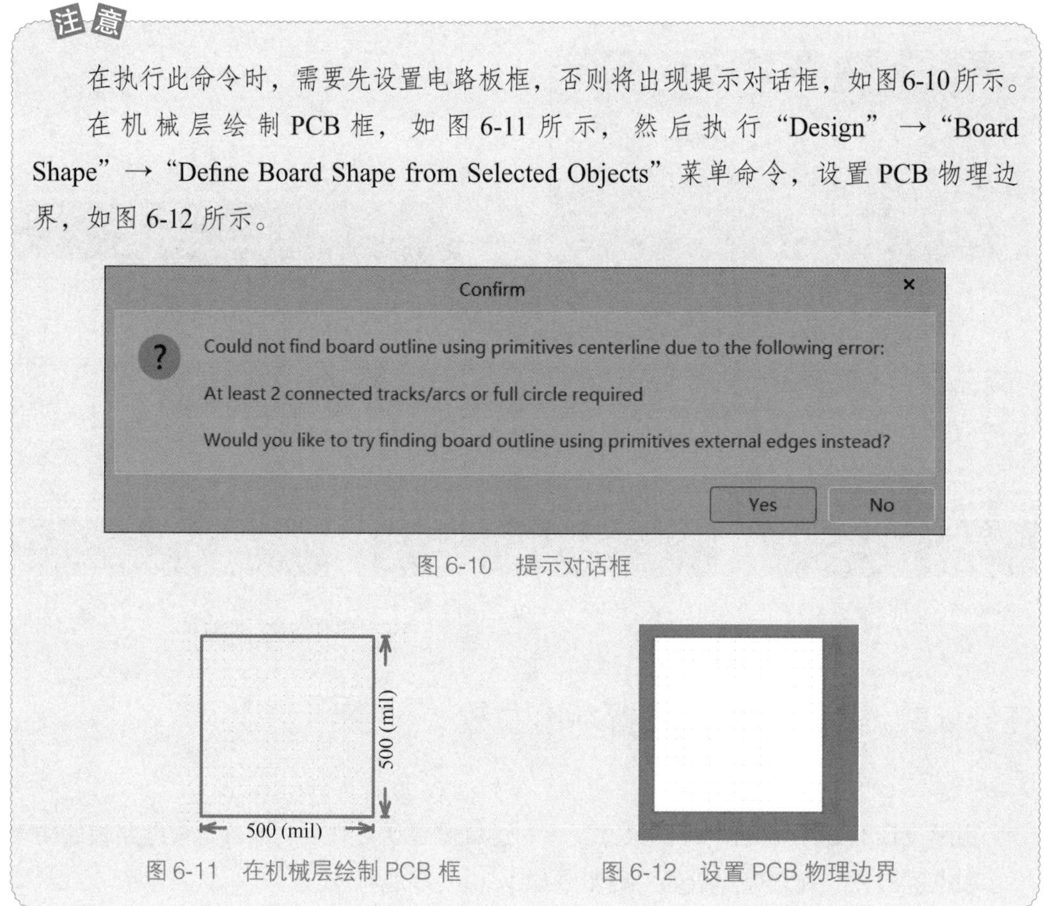

注意

在执行此命令时，需要先设置电路板框，否则将出现提示对话框，如图 6-10 所示。

在机械层绘制 PCB 框，如图 6-11 所示，然后执行 “Design” → “Board Shape” → “Define Board Shape from Selected Objects” 菜单命令，设置 PCB 物理边界，如图 6-12 所示。



图 6-10　提示对话框



图 6-11　在机械层绘制 PCB 框

图 6-12　设置 PCB 物理边界

3. 设置 PCB 电气边界

PCB 的电气边界用于设置元器件和布线的放置区域，必须在禁止布线层（Keep-Out Layer）绘制。

设置 PCB 电气边界的方法与设置物理边界的方法完全相同，只不过是要在禁止布线层（Keep-Out Layer）进行操作。方法是先将 PCB 编辑区的当前工作层切换为 “Keep-Out Layer”，执行 “Place” → “Keepout” → “Track” 菜单命令，绘制一个封闭图形即可，如图 6-13 所示。

图 6-13　设置 PCB 电气边界

### 6.3.2　设置环境参数

设置系统参数是电路板设计过程中非常重要的一步。系统参数包括光标显示、层颜色、系统默认设置、PCB 设置等。许多系统参数应符合用户的习惯，因此一旦设定，将成为用户个性化的设计环境。

单击窗口右上角图标（设置系统参数）或者执行 “Tools” → “Preferences...” 菜单命令，系统将弹出如图 6-14 所示的 “优选项” 对话框。它包括 General 选项卡、

Display 选项卡、Board Insight Display 选项卡、Board Insight Modes 选项卡、Board Insight Color Overrides 选项卡、DRC Violations Display 选项卡、Interactive Routing 选项卡、True Type Fonts 选项卡、Defaults 选项卡、Reports 选项卡、Layers Colors 选项卡、Models 选项卡等。下面具体讲述部分选项卡的设置。

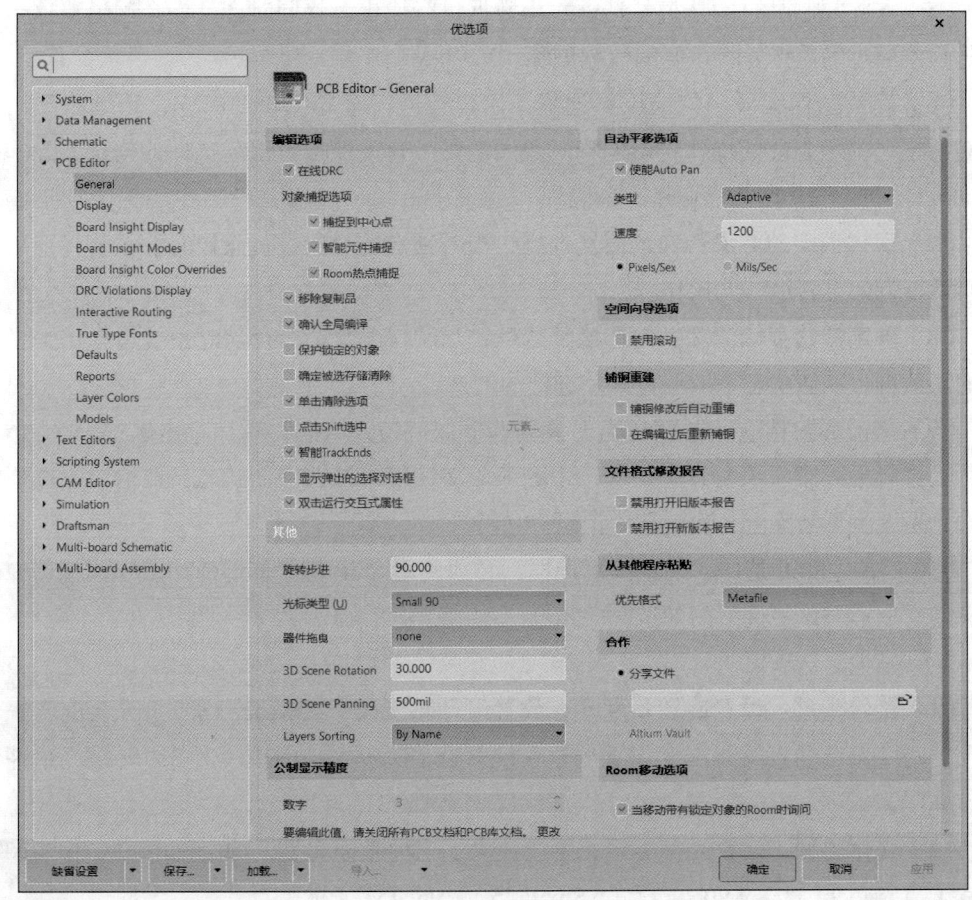


图 6-14　“优选项”对话框

1. General 选项卡的设置

单击 General 标签即可进入 General 选项卡，如图 6-14 所示。General 选项卡用于设置一些常用的功能，包括编辑选项、自动平移选项、空间向导选项、铺铜重建、文字格式修改报告和其他设置等。

1）“编辑选项”选项区

（1）在线 DRC：用于设置在线设计规则检查。勾选该复选框时，在布线过程中，系统自动根据设定的设计规则进行检查，所有违反 PCB 设计规则的地方都将被标记出来。

（2）捕捉到中心点：勾选该复选框时，鼠标指针将自动移到对象的中心。对焊盘或过孔来说，鼠标指针将移向焊盘或过孔的中心；对元器件来说，鼠标指针将移向元器件的第一个引脚；对导线来说，鼠标指针将移向导线的一个顶点。

（3）智能元器件捕捉：勾选该复选框，当选中元器件时鼠标指针将自动移到离单击处最近的焊盘上；取消对该复选框的勾选，当选中元器件时鼠标指针将自动移到元器件的第一个引脚的焊盘处。

（4）Room 热点捕捉：勾选该复选框，当选中元器件时鼠标指针将自动移到离单击处最近的 Room 热点上。

（5）移除复制品：勾选该复选框，当数据进行输出时将同时产生一个通道，这个通道将检测通过的数据并将重复的数据删除。

（6）确认全局编译：勾选该复选框，用户在进行全局编辑的时候，系统将弹出一个对话框，提示当前的操作将影响到对象的数量。建议保持对该复选框的勾选，除非对 Altium Designer 21 的全局编辑非常熟悉。

（7）保护锁定的对象：勾选该复选框，当对锁定的对象进行操作时，系统将弹出一个对话框询问是否继续此操作。

（8）确定被选存储清除：勾选该复选框，当用户删除某个存储时系统将弹出一个警告的对话框，默认状态下取消对该复选框的勾选。

（9）单击清除选项：通常情况下该复选框保持勾选状态；用户单击选中一个对象，然后去选择另一个对象时，上一次选中的对象将恢复未被选中的状态；取消对复选框的勾选，系统将不清除上一次的选中记录。

（10）单击 Shift 选中：勾选该复选框，必须使用 Shift 键，同时使用鼠标才能选中对象。通常取消对该复选框的勾选。

2）“其他”选项区

（1）旋转步进：设置旋转角度。在放置组件时，按一次 Space 键，组件会旋转一个角度，这个旋转角度就是在此设置的。系统默认值为 90°，即按一次 Space 键，组件会旋转 90°。

（2）光标类型：设置光标类型。系统提供了三种光标类型，即 Small 90（小的 90° 光标）、Large 90（大的 90° 光标）、Small 45（小的 45° 光标）。

（3）器件拖曳：该区域的下拉列表框中共有两个选项，即 Component Tracks 和 None。选择 Component Tracks 项，在使用命令 Edit → Move → Drag 移动组件时，与组件连接的铜膜导线会随着组件一起伸缩，不会和组件断开；选择 None 项，在使用命令 Edit → Move → Drag 移动组件时，与组件连接的铜膜导线会和组件断开，此时使用命令 Edit → Move → Drag 和 Edit → Move → Move 没有区别。

（4）3D Scene Rotation: 设置 3D 环境下旋转的角度。

（5）3D Scene Panning：设置 3D 捕捉的距离。

（6）layers sorting：设置分层排序的形式，有选 by name（表示通过名称排序）和 by number（表示通过数字排序）两种形式。

3）“公制显示精度”选项区

在“数字”文本框中设置数值的数字精度，即小数点后数字的保留位数；值得注意的是，该选项的设置必须在关闭所有 PCB 文件即 PCB Library 文件后才能进行设置，否则，选项显示灰色，无法激活设置。

4）“自动平移”选项区

“类型”选项用于设置移动模式，系统共提供六种移动模式，系统默认移动模式为 Adaptive 模式。具体如下。

（1）Re-Center 模式：当光标移到编辑区边缘时，系统将光标所在的位置设置为新的编辑区中心。

（2）Fixed Size Jump 模式：当光标移到编辑区边缘时，系统将以 Step Size 项的设定值为移动量向未显示的部分移动；当按下 Shift 键后，系统将以 Shift Step 项的设定值为移动量向未显示的部分移动。

注意

当选中 Fixed Size Jump 模式时，相应对话框中才会显示 Step Size 和 Shift Step 操作项。

（3）Shift Accelerate 模式：当光标移到编辑区边缘时，如果 Shift Step 项的设定值比 Step Size 项的设定值大，系统将以 Step Size 项的设定值为移动量向未显示的部分移动；当按下 Shift 键后，系统将以 Shift Step 项的设定值为移动量向未显示的部分移动。如果 Shift Step 项的设定值比 Step 项的设定值小，无论是否按 Shift 键，系统都将以 Shift Step 项的设定值为移动量向未显示的部分移动。

注意

当选中 Shift Accelerate 模式时，相应对话框中才会显示 Step Size 和 Shift Step 操作项。

（4）Shift Decelerate 模式：当光标移到编辑区边缘时，如果 Shift Step 项的设定值比 Step Size 项的设定值小，系统将以 Shift Step 项的设定值为移动量向未显示的部分移动；当按下 Shift 键后，系统将以 Step Size 项的设定值为移动量向未显示的部分移动。如果 Shift Step 项的设定值比 Step Size 项的设定值大，无论是否按 Shift 键，系统都将以 Shift Step 项的设定值为移动量向未显示的部分移动。

注意

当选中 Shift Decelerate 模式时，相应对话框中才会显示 Step Size 和 Shift Step 操作项。

（5）Ballistic 模式：当光标移到编辑区边缘时，越往编辑区边缘移动，移动速度越快。

（6）Adaptive 为自适应模式：系统将会根据当前图形的位置自动选择移动方式。

- “速度”编辑框设置移动的速度。
- “Pixels/Sec”单选框为移动速度单位，即每秒多少像素。
- “Mils/Sec”单选框为每秒多少英寸的速度。

5）“空间向导选项”选项区

用于设置是否使能空间导航器选项。勾选“禁用滚动”复选框，导航文件过程中不能滚动图纸。

6）“铺铜重现”选项区

用于设置多边形敷铜区被修改后的重新敷铜选项。

（1）“铺铜修改后自动重铺”复选框：勾选此复选框，在铺铜上走线后重新进行铺铜操作时，铺铜将位于走线的上方。

（2）“在编辑过后重新铺铜”复选框：勾选此复选框，在铺铜上走线后重新进行铺铜操作时，铺铜将位于走线的原位置。

7）“文件格式修改报告”选项区

可以设置文件格式修改报告。

（1）“禁用打开旧版本格式”复选框：勾选此复选框，则在打开旧格式文件时，不会打开一个文件格式修改报告。

（2）“禁用打开新版本格式”复选框：勾选此复选框，则在打开新格式文件时，不会打开一个文件格式修改报告。

8）“从其他程序粘贴”选项区

“优先格式”下拉列表框：设置粘贴的格式，包括“Metafile”（图元文件）和“Text”（文本文件）。

9）“合作”选项区

“分享文件”单选项：选中该单选项，将选择与当前 PCB 文件协作的文件。

10）“Room 移动选项”选项区

“当移动带有锁定对象的 Room 时询问”复选框：勾选此复选框，在铺铜上走线后重新进行铺铜操作时，铺铜将位于走线的上方。

2. Display 选项卡的设置

单击 Display 标签即可进入 Display 选项卡，如图 6-15 所示。Display 选项卡用于设置屏幕显示和元器件显示模式，其中主要可以设置如下一些选项。

1）“显示选项”选项区

选择“抗混叠”可打开图形保真功能。

2）“高亮选项”选项区

用于在工作区设置高亮显示元器件对象，其中的选项介绍如下。

（1）“完全高亮”：表示选择的对象会全部高亮显示。若未选择该项，则所选择的元器件仅高亮显示轮廓。

（2）“当 Masking 时候使用透明模式”：表示元器件对象在被蒙板遮住时，使用透明

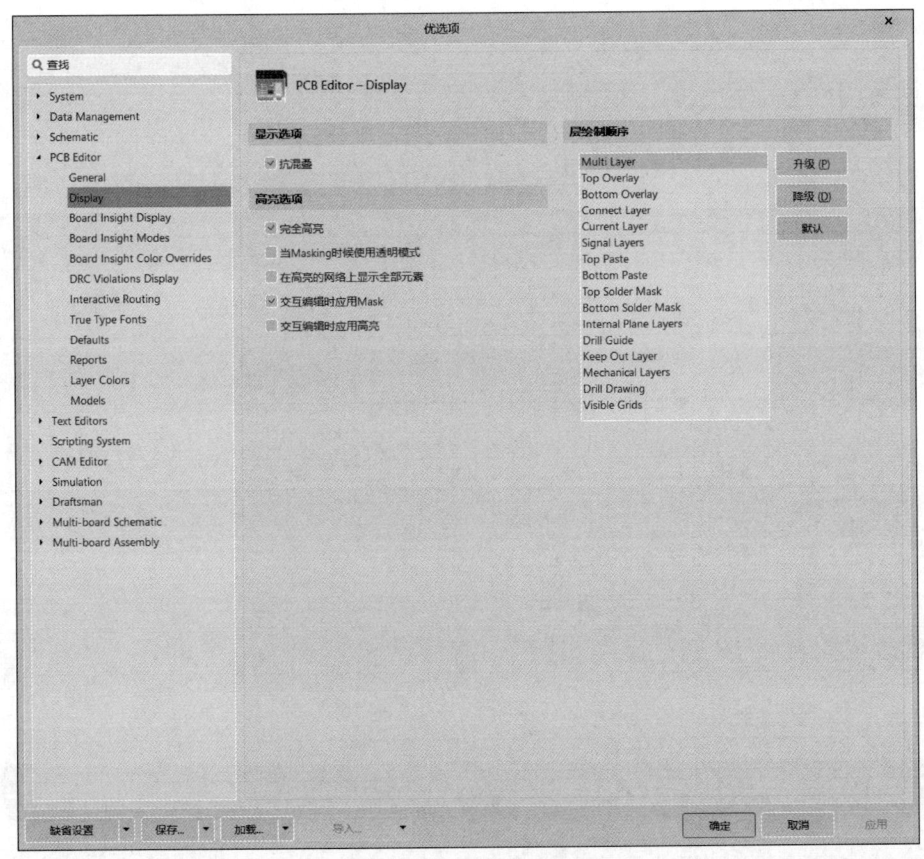


图 6-15　Display 选项卡

模式。

（3）“在高亮的网络上显示全部元素”：表示显示网络所有高亮状态下的元器件对象。

（4）“交互编辑时应用 Mask”：表示在进行交互编辑操作时，使用蒙板标记。

（5）“交互编辑时应用高亮”：表示在进行交互编辑操作时，使用高亮标记。

3）“层绘制顺序” 选项区

层绘制顺序设置按钮，用于设置重新显示 PCB 时各层显示的顺序。该选项区包含如图 6-15 所示的层绘制顺序选择框，可在框中选择需要改变绘制顺序的层进行设置。

3. Board Insight Display 选项卡的设置

Board Insight Display 选项卡可以设置板的过孔和焊盘的显示模式，如单层显示模式以及高亮显示模式等。Board Insight Display 选项卡如图 6-16 所示，其中的选项介绍如下。

1）“焊盘与过孔显示选项” 选项区

在此选项区可以设置焊盘和过孔显示。可以设置显示颜色、字体的大小以及字体的类型，以及最小对象尺寸。

2）“可用的单层模式” 选项区

有三种模式，分别是隐藏其他层、其余层亮度刻度和其余层单色。

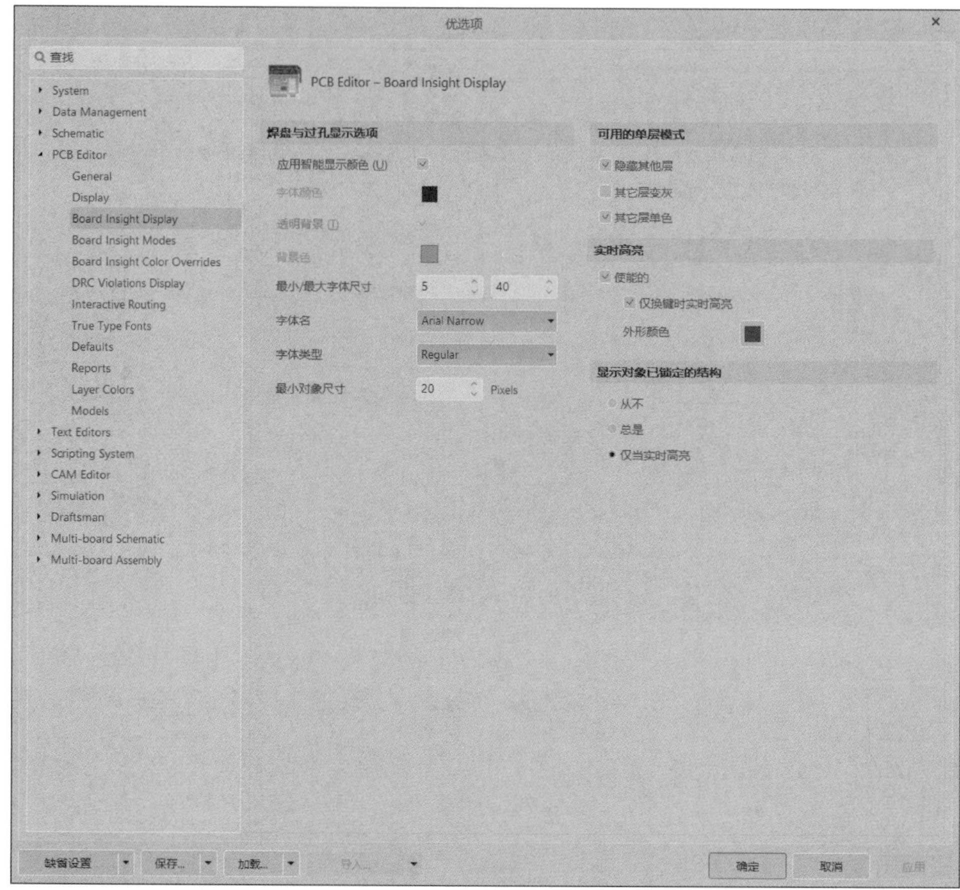


图 6-16　Board Insight Display 选项卡

3）“实时高亮”选项区

可以设置为实时的亮显模式。

4）“显示对象已锁定的结构”选项区

有三种模式，分别是从不、总是和仅当实时高亮。

4. Board Insight Modes 选项卡的设置

Board Insight Modes 选项卡用于自定义工作区的浮动状态框显示选项，如图 6-17 所示，其中的选项介绍如下。

1）“显示”选项区

用于设置浮动状态框的显示属性，包含如下几个选项。

（1）显示抬头信息：表示显示浮动状态框，选择该项后，浮动状态框将被显示在工作区中。在工作过程中用户也可以通过快捷键“Shift+H”来切换浮动状态框的显示状态。

（2）应用背景颜色：用于设置浮动状态框的背景颜色，单击该色块将打开“Choose Color”对话框，用户可以选择任意颜色作为浮动状态框的背景色彩。

（3）Insert 键重置抬头原点差量：表示使用键盘上的 Insert 键，设置浮动状态框中显示的鼠标指针相对位置坐标零点。

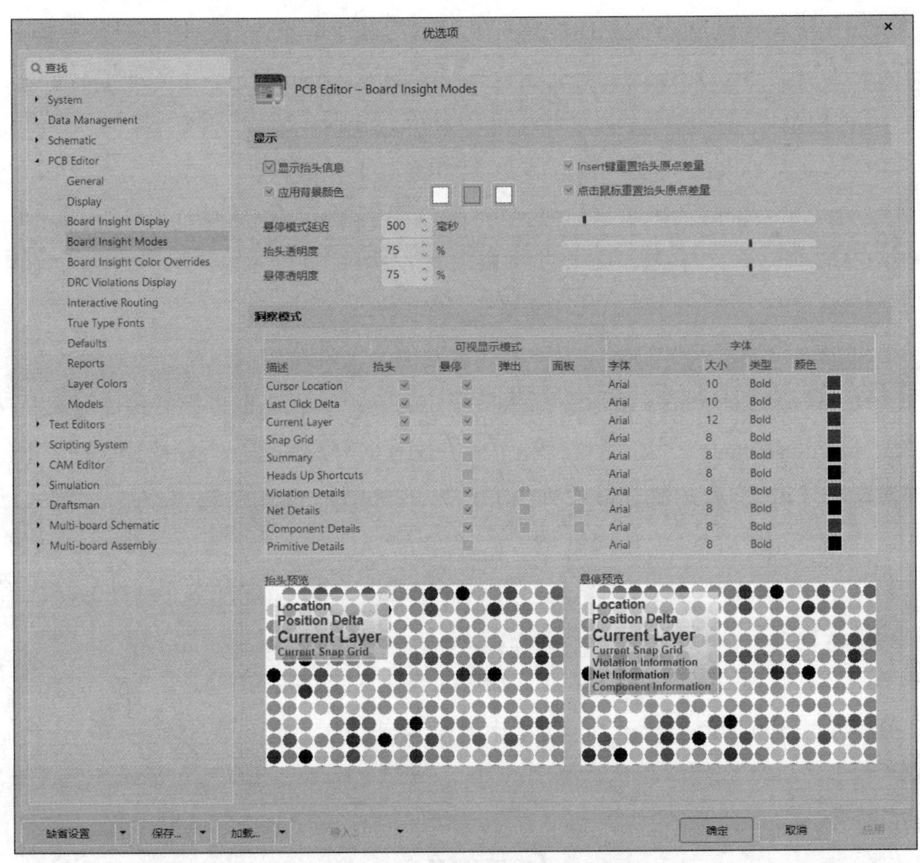


图 6-17　Board Insight Modes 选项卡

（4）单击鼠标重置抬头原点差量：表示使用鼠标左键，设置浮动状态框中显示的鼠标指针相对位置坐标零点。

（5）悬停模式延迟：用于设置浮动状态框从 Hover 模式切换到 Heads Up 模式的时间延迟，即当鼠标指针静止的时间大于该延迟时，浮动状态框从 Hover 模式切换到 Heads Up 模式。用户可以在编辑框中直接输入延迟时间，或拖动右侧的滑块设置延迟时间，时间的单位为 ms。

（6）抬头透明度：用于设置浮动状态框处于 Heads Up 模式下的不透明度，不透明度数值越大，浮动状态框越不透明，用户可以在编辑框中直接输入数值，或拖动右侧的滑块设置透明度数值。在调整的过程中，用户可通过选项页左下方的“Heads Up Preview”窗口预览透明度显示效果。

（7）悬停透明度：用于设置浮动状态框处于 Hover 模式下的不透明度，不透明度数值越大，浮动状态框越不透明，用户可以在编辑框中直接输入数值，或拖动右侧的滑块设置透明度数值。在调整的过程中，用户可通过选项页右下方的“Hover Preview”窗口预览透明度显示效果。

2）“洞察模式”选项区

用于设置相关操作信息在浮动状态框中的显示属性，该列表分两栏：“可视显示模式”栏，用于选择浮动状态框在各种模式下显示的操作信息内容，用户只需选择对应内容项即可；“字体”栏，用于设置对应内容显示时的字样样式信息。Altium Designer 21 共提供了 10 种信息供用户选择在浮动状态框中显示，分别介绍如下。

（1）Cursor Location：表示当前鼠标指针的绝对坐标信息。

（2）Last Click Delta：表示当前鼠标指针相对上一次单击点的相对坐标信息。

（3）Current Layer：表示当前所在的 PCB 图层名称。

（4）Snap Grid：表示当前的对齐栅格参数信息。

（5）Summary：表示当前鼠标指针所在位置的元器件对象信息。

（6）Heads Up Shortcuts：表示鼠标指针静止时与浮动状态框操作的快捷键及其功能。

（7）Violation Details：表示鼠标指针所在位置的 PCB 图中违反规则的错误的详细信息。

（8）Net Details：表示鼠标指针所在位置的 PCB 图中网络的详细信息。

（9）Component Details：表示元器件的详细信息。

（10）Primitive Details：表示鼠标指针所在位置的 PCB 图中基本元器件的详细信息。

3）“抬头预览”和“悬停预览”预览区

便于用户对设置的浮动状态框的两种模式的显示效果进行预览。

5. Board Insight Color Overrides 选项卡的设置

用于设置一些布线网络颜色，Altium Designer 21 提供了几种颜色显示方案，有助于设置颜色显示方式。如图 6-18 所示。

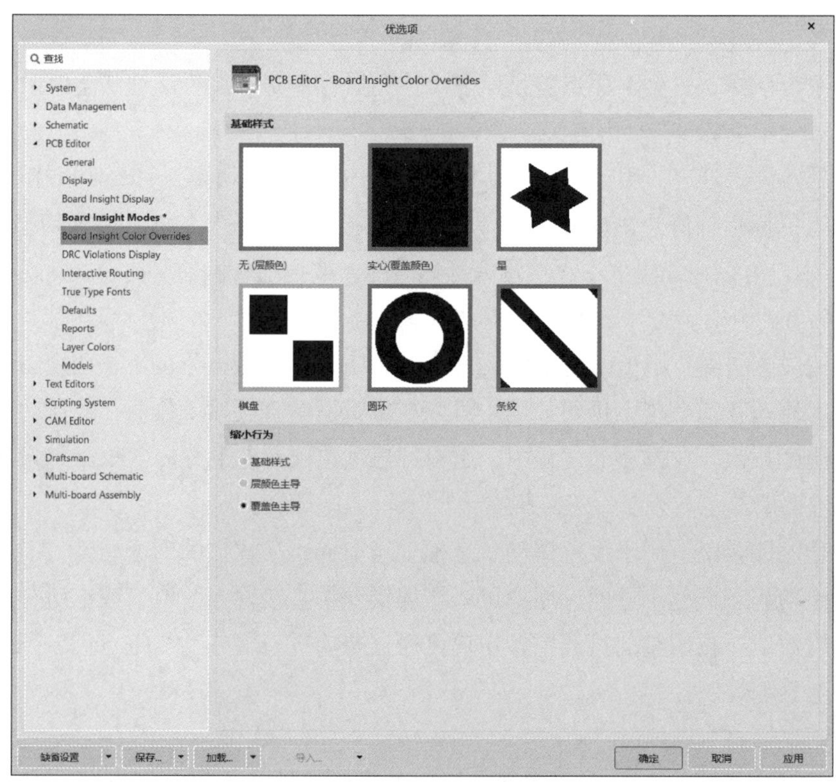


图 6-18　Board Insight Color Overrides 选项卡

1）“基础样式”选项区

在该选项区可以选择基本图案，可选的样式有“无（层颜色）”“实心（覆盖颜色）”“星”“棋盘”“圆环”和“条纹”，此处推荐使用“实心”。

2）“缩小行为”选项区

该选项区域用于设置缩小时网络的显示方式。

（1）基础样式：在缩小时缩放基本图案。

（2）层颜色主导：选中该单选按钮，可使指定的图层颜色为主导，用户可以进一步缩小，直到颜色不明显为止。

（3）覆盖色主导：选中该单选按钮，可以分配的网络覆盖颜色为主导，用户可以进一步缩小，直到颜色不明显为止。

6. DRC Violations Display 选项卡

用于设置 DRC 颜色显示，如图 6-19 所示。

图 6-19　DRC Violations Display 选项卡

1）“冲突 Overlay 样式”选项区

可选的样式有“无（板层颜色）”“实心（Overlay 颜色）”“样式 A”和“样式 B”，此处推荐使用“实心”。

2）“Overlay 缩小行为”选项区

可选的行为有“基本样式比例”“板层颜色主导”和“覆盖颜色主导”，此处推荐使用“覆盖颜色主导”。

### 7. Interactive Routing 选项卡的设置

Interactive Routing 选项卡（见图 6-20）用来设置交互布线模式。可以设置布线冲突的解决方式、交互布线的基本规则以及其他与交互布线相关的模式。

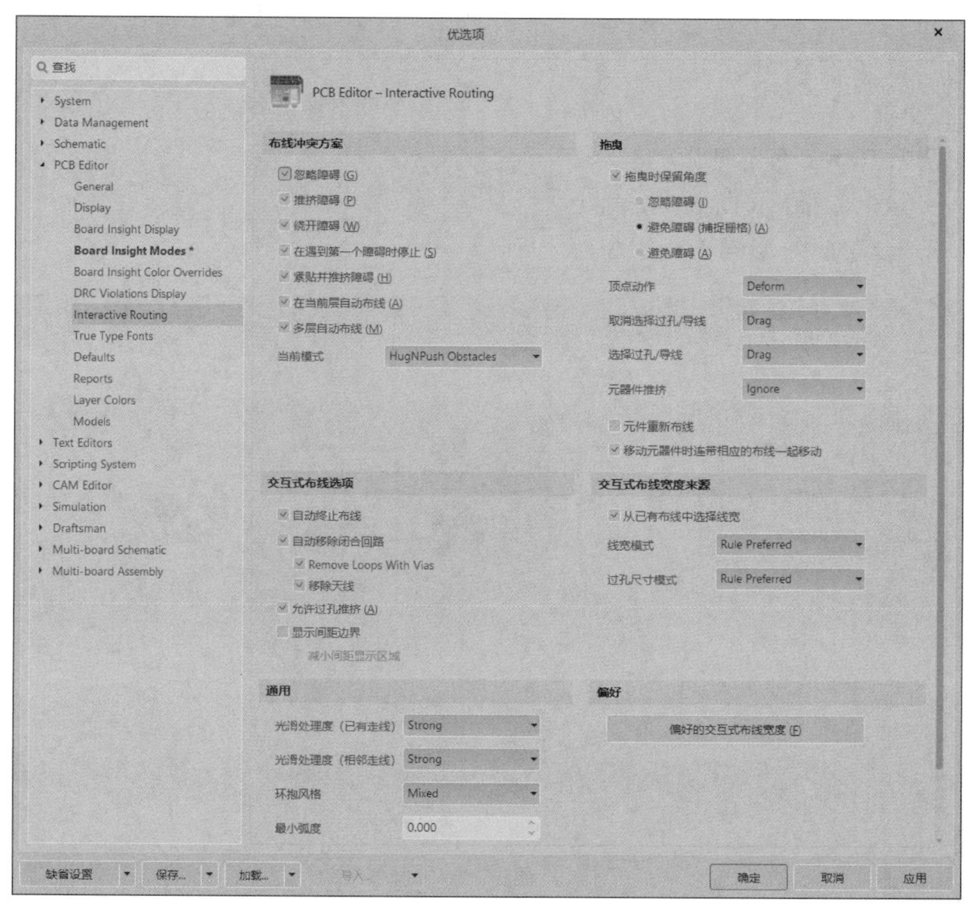


图 6-20　Interactive Routing 选项卡

1）“布线冲突方案”选项区

Altium Designer 提供了几种布线冲突解决方式，即忽略障碍、推挤障碍、绕开障碍、在遇到第一个障碍时停止、紧贴并推挤障碍、在当前层自动布线和多层自动布线等。

2）“交互式布线选项”选项区

Altium Designer 提供了几种交互式布线选项，即自动终止布线、自动移除闭合回路和允许过孔推挤等。

3）“通用”选项区

此区域可以设置“光滑处理度（已有走线）”“光滑处理度（相邻走线）”“环抱风格”和“最小弧度”等。

4）“拖曳”选项区

此区域可以设置“拖曳时保留角度”“顶点动作”“取消选择过孔 / 导线”“选择过孔 / 导线”和“元器件推挤”。

5）“交互式布线宽度来源”选项区

此区域可以设置“线宽模式”和“过孔尺寸模式”。

6）“偏好”选项区

可以通过单击“偏好的交互式布线宽度”即可弹出如图 6-21 所示的窗口，进行设置偏好的交互式布线宽度。对偏好的交互式布线宽度进行添加、修改与删除操作。设置好之后，在设计 PCB 的时候，在布线的状态下可以直接利用系统默认的快捷键“Shift+W”进行调用，变更不同的线宽进行布线，非常方便。当然，设置的线宽必须在设置的线宽规则范围之内，否则不会起作用。

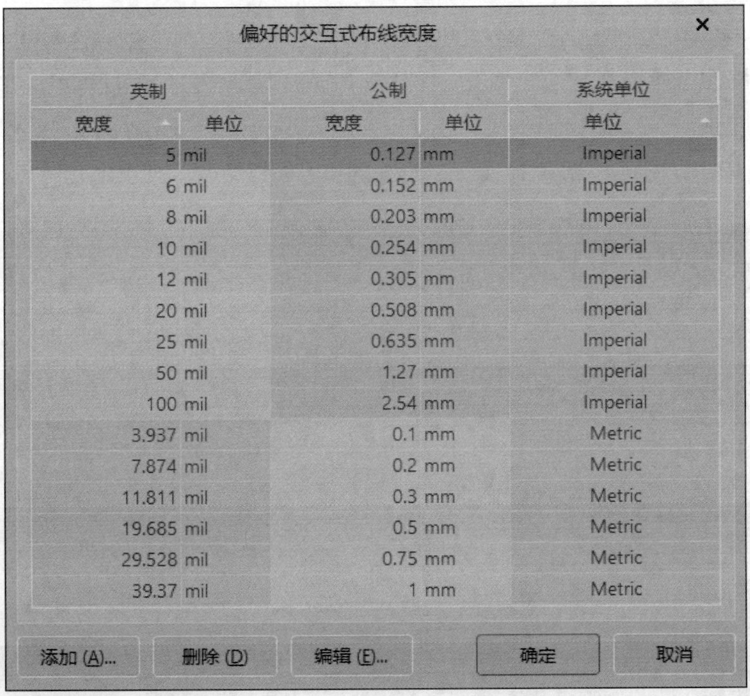

偏好的交互式布线宽度

| 英制 | | 公制 | | 系统单位 |
|---|---|---|---|---|
| 宽度 | 单位 | 宽度 | 单位 | 单位 |
| 5 | mil | 0.127 | mm | Imperial |
| 6 | mil | 0.152 | mm | Imperial |
| 8 | mil | 0.203 | mm | Imperial |
| 10 | mil | 0.254 | mm | Imperial |
| 12 | mil | 0.305 | mm | Imperial |
| 20 | mil | 0.508 | mm | Imperial |
| 25 | mil | 0.635 | mm | Imperial |
| 50 | mil | 1.27 | mm | Imperial |
| 100 | mil | 2.54 | mm | Imperial |
| 3.937 | mil | 0.1 | mm | Metric |
| 7.874 | mil | 0.2 | mm | Metric |
| 11.811 | mil | 0.3 | mm | Metric |
| 19.685 | mil | 0.5 | mm | Metric |
| 29.528 | mil | 0.75 | mm | Metric |
| 39.37 | mil | 1 | mm | Metric |

添加 (A)…　删除 (D)　编辑 (E)…　确定　取消

图 6-21　“偏好的交互式布线宽度”设置

8. True Type Fonts 选项卡的设置

在设计时会出现，有时相同的设计文件，显示出的文件的大小却不一样，有的文件大，有的文件小，或者有的字体导入进来会变成无法认识的乱码字，这个时候都可以在如图 6-22 所示的选项卡界面找原因。

当想使 PCB 文件变小的时候，可以取消勾选“嵌入 TrueType 字体到 PCB 文档”，再对 PCB 文件进行保存即可。想兼容导入大部分字体的时候可以把此选项勾选使能，下方可以选择需要置换的字体。

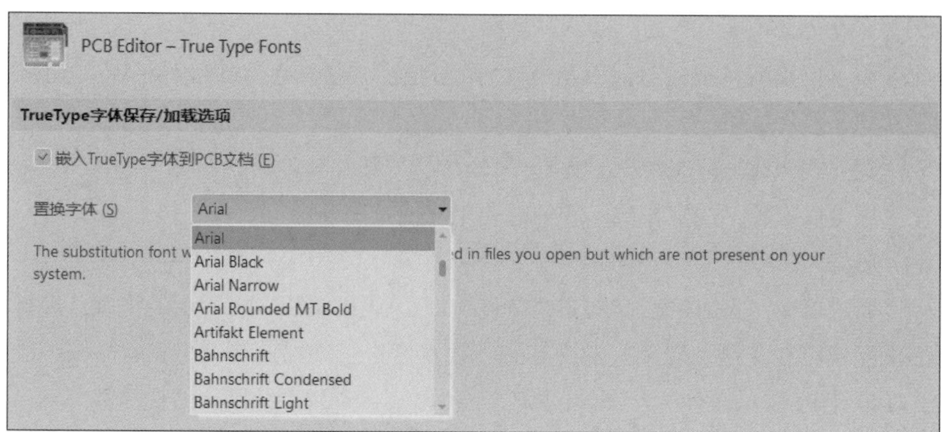


图 6-22　True Type Fonts 选项卡

9. Defaults 选项卡的设置

单击 Defaults 标签即可进入 Defaults 选项卡，如图 6-23 所示。Defaults 选项卡用于设置各个组件的系统默认设置。各个组件包括 Arc（圆弧）、Component（元器件封装）、Coordinate（坐标）、Dimension（尺寸）、Fill（金属填充）、Pad（焊盘）、Polygon（敷铜）、String（字符串）、Track（铜膜导线）、Via（过孔）等。

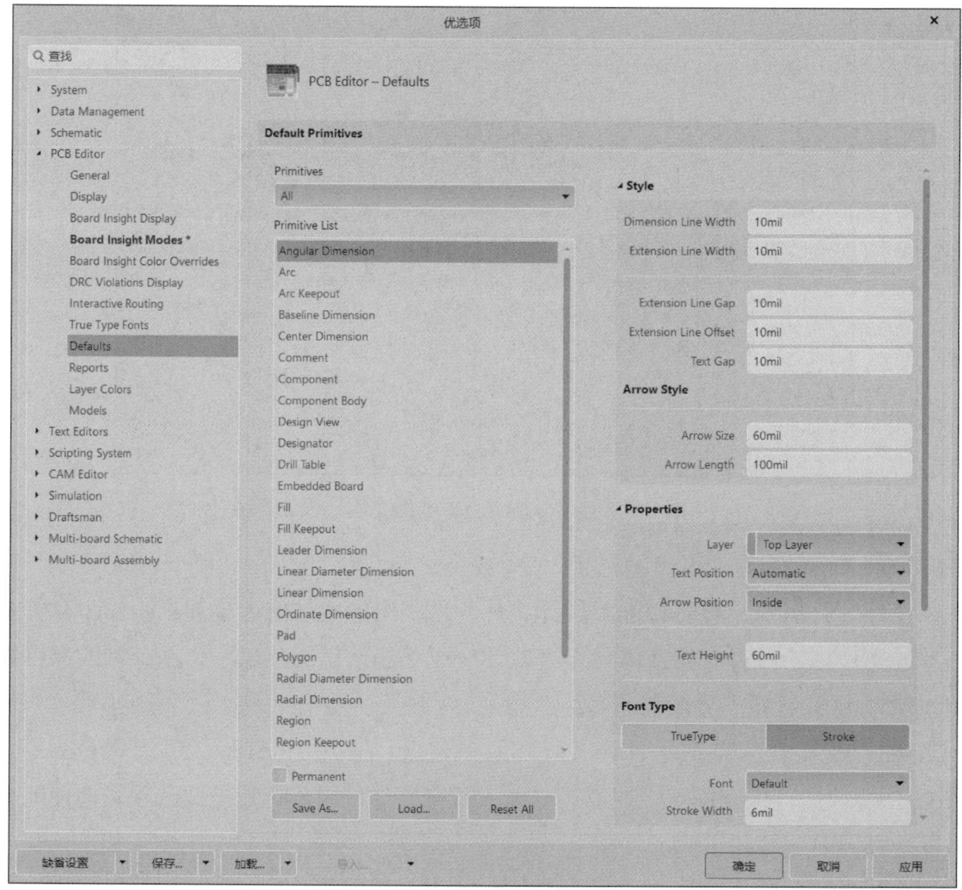


图 6-23　Defaults 选项卡

PCB 默认参数的设置也提供了自定义保存和加载的功能，需要的时候直接保存或调用即可。

10. Layer Colors 选项卡

为了方便对层的快捷识别，Altium Designer 提供了丰富的层叠配色。在系统参数设置窗口中找到“PCB Editor-Layer Colors”，可以对 PCB 每一层的颜色进行单独设置。当然，在颜色方案不尽合理的时候可以直接设置 Altium Designer 提供的默认配色。设置好自己的配置，也可以单独把自己喜欢的配色自定义保存后调用，如图 6-24 所示。

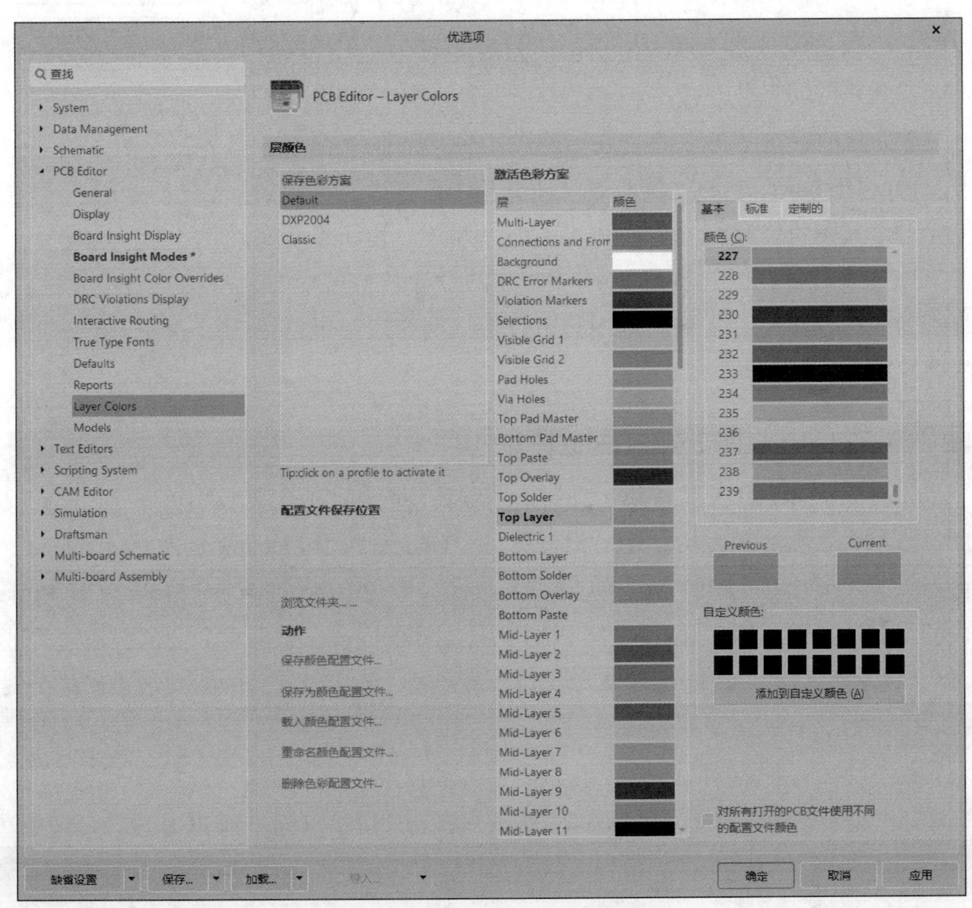

图 6-24　Layer Colors 选项卡

## 任务 6.4　由原理图到 PCB

PCB 的设计是根据原理图，通过元器件放置、导线连接以及敷铜等操作，来完成原理图电气连接的计算机辅助设计过程。在熟悉了 Altium Designer 21 的 PCB 编辑环境后，接下来就可以进行 PCB 图的具体设计。

首先应完成原理图的设计，产生电气连接的网络表，然后将原理图的设计信息传递到 PCB 编辑器中，以进行电路板的设计。从原理图向 PCB 编辑器传递的设计信息主要包括网络表文件、元器件的封装和一些设计规则信息。

具体的设计步骤如图 6-25 所示。

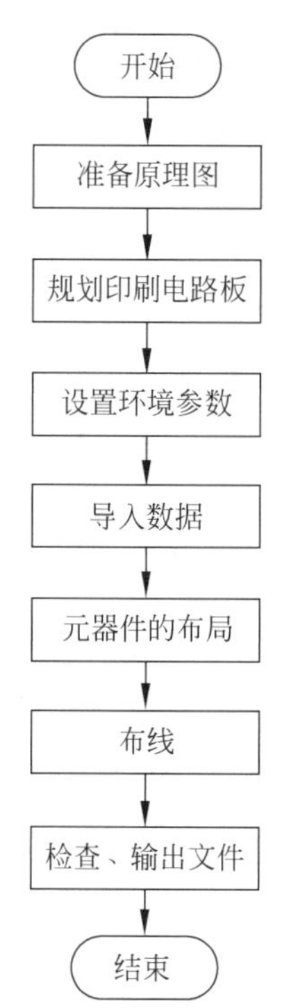

图 6-25　PCB 设计步骤

### 6.4.1　PCB 设计准备

要将原理图中的设计信息转换到即将准备设计的 PCB 文件中，首先应完成如下几项准备工作。

（1）对工程中所绘制的电路原理图进行编译检查，验证设计，确保电气连接的正确性和元器件封装的正确性。

（2）确认与电路原理图和 PCB 文件相关联的所有元器件库均已加载，保证原理图文件中所指定的封装形式在可用库文件中都能找到并可以使用。

（3）新建的空白 PCB 文件应在当前设计的工程中。

Altium Designer 21 是一个系统设计工具，在这个系统中设计完毕的原理图可以轻松同步到 PCB 设计环境中。由于系统实现了双向同步设计，因此从原理图到 PCB 的设计转换过程中，网络表的生成不再是必需的，但用户可以根据网路表对电路原理图进行进一步的检查。

### 6.4.2　将原理图信息同步到 PCB 设计环境中

原理图到 PCB 的同步

Altium Designer 21 系统提供了在原理图编辑环境和印刷电路板编辑环境之间的双向信息同步能力：在原理图中使用“设计”→“Update PCB Document PCB1.PcbDoc”菜单命令，或者在 PCB 编辑器中使用“Design”→“Import Changes From PCB_Project.PrjPcb”命令均可完成原理图信息和 PCB 设计文件的同步。这两种命令的操作过程基本相同，都是通过启动工程变化订单（ECO）来完成，可将原理图中的网络表连接关系顺利同步到 PCB 设计环境中。

下面通过举例来说明操作步骤。

打开已绘制过的原理图，如图 6-26 所示，将原理图信息同步到 PCB 设计环境中。

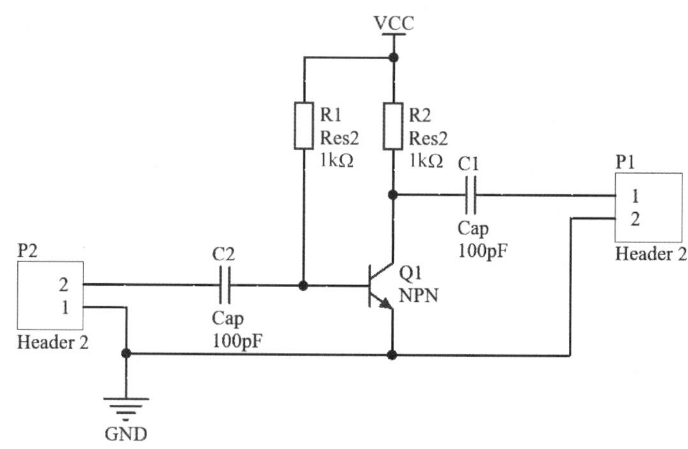

图 6-26　运算放大器应用电路

操作步骤如下。

（1）打开如图 6-26 原理图所在的工程，并打开工程中的此幅原理图，进入原理图编辑环境，如图 6-27 所示。

（2）单击“Project”面板中的编译按钮，如图 6-28 所示，对原理图进行编译。

（3）在原理图所在的工程里新建一个 PCB 文件，如图 6-28 所示，同时保存 PCB 文件。

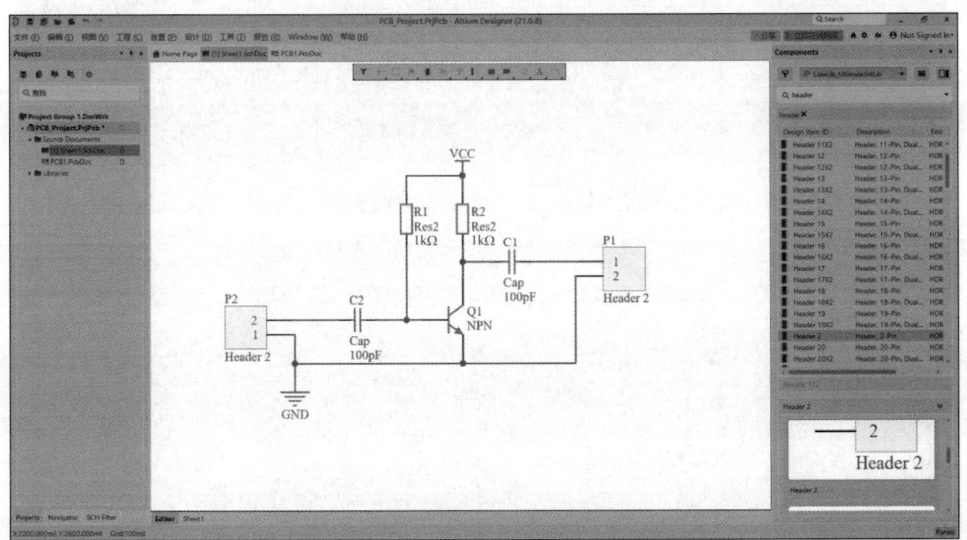


图 6-27　打开的原理图文件

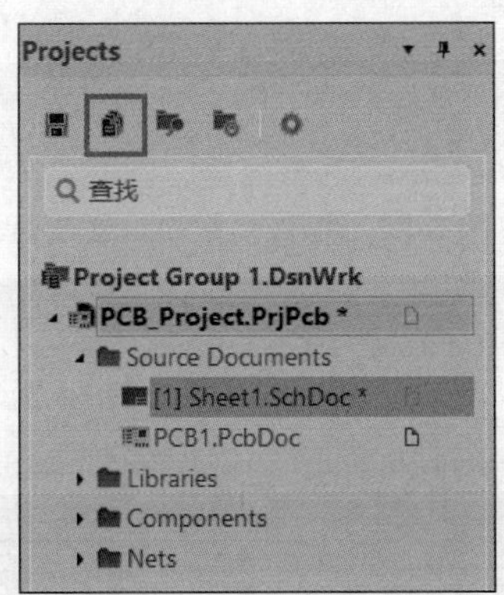


图 6-28　新建的 PCB 文件

（4）在原理图环境中，执行“设计”→“Update PCB Document PCB1.PcbDoc”菜单命令，系统打开“工程变更指令”对话框。该对话框内显示了参与 PCB 板设计的受影响元器件、网络、Room 等，以及受影响的文档信息，如图 6-29 所示。

（5）单击“工程变更指令”窗口中的“验证变更”按钮，则在“工程变更指令”窗口的右侧的“检测”“消息”栏中显示出受影响元素检查后的结果。检查无误的信息以绿色的“√”表示，检查出错的信息以红色“×”表示，并在“信息”栏中详细描述了检测不能通过的原因。如图 6-30 所示。

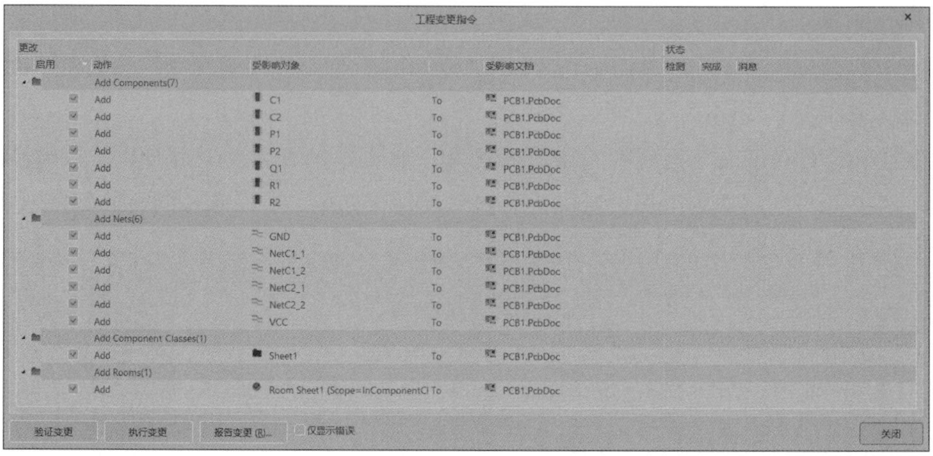

图 6-29 “工程更改程序”窗口

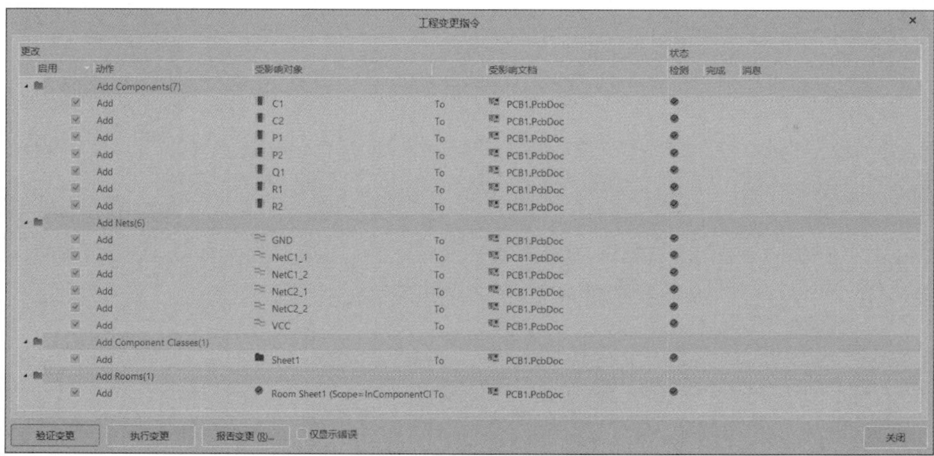


图 6-30 检查受影响对象结果

（6）根据检查结果，如果发现问题重新更改原理图中存在的缺陷，直到检查结果全部通过为止。单击“执行变更”按钮，将元器件、网络表装载到 PCB 文件中，如图 6-31 所示，实现了将原理图信息同步到 PCB 设计文件中。

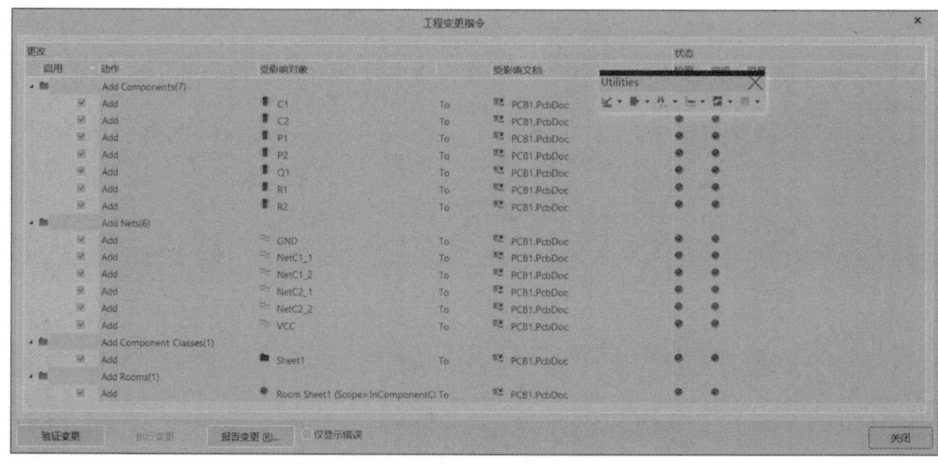


图 6-31 将原理图信息同步到 PCB 设计文件

（7）关闭“工程变更指令”窗口，系统跳转到 PCB 设计环境中，可以看到，装载的元器件和网络表集中在一个名为“Sheet”的 Room 空间内，放置在 PCB 电气边界以外。装载的元器件间的连接关系以预拉线的形式显示，这种连接关系就是元器件网络表的一种具体体现，如图 6-32 所示。

图 6-32　装入的元器件和网络表

# 任务 6.5　PCB 视图操作管理

为了使 PCB 设计能够快速顺利地进行下去，需要对 PCB 视图进行移动、缩放等基本操作。

## 6.5.1　视图移动

在编辑区内移动视图的方法有以下几种。

（1）使用鼠标拖动编辑区边缘的水平滚动条或竖直滚动条。

（2）上下滚动鼠标滚轮，视图将上下移动；若按住 Shift 键，上下滚动鼠标滚轮，视图将左右移动。

（3）在编辑区内，右击并按住不放，鼠标指针变成手形后，可以任意拖动视图。

## 6.5.2　视图的放大或缩小

1. 整幅图纸的缩放

在编辑区内，对整幅图纸的缩放有以下几种方式。

（1）执行“放大”或“缩小”菜单命令对整幅图纸进行缩放操作。

（2）使用快捷键 Page Up（放大）和 Page Down（缩小）。利用快捷键进行缩放时，放大和缩小是以鼠标指针为中心的，因此最好将鼠标指针放在合适位置。

（3）使用鼠标滚轮。若要放大视图，则按住 Ctrl 键，上滚滚轮；若要缩小视图，则按住 Ctrl 键，下滚滚轮。

2. 区域放大

（1）设定区域的放大。执行“View”→“Area”菜单命令，或者单击“PCB Standard”工具栏中的（合适指定的区域）按钮，鼠标指针变成十字形。在编辑区内需要放大的区域单击，拖动鼠标指针形成一个矩形区域，如图 6-33 所示。然后再次单击，则该区域被放大，如图 6-34 所示。

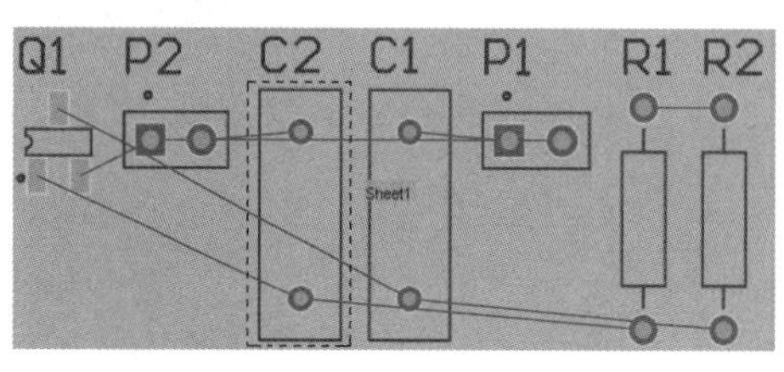


图 6-33 选定放大区域

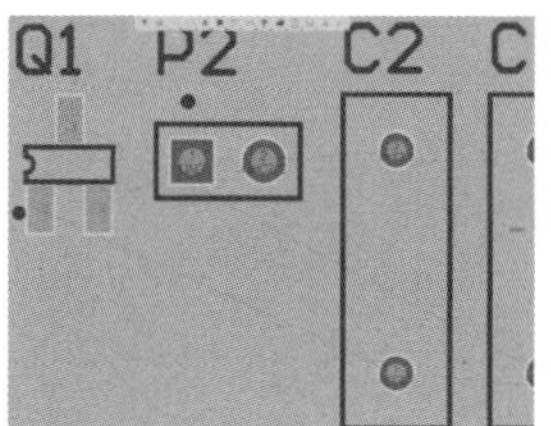


图 6-34 选定区域被放大

（2）以鼠标指针为中心的区域放大。执行“View”→“Around Point”菜单命令，鼠标指针变成十字形。在编辑区内指定区域单击，确定放大区域的中心点，拖动鼠标，形成一个以中心点为中心的矩形，再次单击，选定的区域将被放大。

3. 对象放大

在 PCB 图上选中需要放大的对象，执行“View”→“Selected Objects”菜单命令或者单击“PCB Standard”工具栏中的（合适的选择对象）按钮，则所选对象被放大，如图 6-35 所示。

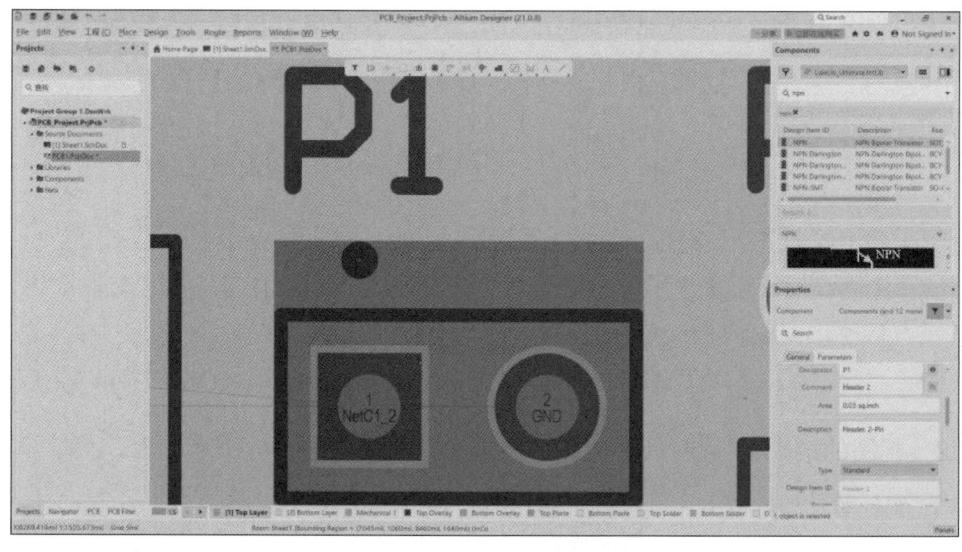


图 6-35 所选对象被放大

## 6.5.3 整体显示

1. 显示整个 PCB 图文件

执行“View”→“Fit Document”菜单命令，或者单击“PCB Standard”工具栏中

的 （适合文件）按钮，系统显示整个 PCB 图文件。

2. 显示整个 PCB

执行“View”→“Fit Board”菜单命令，系统显示整个 PCB。

## 任务 6.6　电路板布局

在完成网络表的导入操作后，元器件已经显示在工作窗口中了，此时就可以开始元器件的布局。元器件布局就是将元器件封装按一定的规则排列和摆放在电路板中，是 PCB 设计的关键一步。好的布局通常使具有电气连接的元器件引脚比较靠近，这样可以使走线距离短，占用空间小，从而使整个电路板的导线能够易于连通，获得更好的布线效果。

电路板布局的整体要求是整齐、美观、对称、元器件密度均匀，这样才能使电路板的利用率最高，并且降低电路板的制作成本；同时设计者在布局时还要考虑电路的机械结构、散热、电磁干扰及将来布线的方便性等问题。元器件的布局有自动布局和交互式布局两种方式，只靠自动布局往往达不到实际的要求，通常需要将两者结合以获得良好的效果。可以采用先自动布局，再手工调整的方法；或者都是采用手工布局的方法。

### 6.6.1　布局的基本原则

电路板布局的基本原则

（1）按电路模块进行布局，实现同一功能的相关电路称为一个模块，电路模块中的元器件应采用就近原则，同时应将数字电路和模拟电路分开。

（2）定位孔、标准孔等非安装孔周围 1.27 mm 内不得贴装元器件，螺钉等安装孔周围 3.5 mm（对应 M2.5 螺钉）、4 mm（对应 M3 螺钉）内不得贴装元器件。

（3）卧装电阻、电感（插件）、电解电容等元器件的下方避免布过孔，以免波峰焊后过孔与元器件壳体短路。

（4）元器件的外侧距板边的距离为 5 mm。

（5）贴装元器件的焊盘外侧与相邻插装元器件的外侧距离不得大于 2 mm。

（6）金属壳体元器件和金属件（屏蔽盒等）不能与其他元器件相碰，不能紧贴印制线、焊盘，其间距应大于 2 mm。定位孔、紧固件安装孔、椭圆孔及板中其他方孔外侧距板边的尺寸大于 3 mm。

（7）发热元器件不能紧邻导线和热敏元器件；高热器件要均匀分布。

（8）电源插座要尽量布置在电路板的四周，电源插座与其相连的汇流条接线端应布置在同侧。应特别注意不要把电源插座及其他焊接连接器布置在连接器之间，以利于这些插座、连接器的焊接及电源线缆设计和扎线。电源插座及焊接连接器间距应考虑方便电源插头的插拔。

其他元器件的布置：所有的 IC 元器件单边对齐，有极性元器件极性标示应明确，同一电路板上极性标示不得多于两个方向，出现两个方向时，两个方向应互相垂直。

（9）板面布线应疏密得当，当疏密差别太大时应以网状铜箔填充，网格大于 8 mil

（或者 0.2 mm）。

（10）贴片焊盘上不能有通孔，以免焊膏流失造成元器件的虚焊。重要信号线不准从插座脚间通过。

（11）贴片单边对齐，字符方向一致，封装方向一致。

（12）有极性的器件在以同一板上的极性标示方向尽量保持一致。

### 6.6.2 自动布局

要把元器件封装放入工作区，这就需要对元器件进行布局，Altium Designer 提供了强大的自动布局功能，用户只要定义好规则，Altium Designer 可以将重叠的元器件封装分离开来。但是一般情况下不提倡自动布局，所以做一个大概了解即可。元器件自动布局的操作是执行“Tools”→“Component Placement”菜单命令，如图 6-36 所示。“Component Placement”子菜单包括以下几种自动摆放命令。

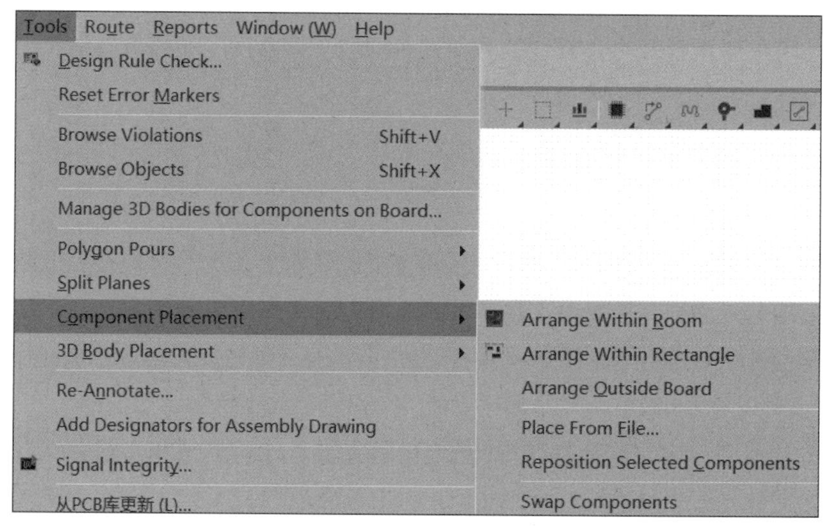


图 6-36 “Component Placement”子菜单

1. “Arrange Within Room”命令

用于在指定的空间内部排列元器件。执行该命令后，光标变为十字形状，在要排列元器件的空间区域内单击，元器件即自动排列到该空间内部。

2. “Arrange Within Rectangle”命令

用于将选中的元器件排列到矩形区域内。使用该命令前，需要先将要排列的元器件选中。此时光标变为十字形状，在要放置元器件的区域内单击，确定矩形区域的一角，拖动光标，至矩形区域的另一角后再次单击。

3. “Arrange Outside Board”命令

用于将选中的元器件排列在 PCB 的外部。使用该命令前，需要先将要排列的元器件选中，系统自动选择的元器件排列到 PCB 范围以外的右下角区域内。

4. “Place From File”命令

导入自动布局文件进行布局。

5.“Reposition Selected Components”命令

重新进行自动布局。

6.“Swap Components”命令

用于交换选中的元器件在 PCB 的位置。

### 6.6.3　手动布局

手动布局

系统对元器件的自动布局一般以寻找最短布线路径为目标，因此元器件的自动布局往往不太理想，所以我们很少使用自动布局。直接进行手动，先按照前面的布局规则对封装进行手动调整，元器件虽然已经布置好了，但元器件的位置还不够整齐，因此必须重新调整某些元器件的位置。

进行位置调整，实际上就是对元器件进行排列、移动和旋转等操作。下面讲述如何手工调整元器件的布局。

1. 选取元器件

手工调整元器件的布局前，应该选中元器件，然后才能进行元器件的移动、旋转、翻转等操作。选中元器件的最简单方法是拖动鼠标，直接将元器件放在鼠标所形成的矩形框中。系统也提供了专门的选取对象和释放对象的命令，选取对象的菜单命令为“Edit”→“Select”。如果用户想释放元器件的选择，可以使用“Edit”→“Deselect”子菜单中的命令来实现。

（1）选取对象，执行“Edit”→“Select”子菜单的命令，如图 6-37 所示，具体包括以下内容。

① Select overlapped: 选择重叠。

② Select next：选择下一个。

③ Lasso Select: 套索选择。

④ Inside Area：将鼠标拖动的矩形区域内的所有元器件选中。

⑤ Outside Area：将鼠标拖动的矩形区域外的所有元器件选中。

⑥ Touching Rectangle：跟区域内部相似。

⑦ Touching Line：将鼠标划出虚线内的所有元器件选中。

⑧ All：将所有元器件选中。

⑨ Board：将整块 PCB 选中。

⑩ Net：将组成某网络的元器件选中。

⑪ Connected Copper：通过敷铜的对象来选定相应网络中的对象。当执行该命令后，如果选中某条走线或焊盘，则该走线或者焊盘所在的网络对象上的所有元器件均被选中。

⑫ Physical Connection：表示通过物理连接来选中对象。

⑬ Physical Connection Single Layer：表示通过物理连接单一的层。

⑭ Component Connections：表示选择元器件上的连接对象，如元器件上的引脚。

⑮ Component Nets：表示选择元器件上的网络。

⑯ Room Connections：表示选择电气方块上的连接对象。

⑰ All on Layer：选定当前工作层上的所有对象。

⑱ Free Objects：选中所有自由对象，即不与电路相连的任何对象。

⑲ All Locked：选中所有锁定的对象。

⑳ Off Grid Pads：选中图中的所有焊盘。

㉑ Toggle Selection：逐个选取对象，最后构成一个由所选中的元器件组成的集合。

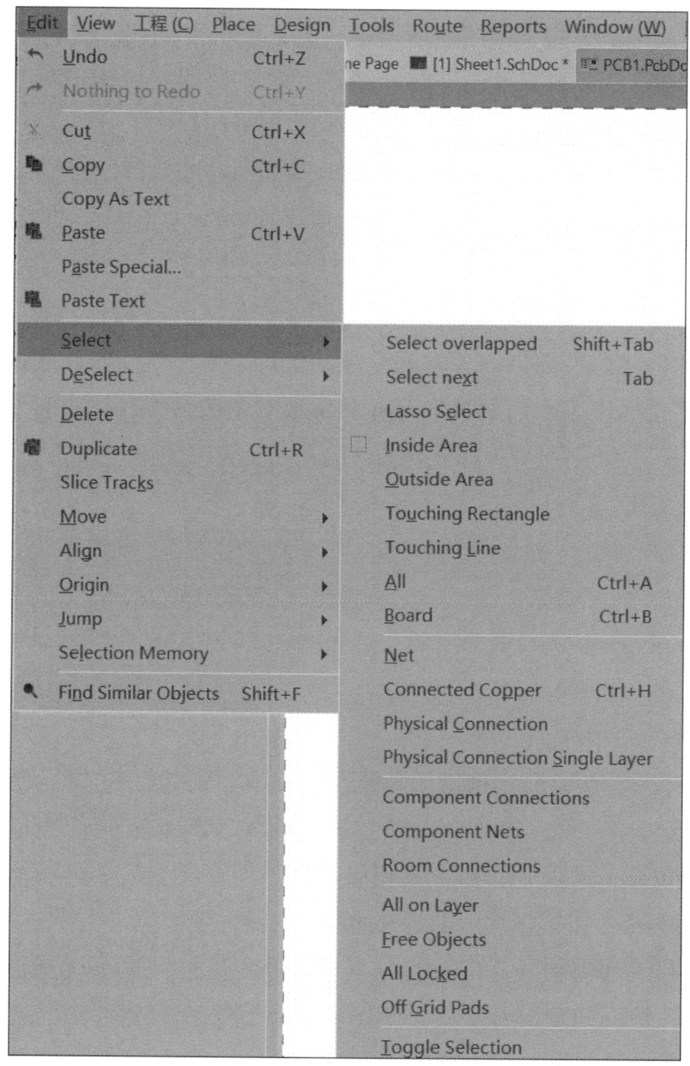


图 6-37 选中的子菜单

（2）释放选取对象的命令的各选项与对应的选择对象命令的功能相反，操作类似，这里就不再重述。

2. 旋转元器件

从图 6-32 中可以看出有些元器件的排列方向还不一致，这就需要将各元器件的排列方向调整为一致，并对元器件进行旋转操作。元器件旋转的具体操作过程如下。

（1）执行“Edit”→“Select”→“Inside Area”命令，然后拖动鼠标选中需要旋转的元器件。也可以直接拖动鼠标选中元器件对象。

（2）执行“Edit”→“Move”→“Rotate Selection”命令，系统将弹出如图 6-38 所示的旋转角度设置对话框。

（3）设定了旋转角度（90°）后，单击“确定”按钮，系统将提示用户在图纸上选取旋转基准点。当用户用鼠标在图纸上选定了一个旋转基准点后，选中的元器件就实现了旋转。

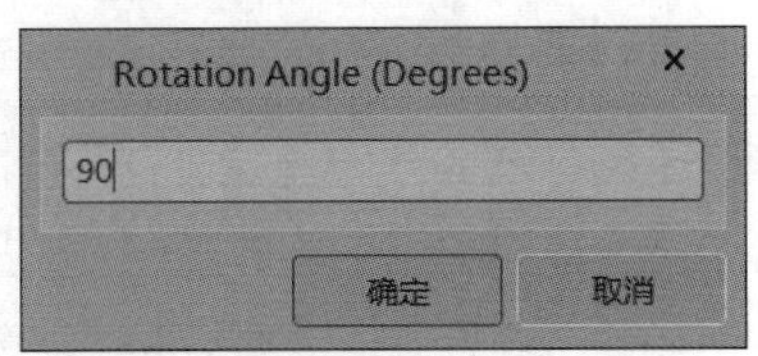


图 6-38　旋转角度设置对话框

（4）P1 旋转前后的情况如图 6-39 所示。

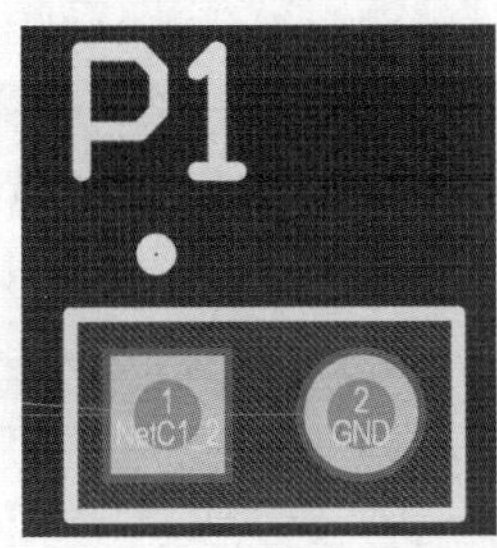

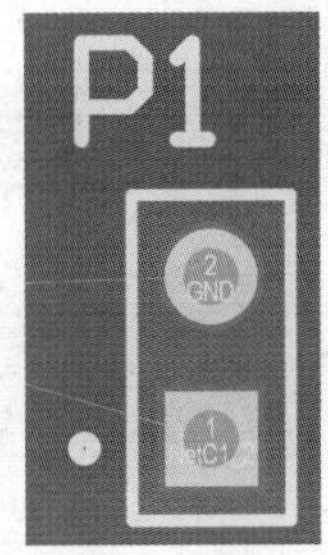


图 6-39　旋转调整元器件方向的前后比较

用户也可以使用一种简单的操作方法实现对象旋转，双击需要旋转的元器件，然后在其属性对话框中设定旋转角度。用户还可以使用鼠标选中元器件后，按住鼠标左键，然后按 Space 键即可旋转元器件。

3. 移动元器件

在 Altium Designer 中，可以使用命令来实现元器件的移动，当选择了元器件后，执行移动命令就可以实现移动操作。元器件移动的命令在菜单“Edit”→“Move”中，如图 6-40 所示。移动子菜单中各个移动命令的功能如下所述。

（1）Move：用于移动元器件。当选中元器件后，选择该命令，用户就可以拖动鼠标，将元器件移动到合适的位置，这种移动方法不够精确，但很方便。当然在使用该命令时，也可以先不选中元器件，可以在执行命令后选择元器件。

（2）Drag：启动该命令前，可以不选取元器件，也可以选中元器件。启动该命令后，光标变成十字状。在需要拖动的元器件上单击，元器件就会跟着光标一起移动，将元器件移到合适的位置，再单击即可完成此元器件的重新定位。

（3）Component：功能与上述两个命令的功能类似，也是实现元器件的移动，操作方法也与上述命令类似。

（4）Re-Route：用来对移动后的元器件重生成布线。

（5）Break Track：用来打断某些导线。

（6）Drag Track End：用来选取导线的端点为基准移动元器件对象。

（7）Move/Resize Tracks：用来移动并改变所选取导线对象。

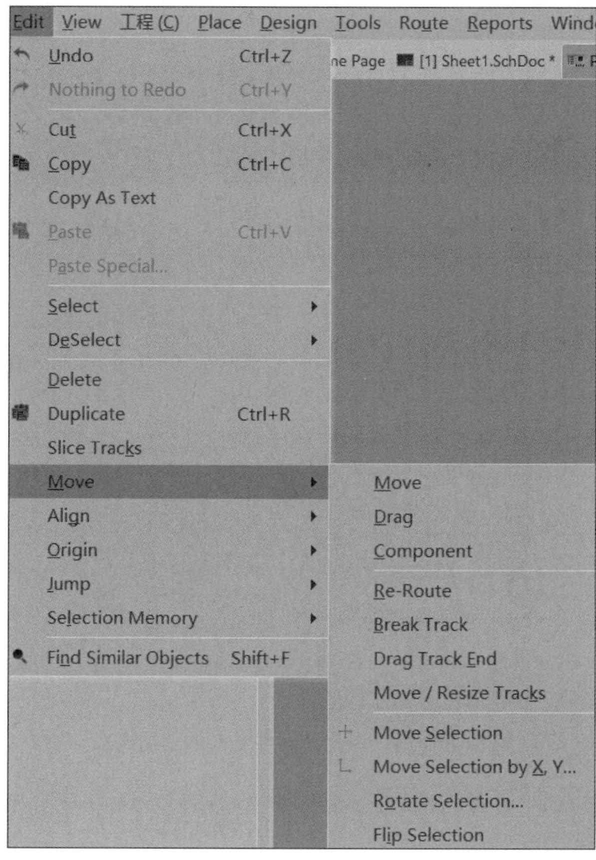


图 6-40　Move 子菜单

（8）Move Selection：用来将选中的多个元器件移动到目标位置，该命令必须在选中了元器件（可以选中多个）后，才能有效。

（9）Move Selection by X, Y...：可以具体设定 X 方向的偏移量和 Y 方向的偏移量 .

（10）Rotate Selection...：用来旋转选中的对象，执行该命令必须先选中元器件。

（11）Flip Selection：用来将所选的对象翻转 180º，与旋转不同。

在进行手动移动元器件期间，按“Ctrl+N”键可以使网络飞线暂时消失，当移动到指定位置后，网络飞线自动恢复。

除了上述方法外，用户也可以使用下面的一种操作方法。

① 首先单击需要移动的元器件，并按住左键不放，此时光标变为十字状，表明已选中要移动的元器件。

② 按住鼠标左键不放，然后拖动鼠标，则十字光标会带动被选中的元器件进行移动，将元器件移动到合适的位置后，松开鼠标左键即可。

4. 排列元器件

排列元器件可以执行“Edit”→“Align”子菜单的相关命令来实现，该子菜单有多个选项，如图 6-41 所示。对齐子菜单中各个命令的功能如下所述。

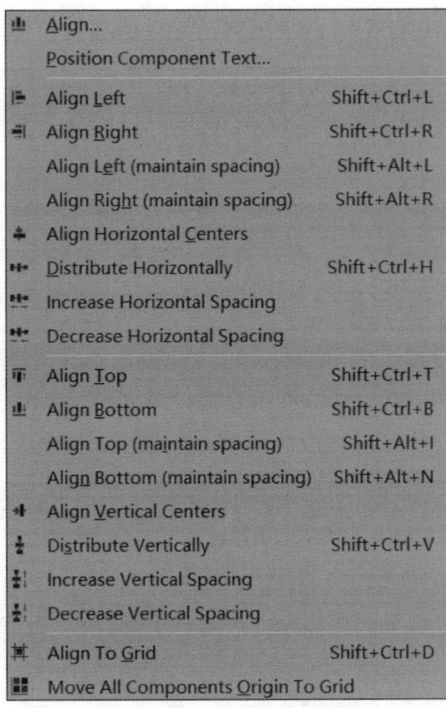


图 6-41　排列元器件菜单

（1）Align...：选取该菜单将弹出“排列对象”对话框，该对话框列出了多种对齐的方式，如图 6-42 所示。

（2）Position Component Text...：可以对齐元器件的位号和注释位置，如图 6-43 所示。

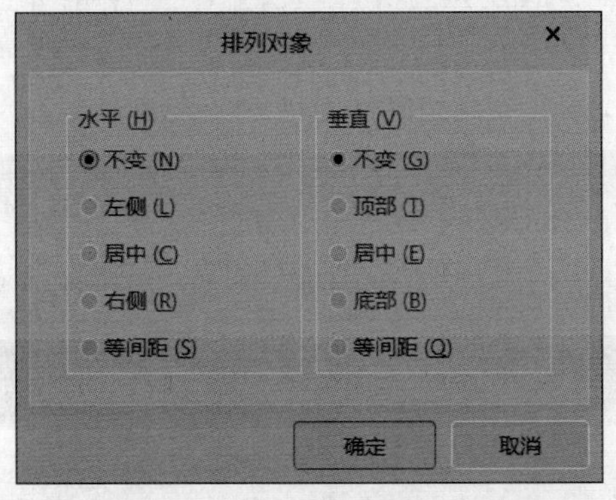


图 6-42　“排列对象”对话框

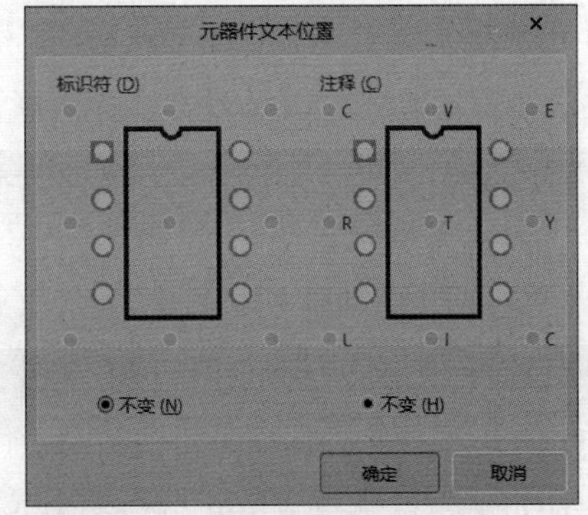


图 6-43　“元器件文本位置”对话框

（3）Align Left：将选取的元器件向最左边的元器件对齐，相应的工具栏按钮为。

（4）Align Right：将选取的元器件向最右边的元器件对齐，相应的工具栏按钮为。

（5）Align Left(maintain spacing)：将选取的元器件向最左边的元器件对齐。

（6）Align Right (maintain spacing)：将选取的元器件向最右边的元器件对齐。

（7）Align Horizontal Centers：将选取的元器件按元器件的水平中心线对齐，相应的工具栏按钮为。

（8）Distribute Horizontally：将选取的元器件水平平铺，相应的工具栏按钮为。

（9）Increase Horizontal Spacing：将选取元器件的水平间距增大，相应的工具栏按钮为。

（10）Decrease Horizontal Spacing：将选取元器件的水平间距减小，相应的工具栏按钮为。

（11）Align Top：将选取的元器件向最上面的元器件对齐。

（12）Align Bottom：将选取的元器件向最下面的元器件对齐。

（13）Align Top(maintain spacing)：将选取的元器件向最上面的元器件对齐。

（14）Align Bottom(maintain spacing)：将选取的元器件向最下面的元器件对齐。

（15）Align Vertical Centers：将选取的元器件按元器件的垂直中心线对齐。

（16）Distribute Vertically：将选取的元器件垂直平铺，相应的工具栏按钮为。

（17）Increase Vertical Spacing：将选取元器件的垂直间距增大，相应的工具栏按钮为。

（18）Decrease Vertical Spacing：将选取元器件的垂直间距减小，相应的工具栏按钮为。

（19）Align To Grid：将选取的元器件对齐到栅格。

（20）Move All Components Origin To Grid：将选取的所有元器件的原点对齐到栅格。

5. 调整元器件标注

元器件的标注不合适虽然不会影响电路的正确性，但是对于一个有经验的电路设计人员来说，电路板板面的美观也是很重要的。因此，用户可按如下步骤对元器件标注加以调整。

（1）选中标注字符串，然后右击，右边的标签下方系统将会弹出如图 6-44 所示的“字符串”属性对话框，此时可以设置文字标注属性。

（2）通过该对话框，可以设置文字标注。

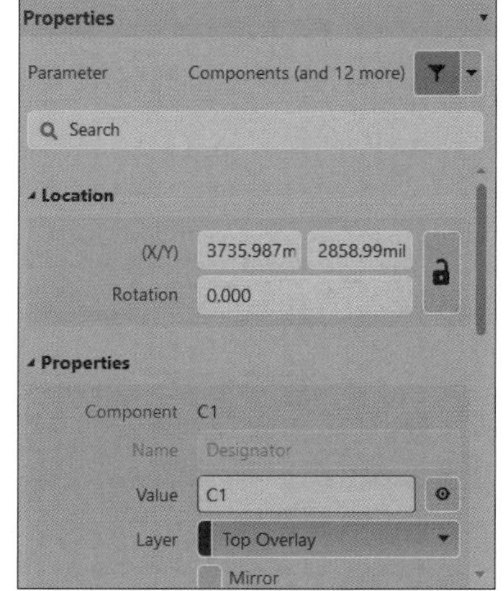


图 6-44 “字符串”属性对话框

6. 剪贴复制元器件

1）一般性的粘贴复制

当需要复制元器件时，可以使用 Altium Designer 提供的复制、剪切和粘贴元器件的命令。

（1）复制：执行“Edit”→“Copy”菜单命令，将选取的元器件作为副本，放入剪贴板中。

（2）剪切：执行“Edit”→“Cut”菜单命令，将选取的元器件直接移入剪贴板中，同时电路图上的被选元器件被删除。

（3）粘贴：执行“Edit”→“Paste”菜单命令，将剪贴板中的内容作为副本，复制到电路图中。

这些命令也可以在主工具栏中选择执行。另外，系统还提供了功能热键来实现剪贴复制操作。

（1）Copy 命令：“Ctrl+C”键，用于执行复制操作。

（2）Cut 命令："Ctrl+X" 键，用于执行剪切操作。

（3）Paste 命令："Ctrl+V" 键，用于执行粘贴操作。

2）选择性地粘贴

执行 "Edit" → "Paste Special" 菜单命令可以进行选择性粘贴。选择性的粘贴是一种特别的粘贴方式，选择性粘贴可以按设定的粘贴方式复制元器件，也可以采用阵列方式粘贴元器件。

7. 元器件的删除

1）一般元器件的删除

当图形中的某个元器件不需要时，可以对其进行删除。删除元器件可以使用 "Edit" → "Delete" 菜单命令。只是启动 "Delete" 命令之前不需要选取元器件。启动 "Delete" 命令后，光标变成十字状，将光标移到所要删除的元器件上单击，即可删除元器件。

2）导线删除

选中导线后，按 Delete 键即可将选中的对象删除。下面为各种导线的删除方法。

（1）导线段的删除：删除导线段时，可以选中所要删除的导线段（在所要删除的导线段上单击），然后按 Delete 键，即可实现导线段的删除。

另外，还有一个很好用的命令。执行 "Edit" → "Delete" 菜单命令，光标变成十字状，将光标移到任意一个导线段上，光标上出现小圆点，单击即可删除该导线段。

（2）两焊盘间导线的删除：执行 "Edit" → "Select" → "Physical Connection" 菜单命令，光标变成十字状。将光标移到连接两焊盘的任意一个导线段上，光标上出现小圆点，单击，可将两焊盘间所有的导线段选中，然后按 "Ctrl+Delete" 键，即可将两焊盘间的导线删除。

（3）删除相连接的导线：执行 "Edit" → "Select" → "Connected Copper" 命令，光标变成十字状。将光标移到其中一个导线段上，光标上出现小圆点，单击，可将所有有连接关系的导线选中，然后按 "Ctrl+Delete" 键，即可删除连接的导线。

（4）删除同一网络的所有导线：执行 "Edit" → "Select" → "Net" 命令，光标变成十字状。将光标移到网络上的任意一个导线段上，光标上出现小圆点，单击可将网络上所有导线选中，然后按 "Ctrl+Delete" 键，即可删除网络的所有导线。

## 任务 6.7　电路板的布线

在印刷电路板布局结束后，便进入电路板的布线阶段。一般来说，用户先是对电路板布线提出某些要求，然后按照这些要求来预置布线设计规则。预置布线设计规则设定是否合理将直接影响布线的质量和成功率。设置完布线规则后，系统将依据这些规则进布线。

### 6.7.1　布线的基本原则

布线的基本原则

（1）安全间距允许值（Clearance Constrant）：在布线之前，需要定义同一个层面上两个图元之间所允许的最小间距，即安全间距。根据经验结合本例的具体情况，可以设置为 10 mil。

（2）布线拐角模式。根据电路板的需要，将电路板上的布线拐角模式设置为 45° 角模式。

（3）布线层的确定。对双面板而言，一般将顶层布线设置为沿垂直方向，将底层布线设置为沿水平方向。

（4）布线优先级（Routing Priority）。在这里布线优先级设置为 2。

（5）布线原则（Routing Topology）。一般来说，确定一条网络的走线方式是以布线的总线长最短作为设计原则。

（6）过孔的类型（Routing Via Style）。对于过孔类型，应该与电源 / 接地线以及信号线区别对待，在这里设置为通孔（Through Hole）。对电源 / 接地线的过孔，要求的孔径参数为：孔径（Hole Size）为 20 mil，宽度（Width）为 50 mil。一般信号类型的过孔则孔径为 20 mil，宽度为 40 mil。

（7）对走线宽度的要求。根据电路的抗干扰性能和实际电流的大小，将电源和接地的线宽确定为 20 mil，其他的走线宽度为 10 mil。

### 6.7.2 电路板工作层面与颜色设置

进行布线前，还应该设置工作层，以便在布线时可以合理安排线路的布局。工作层的设置步骤如下。

1. 电路板工作层的设置

Altium Designer 提供的工作层在板层对话框中设置，如图 6-45 所示，主要有以下几种。

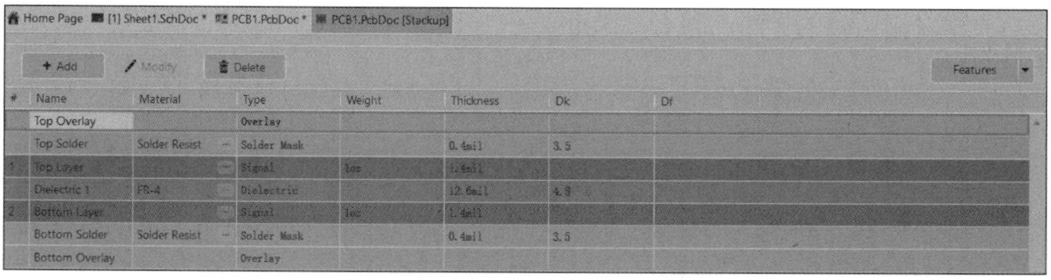

Home Page　[1] Sheet1.SchDoc *　PCB1.PcbDoc *　PCB1.PcbDoc [Stackup]

+ Add　Modify　Delete　Features

| # | Name | Material | Type | Weight | Thickness | Dk | Df |
|---|---|---|---|---|---|---|---|
| | Top Overlay | | Overlay | | | | |
| | Top Solder | Solder Resist | Solder Mask | | 0.4mil | 3.5 | |
| 1 | Top Layer | | Signal | 1oz | 1.4mil | | |
| | Dielectric 1 | FR-4 | Dielectric | | 12.6mil | 4.8 | |
| 2 | Bottom Layer | | Signal | 1oz | 1.4mil | | |
| | Bottom Solder | Solder Resist | Solder Mask | | 0.4mil | 3.5 | |
| | Bottom Overlay | | Overlay | | | | |

图 6-45　扩展名为“.PcbDoc”的文件

1）信号层

Altium Designer 可以绘制多层板，如果当前板是多层板，则在信号层（Signal Layers）可以全部显示出来，用户可以选择其中的层面，主要有 Top Layer、Bottom Layer、MidLayer1、MidLayer2……，如果用户没有设置 Mid 层，则这些层不会显示在该对话框中，用户可以执行“Design”→“Layer Stack Manager”命令设置信号层，此时用户可以设置多层板。

2）内部平面层

内部平面层主要用于布置电源线及接地线，用户可以执行“Design”→“Layer

Stack Manager”命令设置电源线及接地线层。

3）机械层

Altium Designer 有 16 个用途的机械层，用来定义板轮廓、放置厚度、制造说明或其他设计需要的机械说明。这些层在打印和底片文件产生时都是可选择的。在板层和颜色对话框中可以添加、移除和命名机械层。制作 PCB 时，系统默认的信号层为两层，默认的机械层（Mechanical Layers）只有一层，不过用户可以通过“Design”→“Layer Stack Manager”命令为 PCB 设置更多的机械层。

4）助焊膜及阻焊膜

Altium Designer 提供的助焊膜及阻焊膜（Solder Mask 和 Paste Mask）：Top Solder 为设置顶层助焊膜、Bottom Solder 为设置底层助焊膜、Top Paste 为设置顶层阻焊膜、Bottom Paste 为设置底层阻焊膜。

5）丝印层

丝印层（Silk screen Layers）主要用于在印制电路板的上、下两表面上印刷所需要的标志图案和文字代号等，主要包括顶层丝印层（Top Overlay）、底层丝印层（Bottom Overlay）两种。

6）其他工作层

Altium Designer 除了提供以上的工作层以外，还提供以下的其他工作层（Others）。其他工作层共有四个复选框，各复选框的意义如下。

（1）Keep-Out Layer 用于设置是否禁止布线层，用于设定电气边界，此边界外不能布线。

（2）Multi-Layer 用于设置是否显示复合层，如果不选择此项，过孔就无法显示。

（3）Drill Guide 主要用于选择绘制钻孔导引层。

（4）Drill drawing 主要用于选择绘制钻孔冲压层。

2. 电路板工作层的颜色设置

1）打开“View Configuration”（视图配置）面板

在界面右下角单击“Panels”按钮，弹出快捷菜单，执行“View Configuration”（视图配置）命令，打开“View Configuration”（视图配置）面板，如图 6-46 所示，该面板包括电路板层颜色设置和系统默认设置颜色的显示两部分。

2）设置对应层面的显示与颜色

在“Layers”（层）选项组下用于设置对应层面和系统的显示颜色。

（1）“显示”按钮用于决定此层是否在 PCB 编辑器内显示。不同位置的“显示”按钮启用 / 禁用层不同。

（2）如果要修改某层的颜色或系统的颜色，单击其对应的“颜色”选项区内的色条，即可在弹出的选择颜色列表中进行修改，如图 6-47 所示。

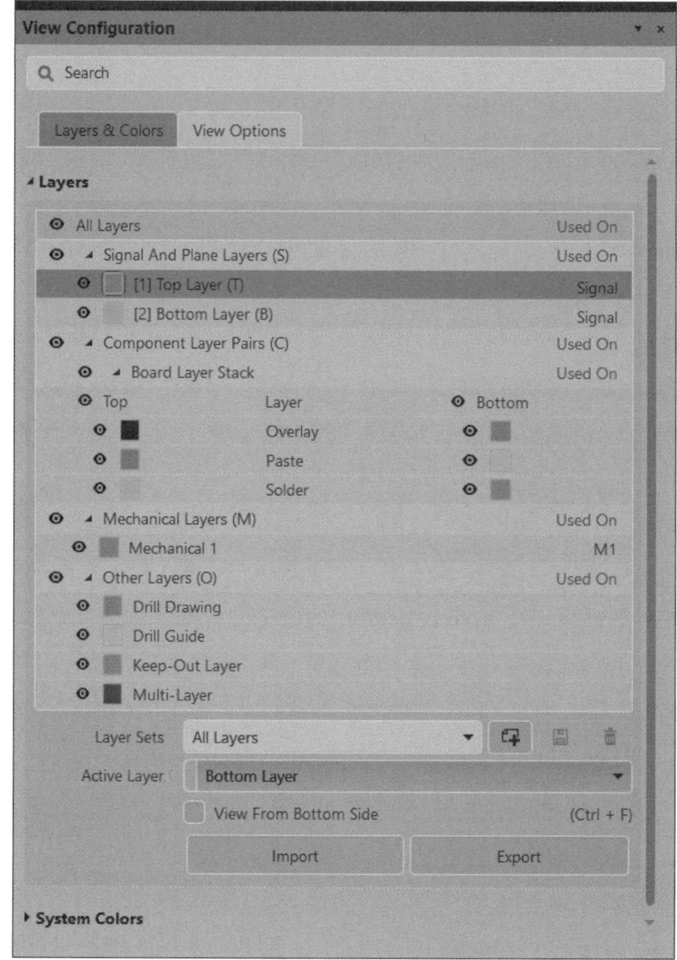


图 6-46　视图配置对话框

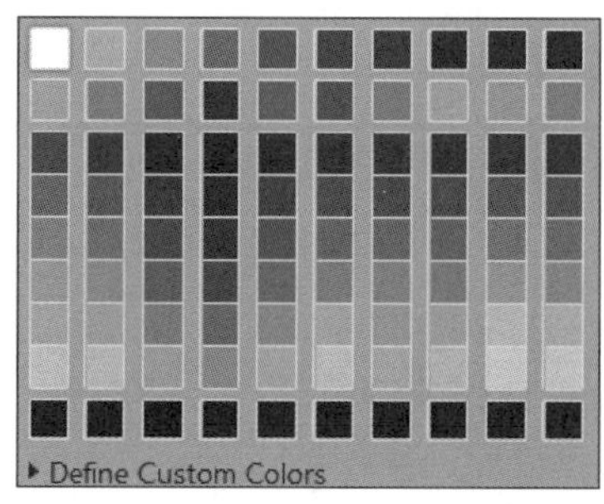


图 6-47　选择颜色列表

### 6.7.3　布线设计规则的设置

1. 设计规则的参数设置对话框

Altium Designer 为用户提供了自动布线的功能，除可以用来进行自动布线外，也可以进行手动交互布线。在布线之前，必须先进行其参数的设置，下面讲述布线规则的参数设置过程。

（1）执行菜单命令“Design”→“Rules”，系统将会弹出如图 6-48 所示的对话框，在左边的选项中，选择 Routing ，如图 6-49 所示，在此对话框中可以设置布线参数。

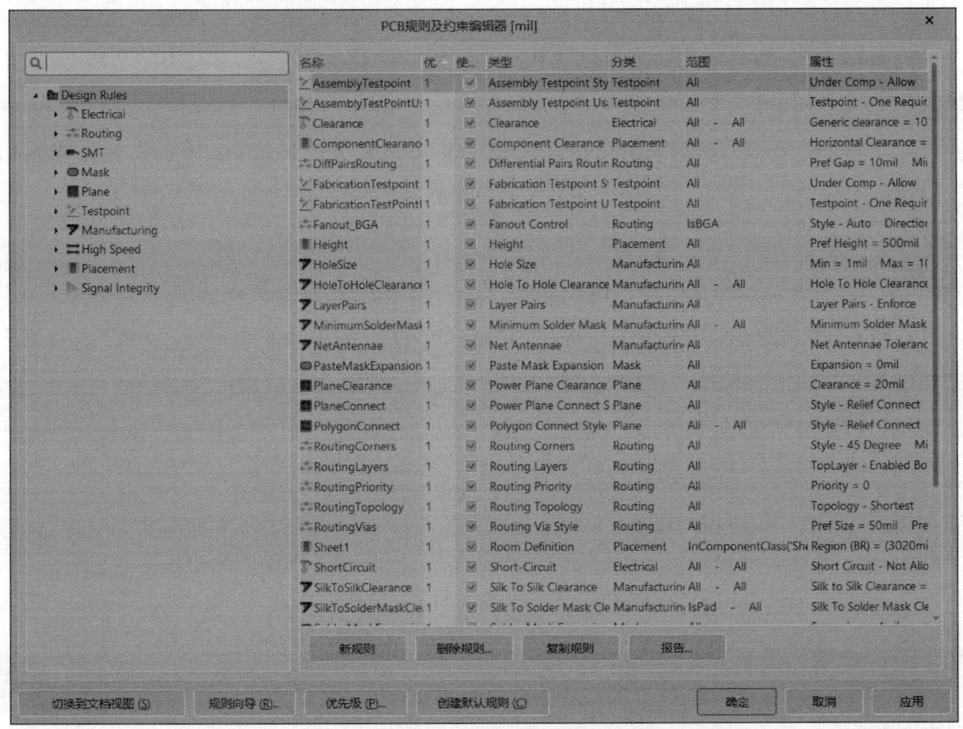


图 6-48 PCB 规则及约束编辑器对话框

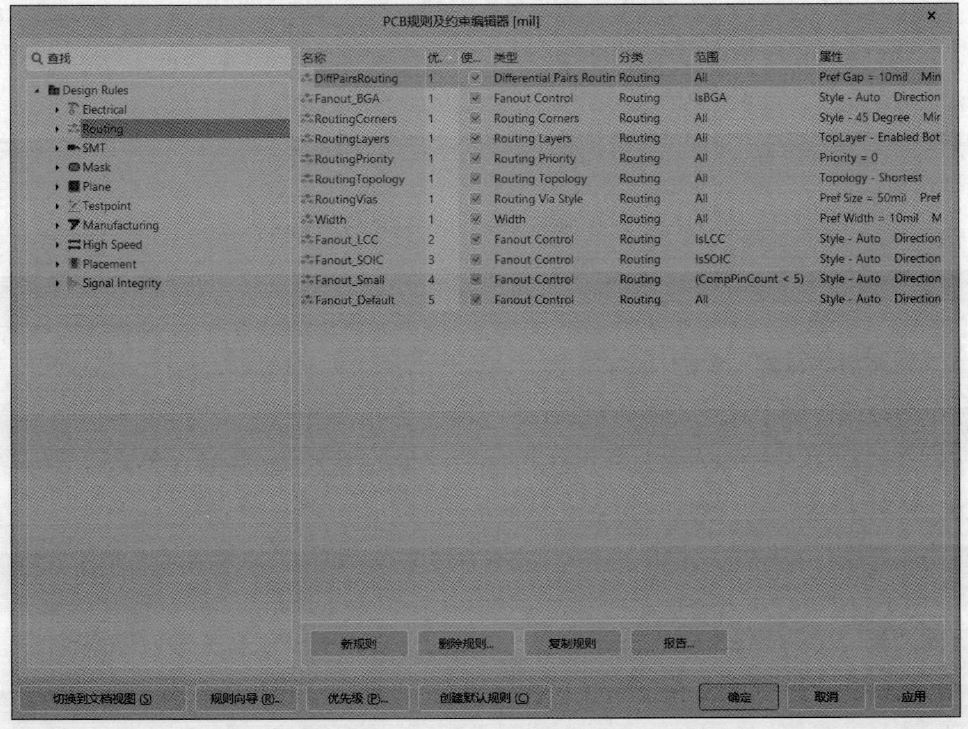


图 6-49 选择布线的参数

（2）单击 ▸ Routing 前面的三角形符号，弹出如图 6-50 所示的对话框中，可以设置布线和其他设计规则参数。

下面简单介绍 PCB 规则的类目。

① 布线规则一般都集中在布线（Routing）类别中，包括走线宽度（Width）、布线的拓扑结构（Routing Topology）、布线优先级（Routing Priority）、布线工作层（Routing Layers）、布线拐角模式（Routing Corners）、过孔的类型（Routing Via Style）和输出控制（Fanout Control）。

② 电气规则（Electrical）类别，包括走线间距约束（Clearance）、短路（Short-Circuit）约束、未布线的网络（Un-Routed Net）和未连接的引脚（Un-Connected Pin）。

③ SMT（表贴规则）设置，包括走线拐弯处表贴约束（SMD To Corner）、SMD 到电平面的距离约束（SMD To Plane）和 SMD 的缩颈约束（SMD Neck-Down）。

④ 阻焊膜和助焊膜（Mask）规则设置，包括阻焊膜扩展（Solder Mask Expansion）和助焊膜扩展（Paste Mask Expansion）。

⑤ 测试点（Testpoint）的设置，包括测试点的类型（Testpoint Style）和测试点的用处（Testpoint Usage）。

另外还有制造、高速信号、放置、信号完整性等设计规则，本节将主要讲述布线、电气等设计规则的设置。

2. 设置走线宽度

该设置可以设置走线的最大、最小和首选的宽度。

（1）在图 6-50 所示对话框中，使用鼠标选中选项 Routing 的 Width 选项，然后右击从快捷菜单中选择新规则命令，如图 6-51 所示，系统将生成一个新的宽度约束。然后单击新生成的宽度约束，系统将会弹出如图 6-52 所示的对话框。

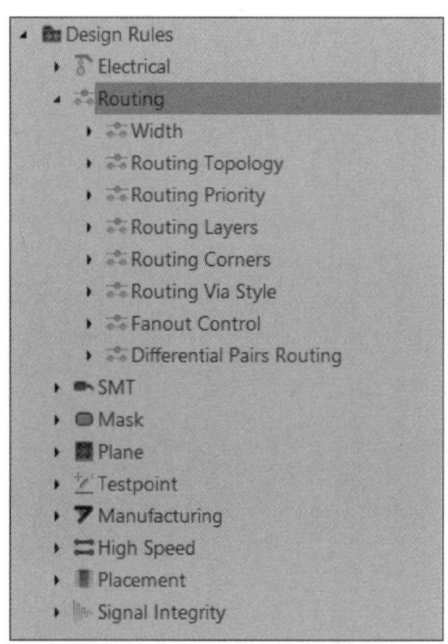


图 6-50 布线规则设置项

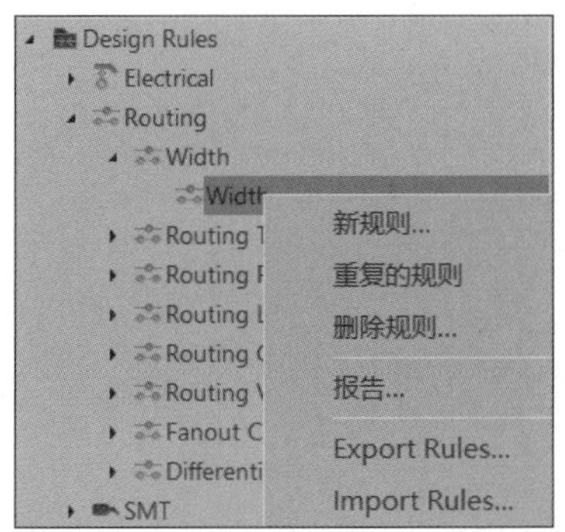


图 6-51 设置走线宽度的快捷菜单

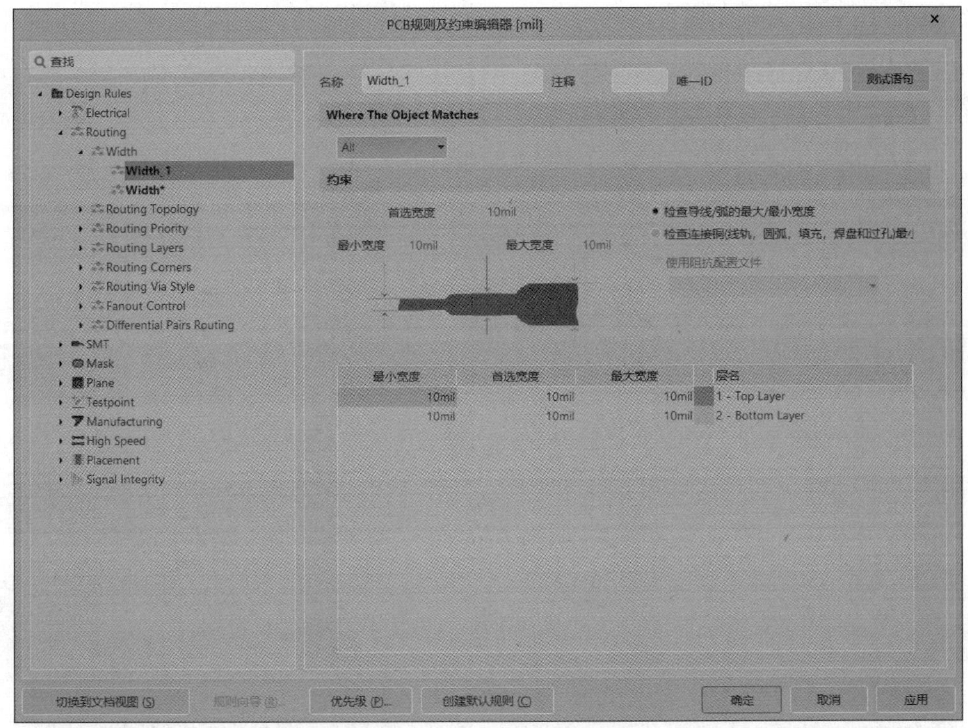


图 6-52　PCB 宽度约束规则设置

（2）在名称编辑框中输入“Width_all”，然后设定该宽度规则的约束特性和范围。在此设定该宽度规则应用到整个电路板，所以在“Where The Object Matches”单元选择“All”。并且设置宽度约束条件如下：Preferred Width（首选宽度）设置为 12 mil；Min Width（最小宽度）设置为 12 mil；Max Width（最大宽度）设置为 12 mil。这些参数是根据自己的布线需求设定的。

其他设置项为系统默认，这样就设置了一个应用于整个 PCB 图的宽度约束。

3. 设置走线间距约束

该项用于设置走线与其他对象之间的最小距离。将光标移动到 Electrical 的 Clearance 处右击，然后从快捷菜单中选取新规则命令，即生成一个新的走线间距约束（Clearance）。然后单击该新的走线间距约束，即可进入安全间距设置对话框，如图 6-53 所示。双击“Clearance”选项，系统也可以弹出该对话框。

4. 设置布线拐角模式

该选项用来设置走线拐弯的模式。选中“Routing Corners”选项，然后右击，从快捷菜单中选择“New Rule”命令，则生成新的布线拐角规则。单击新的布线拐角规则，系统将弹出布线拐角模式设置对话框，如图 6-54 所示。该对话框主要设置两部分内容，即拐角模式和拐角尺寸。拐角模式有 45°、90° 和圆弧等，均可以取系统的默认值。

5. 设置布线工作层

该选项用来设置在自动布线过程中哪些信号层可以使用。选中“Routing Layers”选项，然后右击，从快捷菜单中选择“New Rule”命令，则生成新的布线工作层规则。单击新的布线工作层规则，系统将弹出布线工作层设置对话框，如图 6-55 所示。在该对话框中，可以设置在自动布线过程中哪些信号层可以使用。

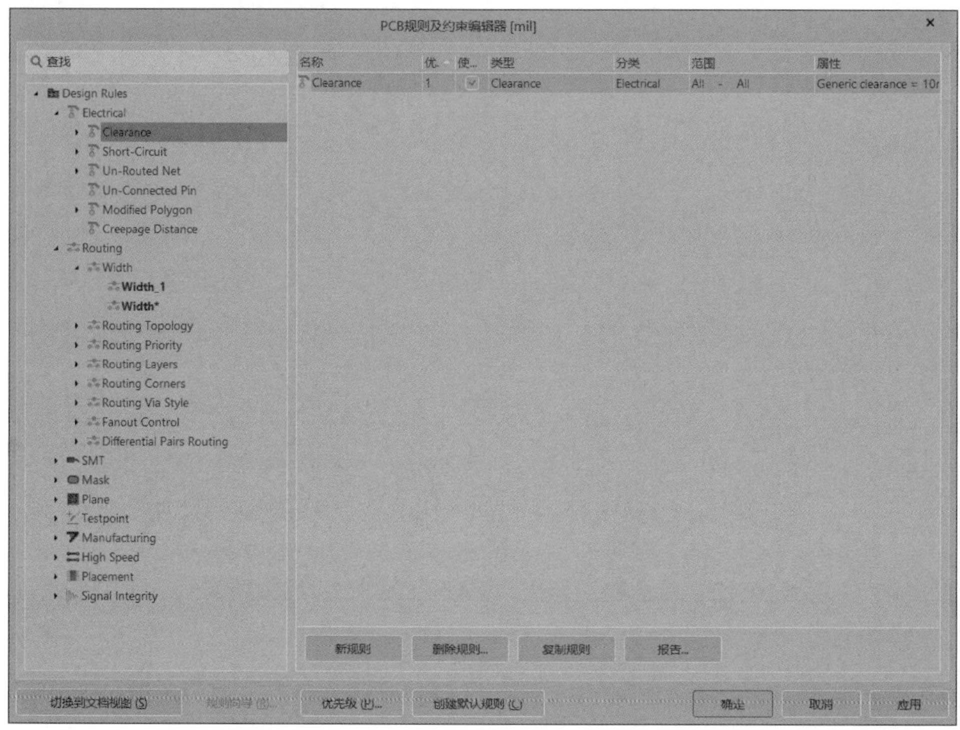


图 6-53　安全间距设置对话框

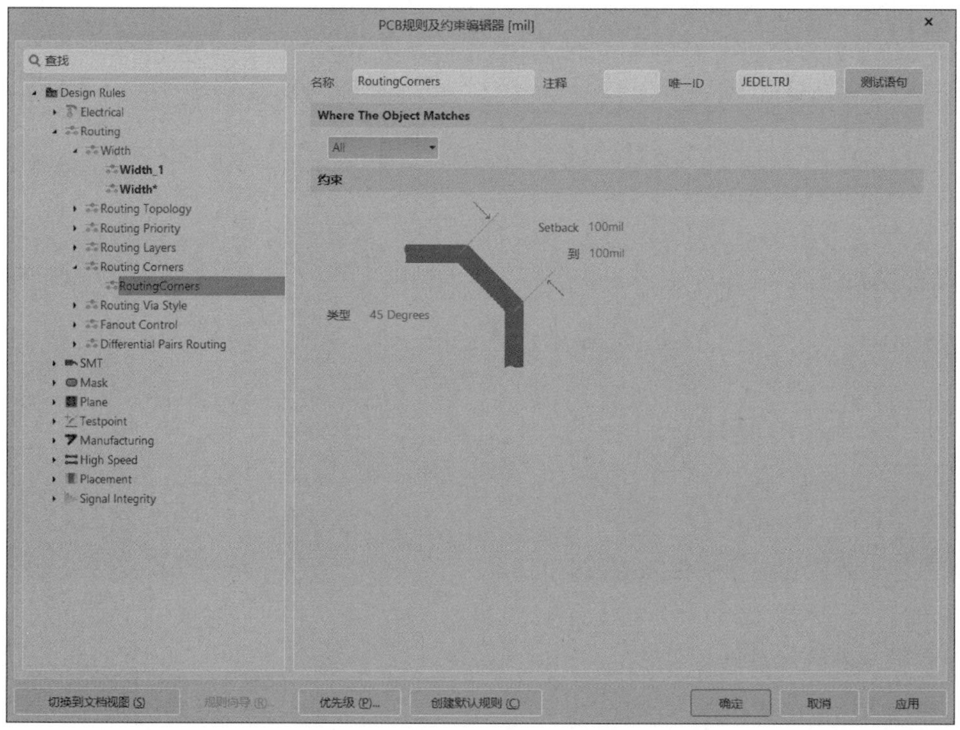


图 6-54　布线拐角模式设置对话框

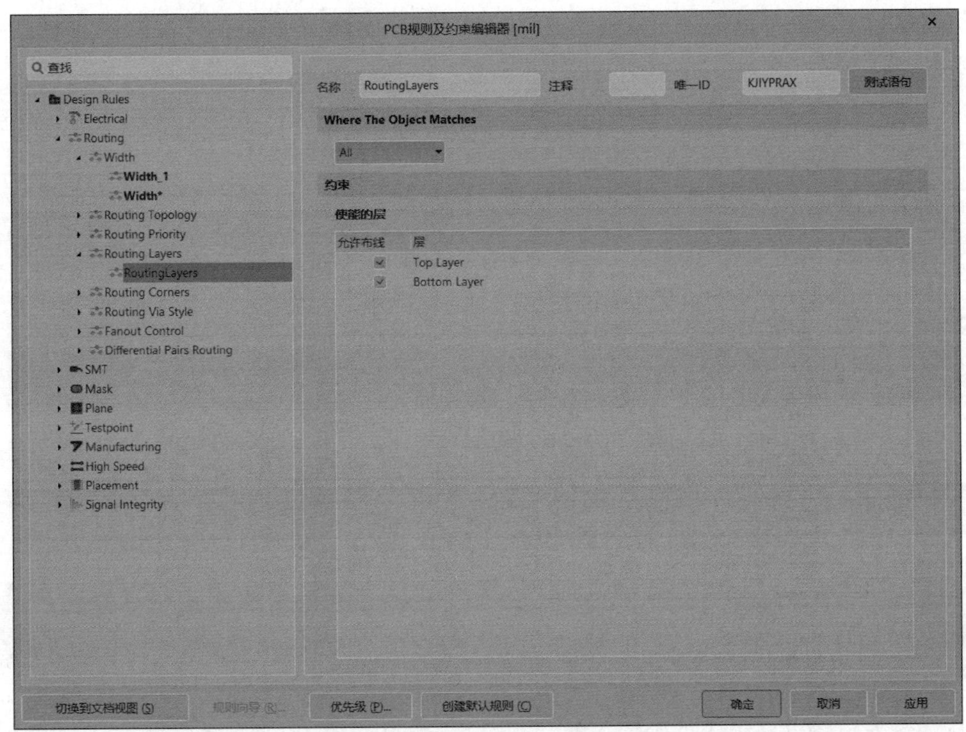


图 6-55　布线工作层设置对话框

6. 布线优先级

该选项可以设置布线的优先级，即布线的先后顺序。先布线的网络的优先权比后布线的要高。Altium Designer 提供了 0 ～ 100 共 101 个优先权设定，数字 0 代表该网络的布线优先权最低，数字 100 代表该网络的布线优先权最高。

选中“Routing Priority”选项，然后右击，从快捷菜单中选择“New Rule”命令，则生成新的布线优先级规则，单击新的布线优先级规则，系统将弹出布线优先级设置对话框，如图 6-56 所示，在对话框中可以设置布线优先级。

7. 布线拓扑结构

该选项用来设置布线的拓扑结构。选中“Routing Topology”选项，然后右击，从快捷菜单中选择“New Rule”命令，则生成新的布线拓扑结构规则，单击新的布线拓扑结构规则，系统将弹出布线拓扑结构设置对话框，如图 6-57 所示，在对话框中可以设置布线拓扑结构。

通常系统在自动布线时，以整个布线的线长最短（Shortest）为目标。用户也可以选择“Horizontal”“Vertical”“Daisy-Simple”“Daisy-MidDriven”“Daisy-Balanced”和“Starburst”等拓扑结构选项，选中各选项时，相应的拓扑结构会显示在对话框中。一般可以使用默认值 Shortest。

8. 设置过孔类型

该选项用来设置布线过程中使用的过孔的样式。选中“Routing Via Style”选项，然后右击，从快捷菜单中选择“New Rule”命令，则生成新的过孔类型规则。单击新的过孔类型规则，系统将弹出过孔类型设置对话框，如图 6-58 所示，在对话框中可以设置过孔类型。

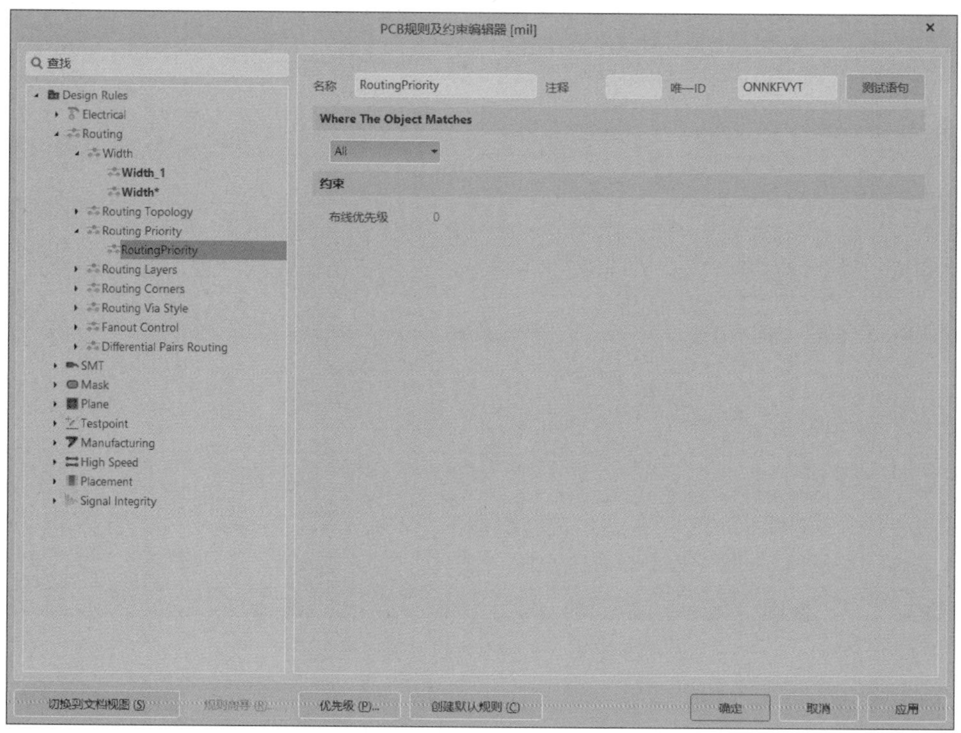


图 6-56　布线优先级设置对话框

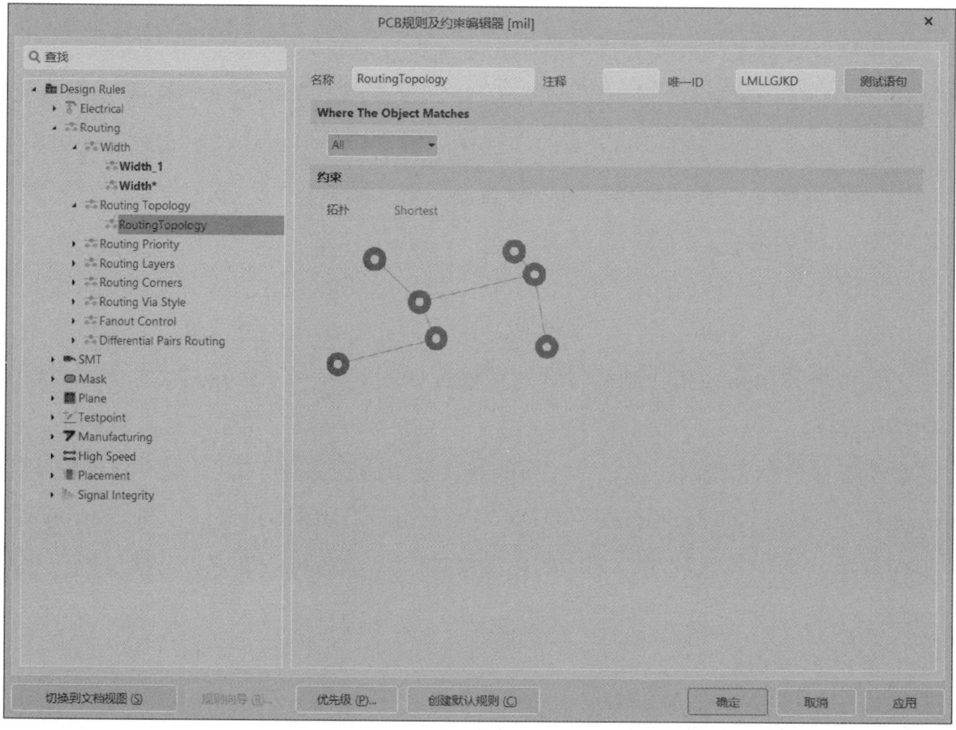


图 6-57　布线拓扑结构设置对话框

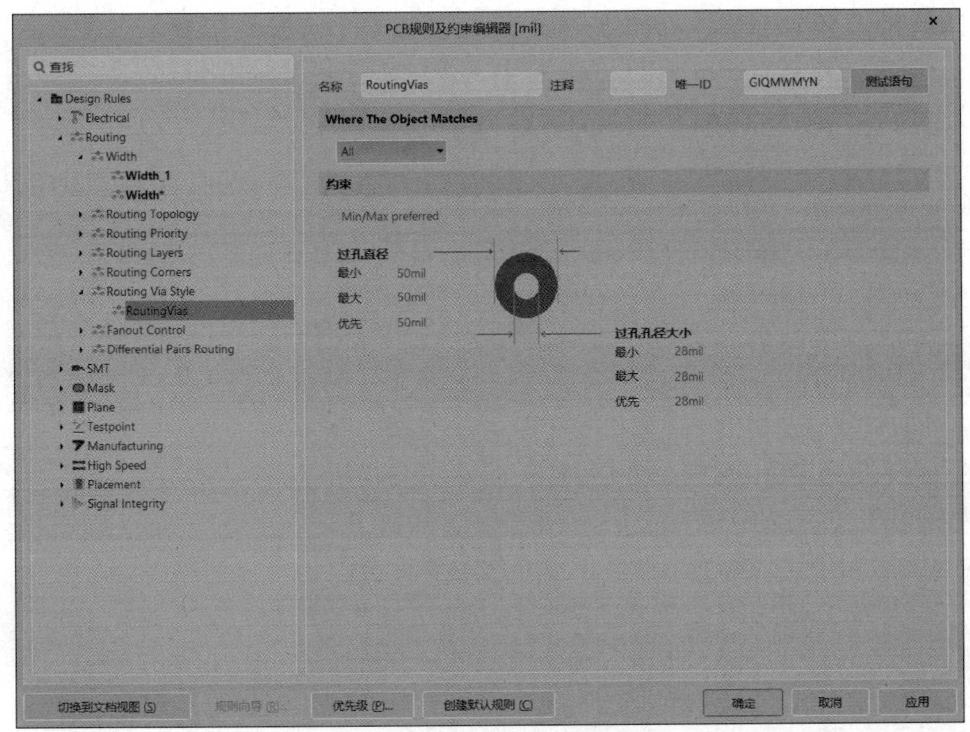


图 6-58　过孔类型设置对话框

9. 设置走线拐弯处与表贴元器件焊盘的距离

该选项用来设置走线拐弯处与表贴元器件焊盘的距离。选中 SMT 的“SMD To Corner”选项，然后右击，从快捷菜单中选择新规则命令，则生成新的走线拐弯处与表贴元器件焊盘的距离规则。单击新的规则，系统将弹出走线拐弯处与表贴元器件焊盘的距离设置对话框，如图 6-59 所示，在对话框中可以设置走线拐弯处与表贴元器件焊盘的距离。

在该对话框右侧的 Distance 编辑框中可以输入走线拐弯处与表贴元器件焊盘的距离，另外，规则的适用范围可以设定为“All”。

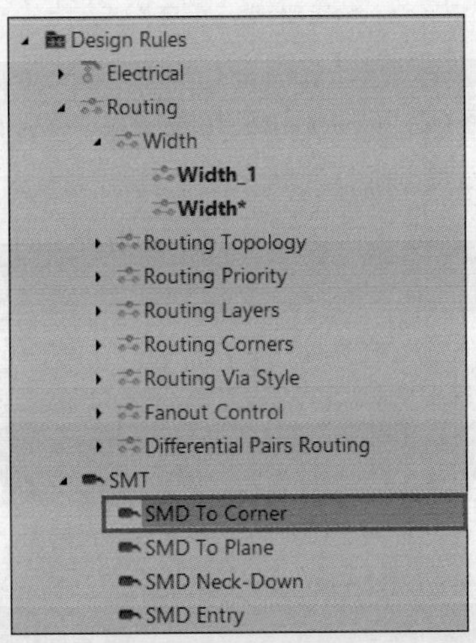


图 6-59　走线拐弯处与表贴元器件焊盘的距离设置对话框

10. SMD 的缩颈限制（SMD Neck-Down）

该选项定义 SMD 的缩颈限制，即 SMD 的焊盘宽度与引出导线宽度的百分比。选中 SMT 的“SMD Neck-Down”选项，然后右击，从快捷菜单中选择“New Rule”命令，则生成新的 SMD 的缩颈限制规则，单击新的规则，系统将弹出 SMD 的缩颈限制设置对话框，如图 6-60 所示，在该对话框中可以设置 SMD 的缩颈限制。

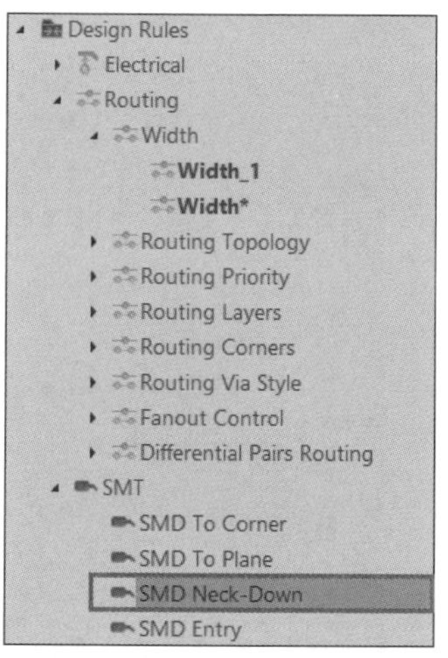


图 6-60　SMD 的缩颈限制设置对话框

### 6.7.4　手动布线

手动布线

Altium Designer 提供了许多有用的手动布线工具，使得布线工作非常容易。尽管自动布线器提供了一个简易而强大的布线方式，但仍然需要交互手动去控制导线的放置。下面以图 6-61 所示的简单 PCB 图来讲述如何交互手动布线。

在 Altium Designer 中，PCB 的导线是由一系列直线段组成的。每次改变方向时，会开始新的直线段。在默认情况下，Altium Designer 开始时会使导线走向为垂直、水平或 45° 角，这样很容易得到比较专业的结果。

下面将使用预拉线引导将导线放置在电路板上，实现所有网络的电气连接。

（1）执行“Place”→“Track”菜单命令（快捷键为先按 P，然后按 T）或单击快捷工具栏的交互式布线按钮。光标将变成十字状，表示处于导线放置模式。

（2）检查文档工作区底部的层标签，检查 Top Layer 标签是否是被激活的当前工作层。可以按数字键盘上的 * 键切换到底层或者顶层而不需要退出导线放置模式，这个键仅在可用的信号层之间切换。也可以在执行放置导线命令前，使用鼠标在底部的层标签上单击需要激活的层。先设置当前层为顶层（Top Layer），即先在顶层布线。

（3）将光标放在连接器 P1 的 2 号焊盘上，单击或按 Enter 键固定导线的第一个点。

（4）移动光标到电阻 C2 的 2 号焊盘。在默认情况下，导线走向为垂直、水平或 45° 角。

（5）依次连接所需要的导线，按 End 键重绘屏幕，这样可以清楚地看到已经布线的网络。按数字键盘上的 * 键切换到底层，接着在底层完成板上剩余的布线。最后按两次 Esc 键或右击两次退出导线放置模式。图 6-62 所示为交互手动布线的电路板。

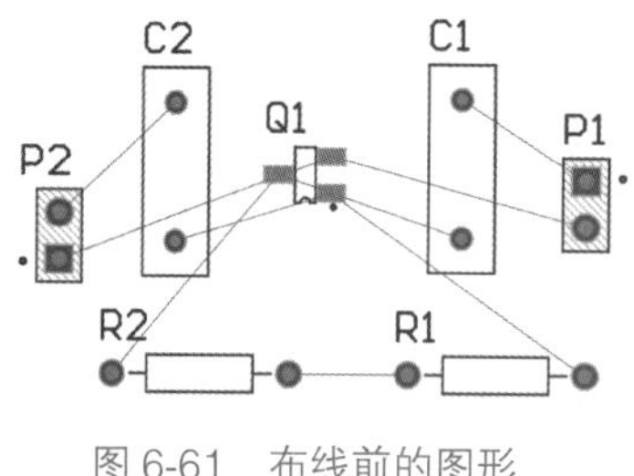


图 6-61　布线前的图形

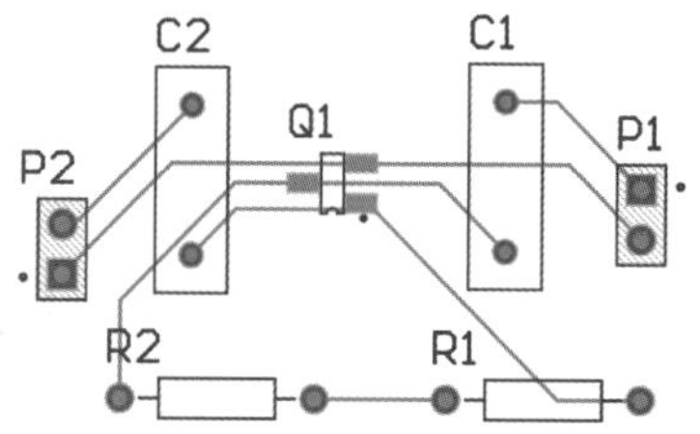


图 6-62　交互式手动布线的电路板

（6）在放置导线时应注意以下几点。

① 单击（或按 Enter）键放置实心红色的导线段。空心线段表示导线的 look-ahead 部分，放置好的导线段和所在层颜色一致。

② 按 Space 键来切换要放置的导线的 Horizontal（水平）、Vertical（垂直）和 45° 的起点模式。

③ 在任何时候按 End 键可以重绘画面。

④ 在任何时候按快捷键 V、F 来重绘画面并显示所有对象。

⑤ 在任何时候按 Page Up 和 Page Down 键，将会以光标位置为中心放大或缩小。

⑥ 按 Back Space 键取消放置的前一条导线段。

⑦ 在完成放置导线后或想要开始设置一条新的导线时，右击或按 Esc 键。

⑧ 不能将不应该连接在一起的焊盘连接起来。Altium Designer 将不停地分析电路的连接情况，并阻止进行错误的连接或跨越导线。

⑨ 要删除一条导线段，单击选中该导线段，这条线段的编辑点将被显示出来（导线的其余部分将高亮显示），然后按 Delete 键就可以删除被选中的导线段。

⑩ 重新布线在 Altium Designer 中是很容易的，只要设置新的导线段即可，在右击完成布线后，旧的多余导线段会被自动移除。

### 6.7.5　自动布线

布线参数设置好后，就可以利用 Altium Designer 提供的布线器进行自动布线了。执行自动布线的方法主要有以下几种。

自动布线

1. 全局布线

（1）执行“Route”→“Auto Route”→“All”菜单命令，对整个电路板进行布线。

（2）执行该命令后，系统将弹出如图 6-63 所示的 Situs 布线策略对话框。

① 在该对话框中，单击“编辑层走线方向”按钮，则可以编辑层的方向。如可以设置顶层主导为水平走线方向，设置底层主导为垂直走线方向。

② 单击“编辑规则”按钮可以设置布线规则，具体方法可以参考 6.7.3 小节。

③ 在“布线策略”列表框中，可以选择布线策略。如果是双层板可以选择双层板的布线策略，如果是多层板，可以选择多层板的布线策略。

④ 如果需要锁定已布好的走线，则可以选中“锁定已有布线”复选框，这样新布线时就不会删除已布好的走线。

⑤ 如果选择“布线后消除冲突”复选框，则自动布线器会忽略违反规则的走线，如短路等。当选择该选项后，那些违反规则的走线会保留在电路板上。取消该选项，则那些产生违反规则的走线不会布在电路板上，而是以飞线保持连接。

（3）单击“Route All”按钮，程序就开始对电路板进行自动布线。最后系统会弹出一个布线信息框，如图 6-64 所示，用户可以通过其了解到布线的情况。完成后的布线结果如图 6-65 所示。如果电路图比较大，则可以执行“View”→“Area”命令局部放大某些部分。

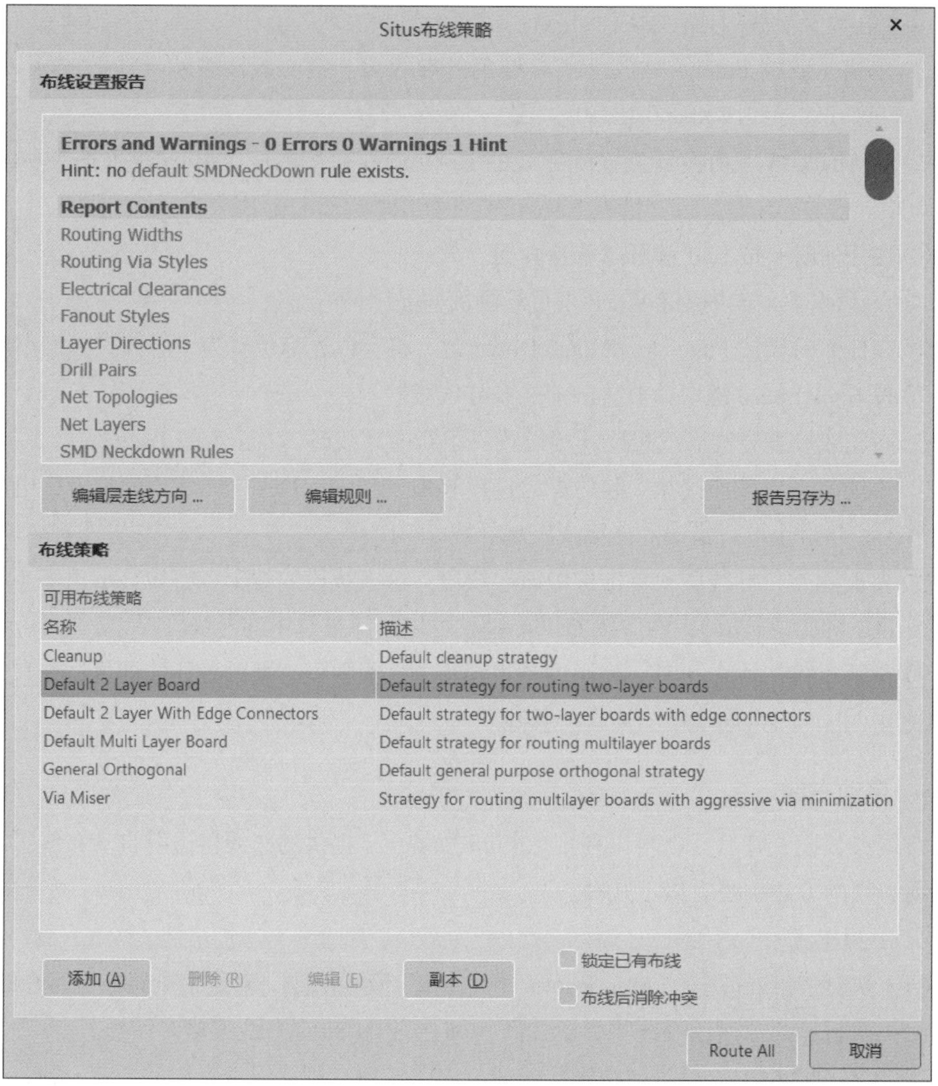

Situs布线策略

布线设置报告

**Errors and Warnings - 0 Errors 0 Warnings 1 Hint**

Hint: no default SMDNeckDown rule exists.

**Report Contents**

Routing Widths
Routing Via Styles
Electrical Clearances
Fanout Styles
Layer Directions
Drill Pairs
Net Topologies
Net Layers
SMD Neckdown Rules

编辑层走线方向 ... 编辑规则 ... 报告另存为 ...

布线策略

可用布线策略

| 名称 | 描述 |
| --- | --- |
| Cleanup | Default cleanup strategy |
| Default 2 Layer Board | Default strategy for routing two-layer boards |
| Default 2 Layer With Edge Connectors | Default strategy for two-layer boards with edge connectors |
| Default Multi Layer Board | Default strategy for routing multilayer boards |
| General Orthogonal | Default general purpose orthogonal strategy |
| Via Miser | Strategy for routing multilayer boards with aggressive via minimization |

添加 (A) 删除 (R) 编辑 (E) 副本 (D) 锁定已有布线 布线后消除冲突

Route All 取消

图 6-63　Situs 布线策略对话框

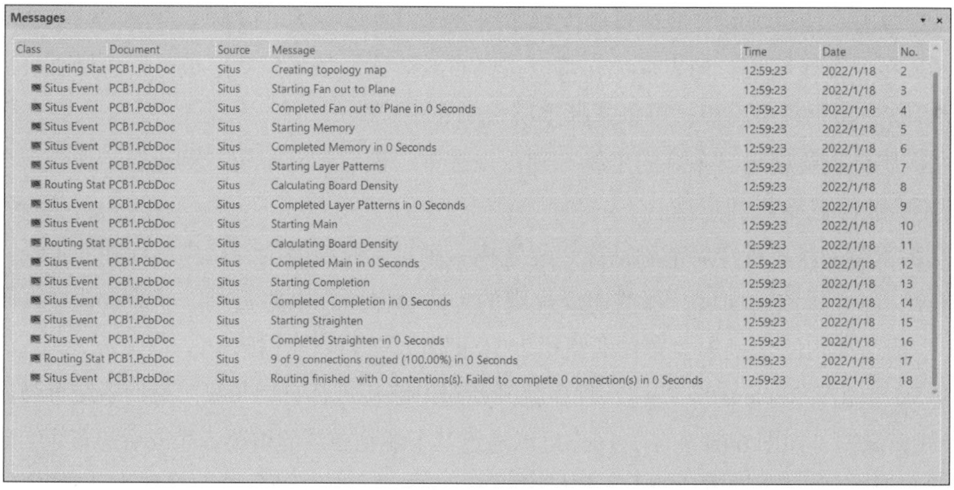

Messages

| Class | Document | Source | Message | Time | Date | No. |
| --- | --- | --- | --- | --- | --- | --- |
| Routing Stat | PCB1.PcbDoc | Situs | Creating topology map | 12:59:23 | 2022/1/18 | 2 |
| Situs Event | PCB1.PcbDoc | Situs | Starting Fan out to Plane | 12:59:23 | 2022/1/18 | 3 |
| Situs Event | PCB1.PcbDoc | Situs | Completed Fan out to Plane in 0 Seconds | 12:59:23 | 2022/1/18 | 4 |
| Situs Event | PCB1.PcbDoc | Situs | Starting Memory | 12:59:23 | 2022/1/18 | 5 |
| Situs Event | PCB1.PcbDoc | Situs | Completed Memory in 0 Seconds | 12:59:23 | 2022/1/18 | 6 |
| Situs Event | PCB1.PcbDoc | Situs | Starting Layer Patterns | 12:59:23 | 2022/1/18 | 7 |
| Routing Stat | PCB1.PcbDoc | Situs | Calculating Board Density | 12:59:23 | 2022/1/18 | 8 |
| Situs Event | PCB1.PcbDoc | Situs | Completed Layer Patterns in 0 Seconds | 12:59:23 | 2022/1/18 | 9 |
| Situs Event | PCB1.PcbDoc | Situs | Starting Main | 12:59:23 | 2022/1/18 | 10 |
| Routing Stat | PCB1.PcbDoc | Situs | Calculating Board Density | 12:59:23 | 2022/1/18 | 11 |
| Situs Event | PCB1.PcbDoc | Situs | Completed Main in 0 Seconds | 12:59:23 | 2022/1/18 | 12 |
| Situs Event | PCB1.PcbDoc | Situs | Starting Completion | 12:59:23 | 2022/1/18 | 13 |
| Situs Event | PCB1.PcbDoc | Situs | Completed Completion in 0 Seconds | 12:59:23 | 2022/1/18 | 14 |
| Situs Event | PCB1.PcbDoc | Situs | Starting Straighten | 12:59:23 | 2022/1/18 | 15 |
| Situs Event | PCB1.PcbDoc | Situs | Completed Straighten in 0 Seconds | 12:59:23 | 2022/1/18 | 16 |
| Routing Stat | PCB1.PcbDoc | Situs | 9 of 9 connections routed (100.00%) in 0 Seconds | 12:59:23 | 2022/1/18 | 17 |
| Situs Event | PCB1.PcbDoc | Situs | Routing finished with 0 contentions(s). Failed to complete 0 connection(s) in 0 Seconds | 12:59:23 | 2022/1/18 | 18 |

图 6-64　布线信息框

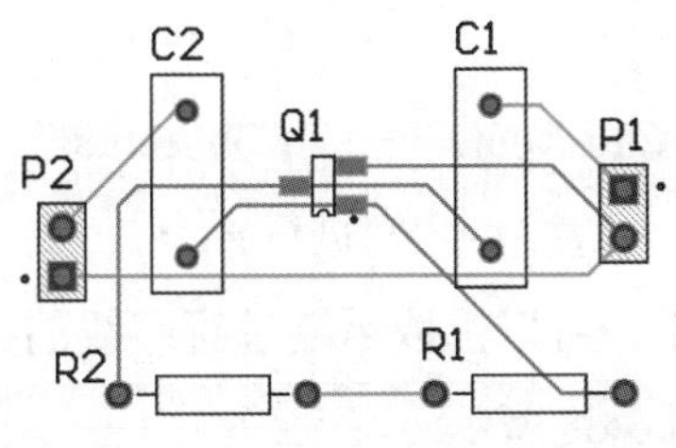


图 6-65　自动布线得到的 PCB 图

2. 对选定网络进行布线

（1）执行“Route”→“Auto Route”→“Net”菜单命令，由程序对选定的网络进行布线工作。

（2）光标变成十字状，用户可以选取需要进行布线的网络。当用户单击的位置靠近焊盘时，系统可能会弹出如图 6-66 所示的对话框（该对话框对于不同焊盘可能不同），一般应该选择 Pad 或 Connection 选项，而不选择 Component 选项，因为 Component 选项仅局限于当前元器件的布线。由图 6-67 可以看到与这些飞线相连的元器件都已被自动布线。一般以 Net 选项进行布线，选中某网络连线时，则与该网络相连接的所有网络线均被布线。

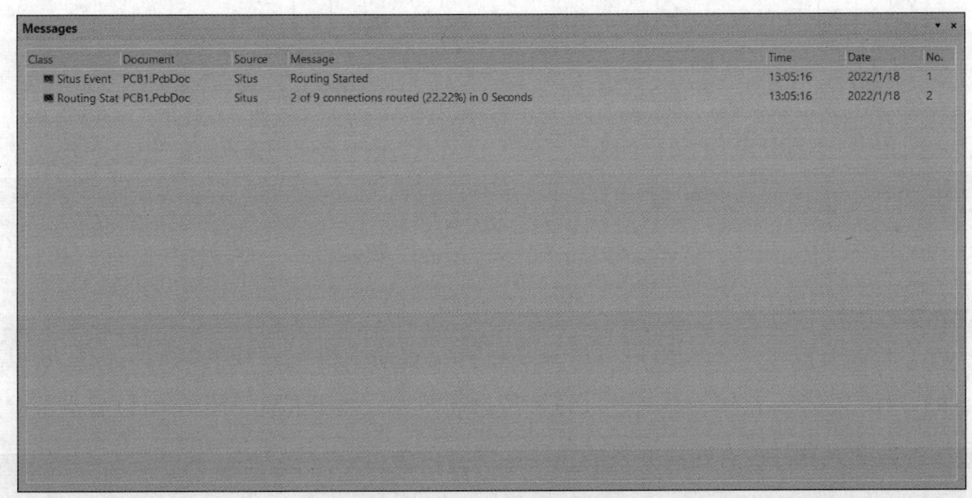


图 6-66　网络布线方式选项

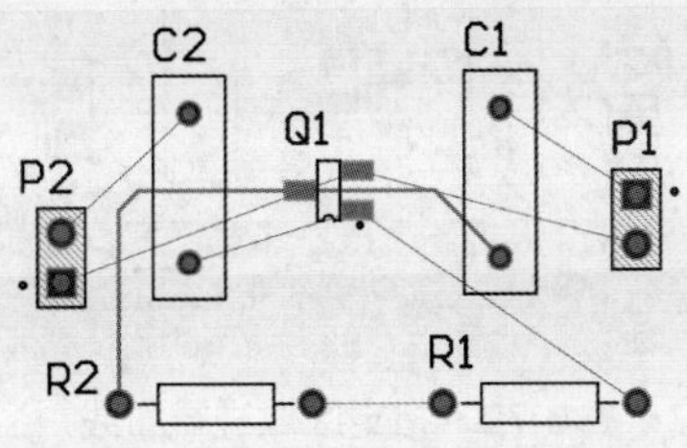


图 6-67　对选定网络进行布线

3. 对两连接点进行布线

（1）执行“Route”→“Auto Route”→“Connection”菜单命令，使程序仅对该条连线进行自动布线，也就是对两连接点之间进行布线。

（2）光标变成十字状，用户可以选取需要进行布线的一条连线（如 P2 到 C2），对部分连接点布线后的结果如图 6-68 所示。

4. 对指定元器件布线

（1）执行“Route”→“Auto Route”→“Component”菜单命令，使程序仅对与该元器件相连的网络进行布线。

（2）光标变成十字状，用户可以用鼠标选取需要进行布线的元器件。本实例选取元器件 Q1 进行布线，可以看到系统完成了与 Q1 相连的所有元器件的布线，如图 6-69 所示。

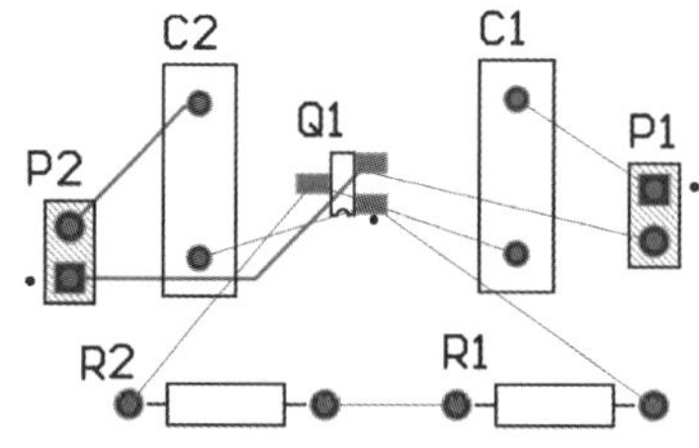


图 6-68 对部分连接点进行布线

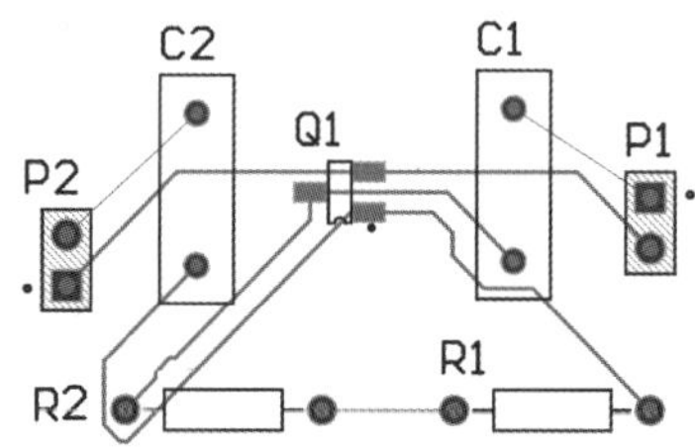


图 6-69 对指定元器件 Q1 布线

5. 对指定区域进行布线

（1）执行“Route”→“Auto Route”→“Area”菜单命令，使程序的自动布线范围仅限于该指定区域内。

（2）光标变成十字状，用户可以拖动鼠标指定需要进行布线的区域，该区域包括 R2、P2、Q1 和 C2，系统将会对此区域进行自动布线，如图 6-70 所示，可以看出与上述被包围的四个元器件没有连线关系的元器件没有布线。

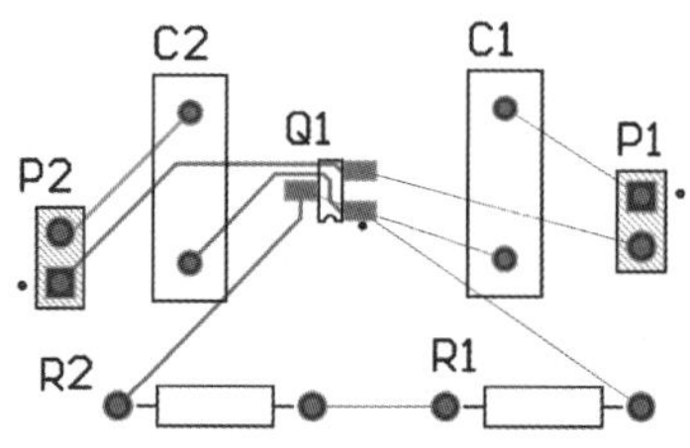


图 6-70 指定区域进行布线

# 任务 6.8　操作实例——自激振荡电路

1. 绘制原理图

（1）执行“文件”→“新的”→“项目”菜单命令，弹出“Create Project”（新建工程）对话框。默认选择“Local Projects”（本地工程），在“Project Name”（工程名称）文本框中输入文件名“自激振荡电路”，在“Folder”（路径）文本框中输入文件路径。完成设置后，单击“Creat”按钮，关闭对话框，完成工程的新建。

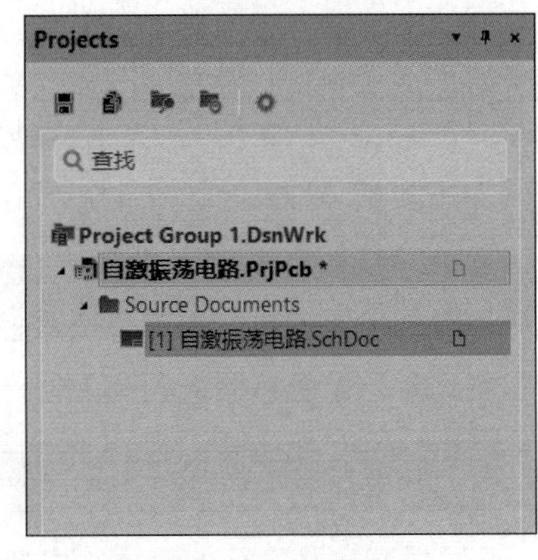


图 6-71　新建文档

（2）执行“文件”→“新的”→“原理图”菜单命令，新建电路原理图。将新建的原理图文件保存为“自激振荡电路 .SchDoc”，如图 6-71 所示。在原理图文件中绘制自激振荡电路，如图 6-72 所示。

2. 绘制 PCB 图

1）新建 PCB 文件

执行“文件”→“新的”→“PCB”菜单命令，在电路原理图所在的项目中，新建一个 PCB 文件，并保存为“自激振荡电路 .PcbDoc”，如图 6-73 所示。

2）规划电路板

规划电路板主要是确定电路板的边界，包括电路板的物理边框和电气边框。

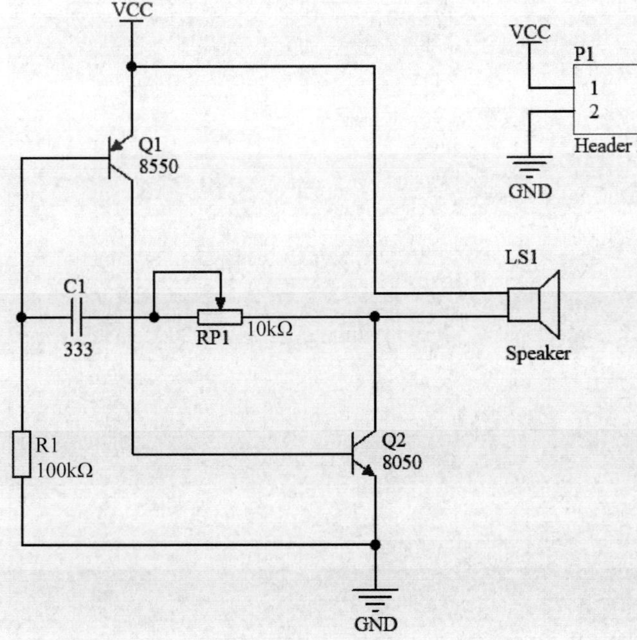


图 6-72　自激振荡电路

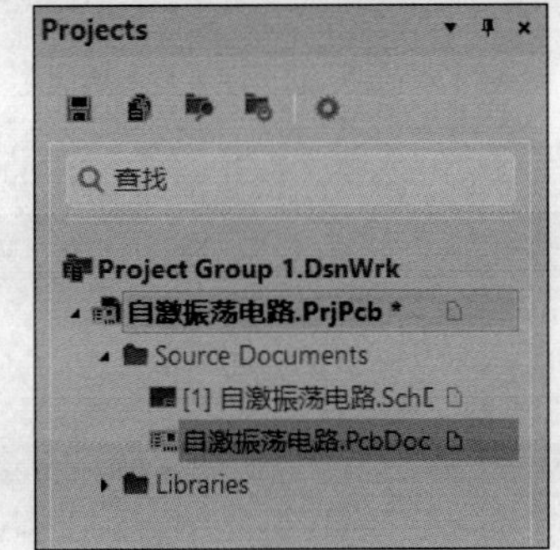


图 6-73　新建 PCB 文件

单击 PCB 编辑区下方的“Mechanical 1”标签，选择“Place”→“Line”命令，绘制一个封闭的边框，即可结束物理边框的绘制。

再单击 PCB 编辑区下方的“Keep-Out Layer”标签，选择“Place”→“Line”命令，在物理边界内部绘制适当大小的矩形，完成电气边框的绘制。

3）从原理图同步到 PCB

在原理图编辑环境下，执行“设计”→“Update PCB Document 自激振荡电路.PcbDoc”菜单命令。系统弹出“工程变更指令”对话框，如图 6-74 所示。单击“验证变更”按钮，系统将检查所有的更改是否都有效，如图 6-75 所示。所有的更改有效后，即可单击“执行变更”按钮，系统执行所有的更改操作，执行成功后，如图 6-76 所示。此时，系统将网络表和元器件封装加载到 PCB 图中，如图 6-77 所示。

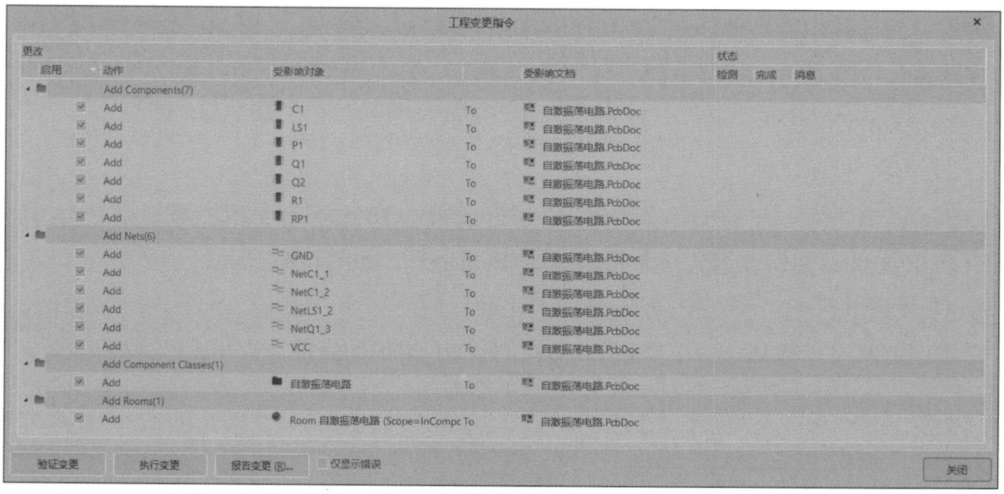

图 6-74 “工程变更指令”对话框

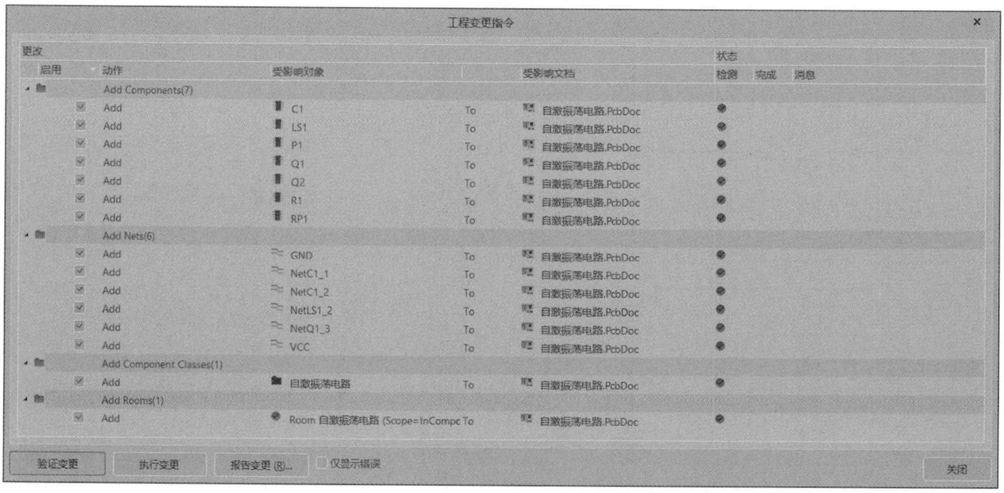

图 6-75 检查所有的更改是否都有效

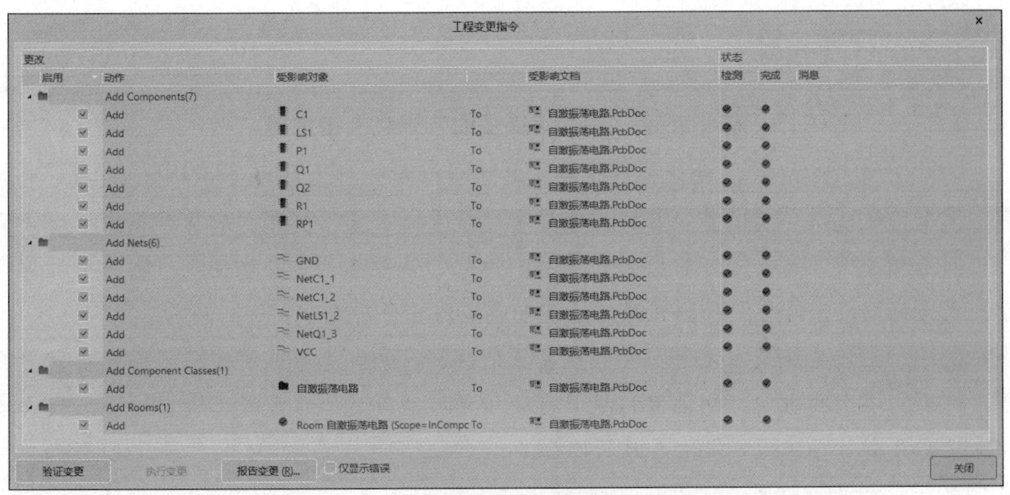


图 6-76　执行更改

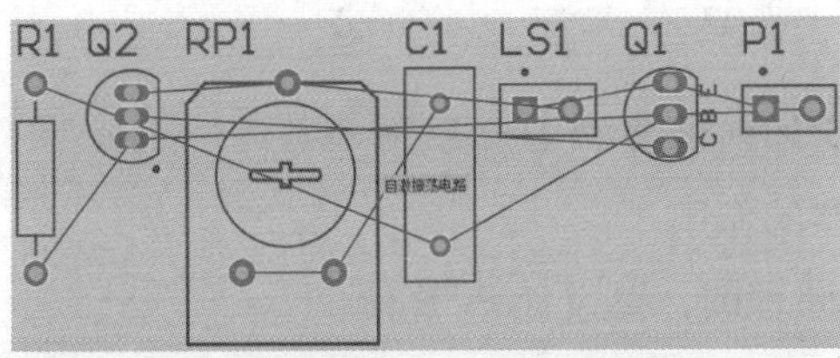


图 6-77　加载网络表和元器件封装的 PCB

4）手动布局

手动调整元器件的布局时，需要移动元器件，调整后如图 6-78 所示。

5）手动布线

执行“Design”→“Rules”菜单命令，在弹出的对话框中选择“Routing”→“Width”，添加 GND 和 VCC 的线宽设置，完成后进行手动布线，完成后如图 6-79 所示。

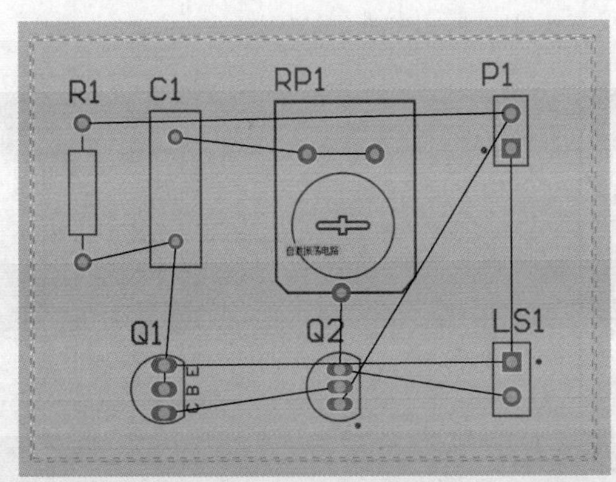


图 6-78　手动调整后元器件的布局

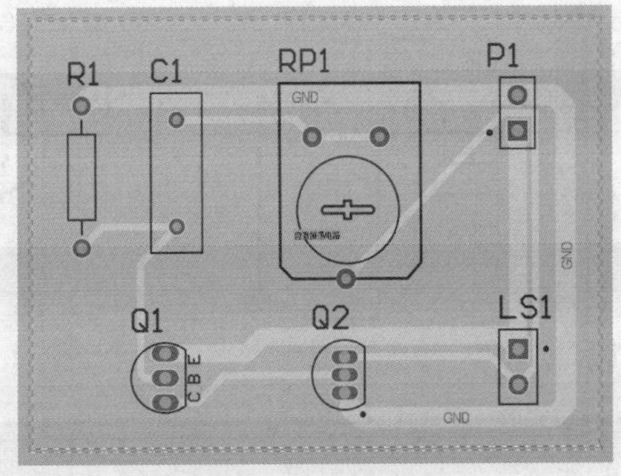


图 6-79　布线后的 PCB

## 国之骄傲，行业引领

**奋斗者号——中国研发的万米载人潜水器**

2020 年 10 月 27 日，奋斗者号在马里亚纳海沟成功下潜突破 10000 m，创造了中国载人深潜的新纪录。中国首次在世界的最深处留下了自己的印记。成功的背后，蕴含的是中国船舶工程团队、海洋科研工作者半个世纪的辛劳与汗水，这也是一段从追赶到超越的风雨荆棘路，体现了我国在海洋高技术领域的综合实力。

其中，先进导航技术依靠惯性导航装置的测算，奋斗者号能够清楚地感应自身的位置、速度、姿态和方向，即便偏移量只有一枚硬币的厚度，也能马上被检测到，极大地保障了奋斗者号在探索万米深海时的安全。

## 思考与练习

1. 简述一般情况下应如何设置 PCB 编辑器参数。
2. 简述层堆栈管理器的作用。
3. 绘制如图 6-80 的原理图，再设计 PCB 图。

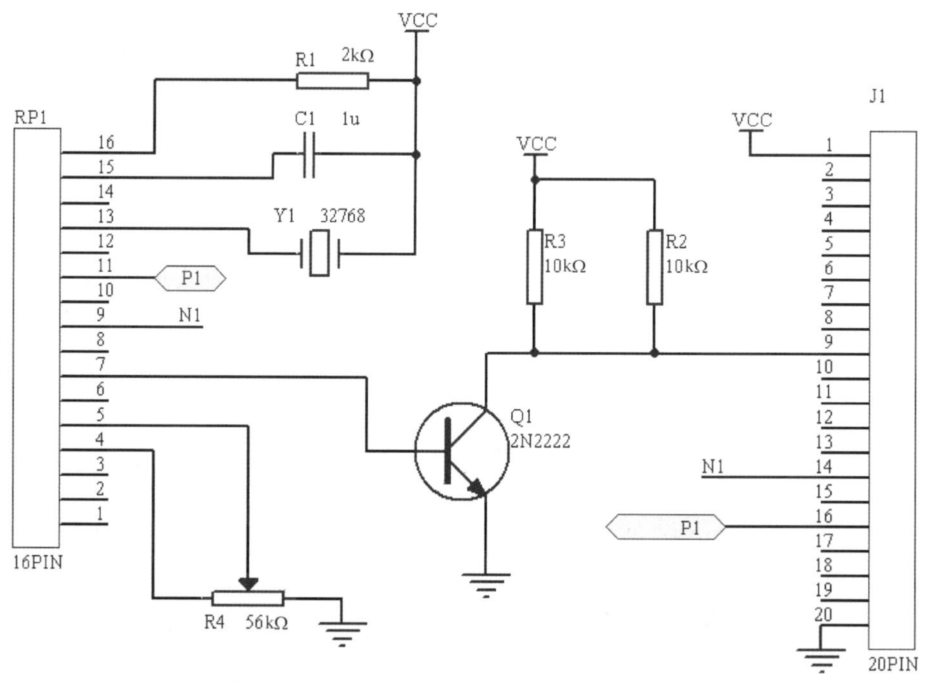


图 6-80 已知的原理图

4. 绘制如图 6-81 的 MOSFET 驱动电路原理图，再设计 PCB 图（全国大学生电子设计竞赛优秀作品的功能模块）。

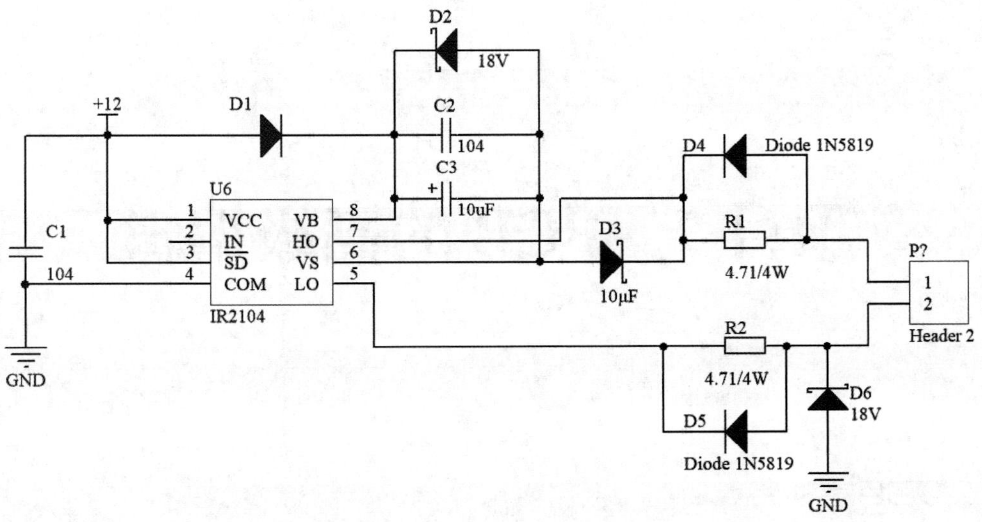


图 6-81　MOSFET 驱动电路原理图

# 项目 7　PCB 的高级编辑

## 学习目标

★ 掌握多种 PCB 布线技巧；

★ 掌握 PCB 编辑技巧；

★ 掌握 3D 效果图的设置方法。

## 能力目标

★ 能掌握走线的多种设置方法；

★ 能掌握 PCB 的编辑方法；

★ 能设置 3D 效果图。

## 思政目标

★ 具备严谨细致的学习作风；

★ 具备勤奋自律的自主学习能力；

★ 具备规范标准的操作意识；

★ 具备良好的沟通能力及团队协作精神。

## 任务 7.1　PCB 布线技巧

### 7.1.1　循边走线

循边走线是利用 Altium Designer 21 所提供的保持安全距离、严禁违规的功能，在进行交互式布线时，采取靠过来的策略，即可实现漂亮又实用的走线。

循边走线的具体操作步骤如下。

（1）如图 7-1 所示，先完成第一条走线，其他走线将循着第一条走线进行。

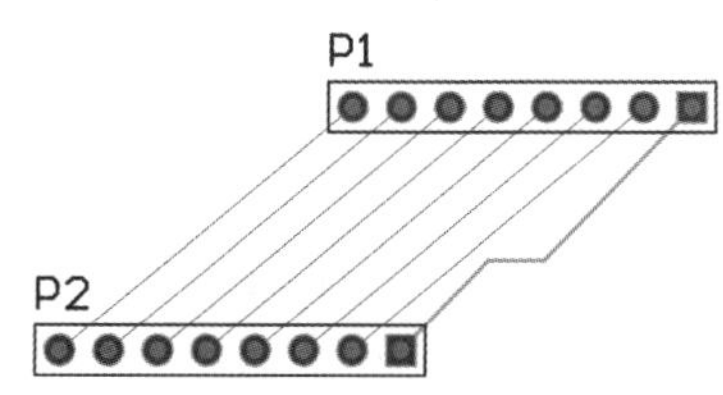

图 7-1　循边走线

（2）若已完成第一条走线，则先确认操作设定是否适当。执行菜单命令“Tools”→“Preferences”，打开“Interactive Routing”对话框，在“布线冲突方案”区的“当前模式”下拉菜单中选择“Stop At First Obstacle”，如图 7-2 所示，单击“OK”按钮关闭对话框。

图 7-2　选择“Stop At First Obstacle”

（3）循边走线的基本原则就是“靠过来”。单击快捷工具栏中的交互式布线连接按钮，进入交互式布线状态，找到已完成的走线旁边的焊盘，单击，再向样板走线靠过去，鼠标指针超越样板走线，而超越样板走线的部分将不会出现走线，左右移动以调整该走线离开焊盘的形状。

（4）当该走线离开焊盘的形状调整完毕，单击，移至终点的焊盘，则该走线将循着旁边的走线（样板走线），按一定间距走线，单击，再右击，即完成该走线。循边走线操作过程如图 7-3 所示。

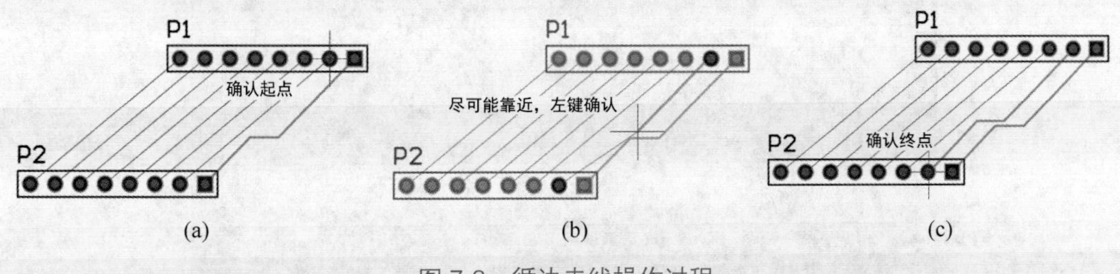


图 7-3　循边走线操作过程

（5）在 P2 的第 3 个焊盘处，单击，再往左下角靠过去，让鼠标指针超越样板走线，并左右移动以调整好该走线离开焊盘的形状，按照前面的方法。当该走线离开焊盘的形状合适后，单击，再移至终点的焊盘，则该走线将循着旁边的走线，按一定间距走线，单击，再右击，即完成该走线。重复前面的方法，完成循边走线，如图 7-4 所示。

### 7.1.2 推挤式走线

推挤式走线是利用 Altium Designer 21 所提供的推挤功能，在进行交互式布线时，将挡到的走线推开，使之保持设计规则所规定的安全距离。如此一来，在原来没有空间的情况下，也能快速布线或修改走线。

如图 7-5 所示，在 P1 和 P2 两个连接器之间的走线少一条，而其间并没有预留空间给漏掉的走线。这时候就可采用推挤式走线，推开一条走线的空间，以补上这条漏掉的走线。

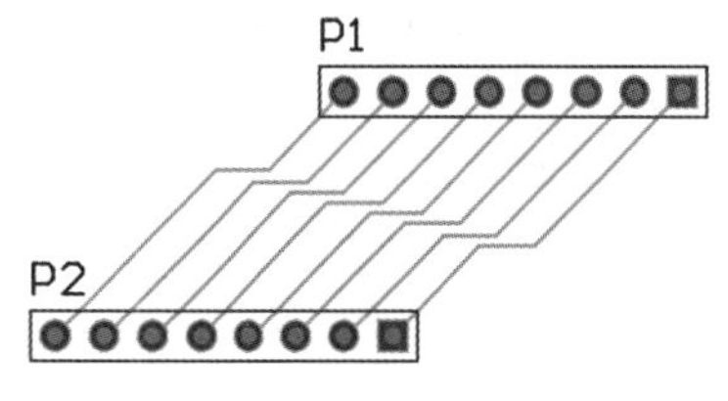

图 7-4 完成循边走线

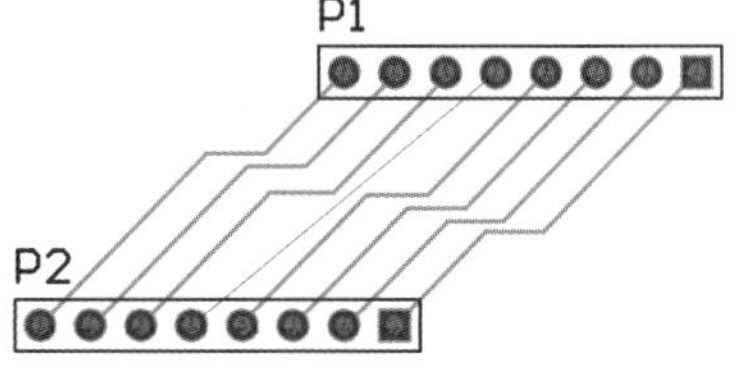

图 7-5 推挤式走线

推挤式走线的具体操作步骤如下。

（1）确定走线方式，执行菜单命令“Tools”→“Preferences”，打开“Interactive Routing”对话框，在“布线冲突方案”区的“当前模式”下拉菜单中选择“Push Obstacles”，如图 7-6 所示，单击“OK”按钮关闭对话框。

（2）单击快捷工具栏中的交互式布线连接按钮，进入交互式布线状态，在需要布线的焊盘处单击，再往上移动，即使有障碍物也不要管，程序会将挡到的线推开。在走线转弯前，单击，固定前一线段。

（3）若走线形式合适，则直接将鼠标指针拖到终点，双击，再右击，即完成该走线，推挤式走线操作过程如图 7-7 所示。

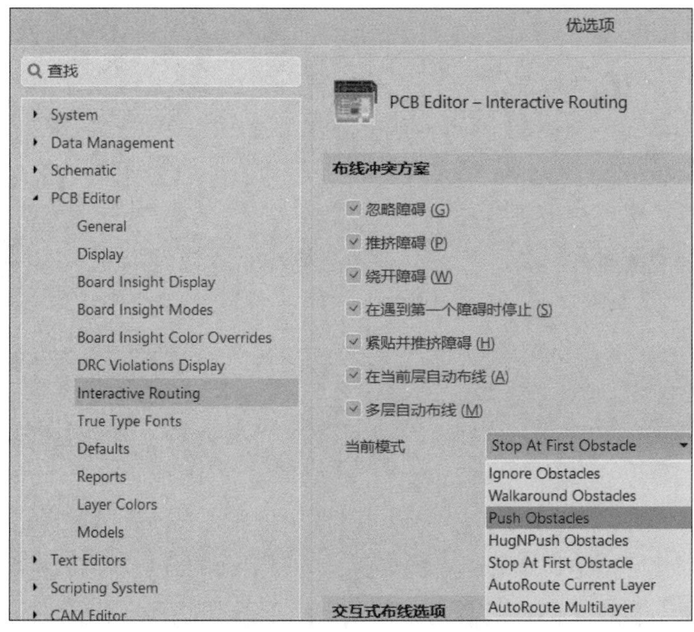

图 7-6 选择“Push Obstacles”

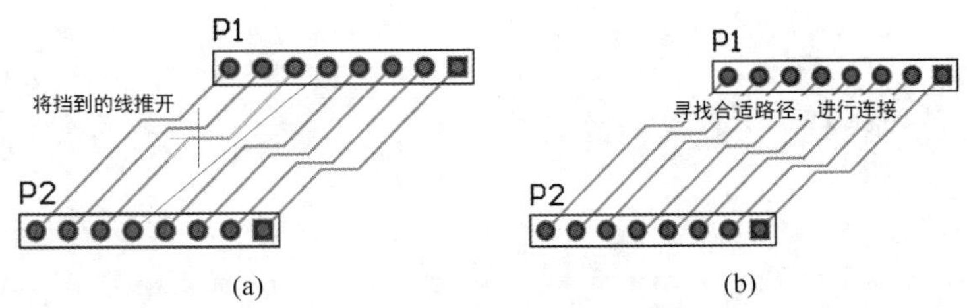


图 7-7　推挤式走线操作过程

### 7.1.3　智能环绕走线

智能环绕走线是利用 Altium Designer 21 所提供的智能走线功能，在进行交互式布线时，避开障碍物，找出一条较贴近的路径。以图 7-5 为例，对于漏掉的走线，在没有空位的情况下，让程序找出一条较贴近的环绕走线。

智能环绕走线的具体操作步骤如下。

（1）确定走线方式，执行菜单命令“Tools”→“Preferences”，打开“Interactive Routing”对话框，在“布线冲突方案”区的“当前模式”下拉菜单中选择“Walkaround Obstacles”，如图 7-8 所示，单击“OK”按钮关闭对话框。

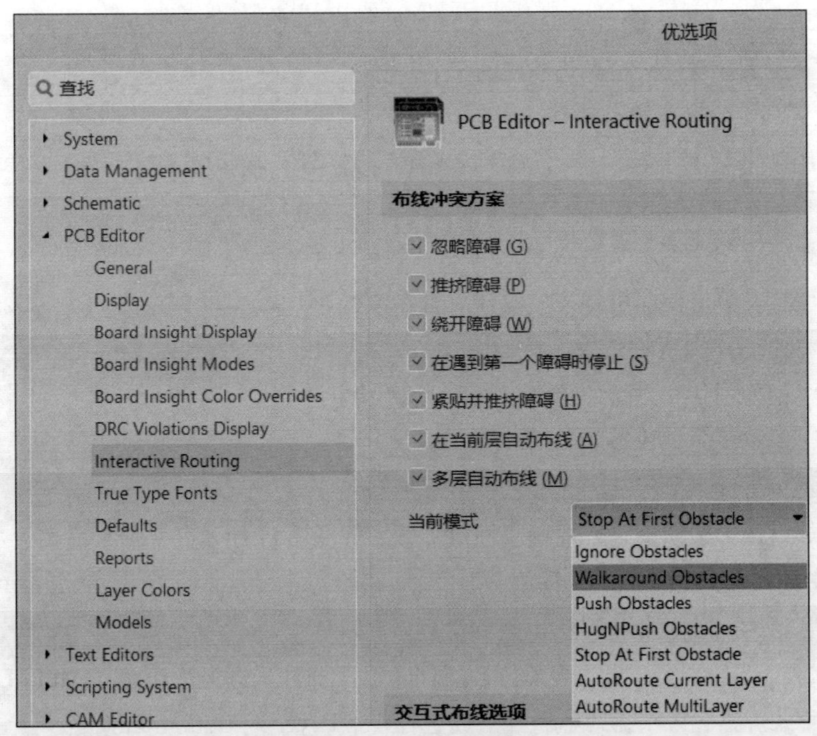


图 7-8　选择“Walkaround Obstacles”

（2）单击快捷工具栏中的交互式布线连接按钮，进入智能走线状态，在需要布线的焊盘处单击，再移动鼠标指针，程序即自动绘制出智能环绕走线，其操作过程如图 7-9 所示。

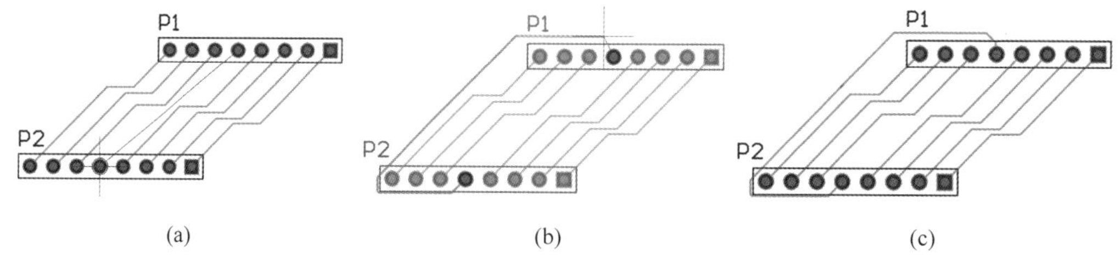


(a) (b) (c)

图 7-9 智能环绕走线操作过程

（3）若要改变程序所提供的智能环绕走线，除了可移动鼠标指针外，也可按 Space 键。若智能环绕走线路径合适，且可达目的地，则按住 Ctrl 键，再单击，即可按智能环绕走线路径完成该走线。

（4）完成一条走线后，可按同样的方法，快速完成其他走线。右击或〈Esc〉键，结束智能环绕走线状态。

## 任务 7.2 PCB 编辑技巧

### 7.2.1 放置焊盘

在 PCB 的设计过程中，放置焊盘是最基础的操作之一。特别是对于一些特殊形状的焊盘，还需定义焊盘的类型及进行设置。

1. 放置焊盘的具体操作步骤

（1）用单击绘图工具栏中的放置焊盘命令按钮，或执行“Place”→“Pad”菜单命令。

（2）执行该命令后，光标变成十字状，将光标移到所需的位置，单击，即可将一个焊盘放置在该处。

（3）将光标移到新的位置，按照上述步骤，再放置其他焊盘。如图 7-10 所示为放置了多个焊盘的电路板。右击，退出该命令状态。

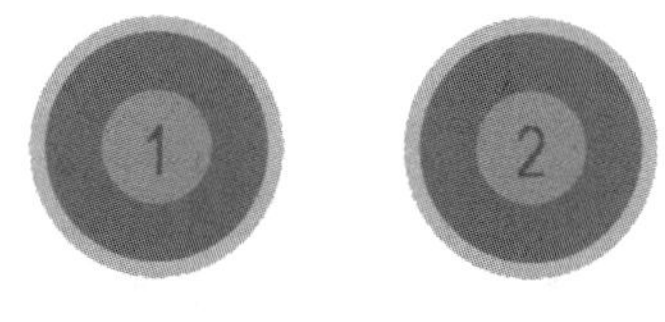


图 7-10 放置焊盘

2. 设置焊盘属性

单击焊盘，右边标签打开焊盘属性对话框，如图 7-11 所示。

1）“Properties（属性）”选项组

（1）“Designator（标识）”：设置焊盘标号。

（2）“Layer（层）”：设置焊盘所在层面。对于插件式焊盘，应选择 Multi-Layer；对于表面贴片式焊盘，应根据焊盘所在层面选择 Top Layer 或 Bottom Layer。

（3）“Net（网络）”：设置焊盘所处的网络。

（4）“Electrical Type（电气类型）”：设置电气类型，有三个选项可选，Load（负载点）、Terminator（终止点）和 Source（源点）。

（5）“Propagation Delay（传输延时）”：设置传输延时的时间。

（6）“Pin Package Length（引脚包装长度）”：设置包装后的引脚的长度。

（7）“Jumper（跳线）”：设置跳线条数。

（8）“Template（模板）”：设置焊盘模板类型。

（9）“（X/Y）”：设置焊盘中心点的 X、Y 坐标。

（10）“Rotation（旋转）”：设置焊盘旋转角度。

（11）“锁定”复选框：设置是否锁定焊盘坐标。

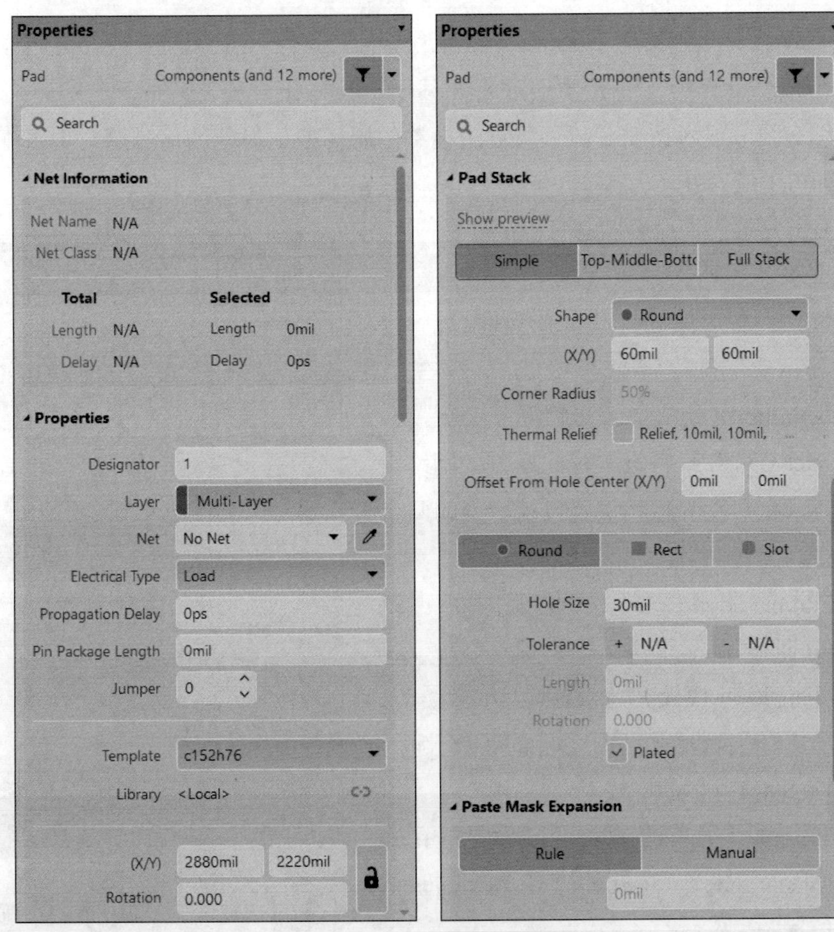


图 7-11　焊盘属性对话框

2）“Pad Stack（焊盘堆栈）”选项组

（1）尺寸和外形。

- “Simple（简单的）”：可以设置 X-Size（设定焊盘 X 轴尺寸）；Y-Size（设定焊盘 Y 轴尺寸）。
- Shape（形状）：选择焊盘形状，单击右侧的下拉按钮，即可选择焊盘形状，这里共有四种焊盘形状，即 Round（圆形）、Rectangle（矩形）、Octagonal（八角形）和 Rounded Rectangle（圆角矩形）。
- “Top-Middle-Bottom（顶层 - 中间层 - 底层）”：指定焊盘在顶层、中间层和底层的大小和形状，每个区域里的选项都具有相同的三个设置选项。
- “Full Stack（完全堆栈）”：对焊盘的形状、尺寸逐层设置。

（2）孔洞信息。可以设置焊盘的孔尺寸。另外还可以设置焊盘的形状，包括 Round（圆形）、Square（正方形）和 Slot（槽形）。

### 7.2.2 放置过孔

过孔的形状与焊盘很相似，但作用却不同，用来连接不在同一层但是属于同一网络的导线。

1. 放置过孔的具体操作步骤

（1）在布线过程中，需要换层进行布线时，按一下“*”键，即会出现一个过孔，就可以继续布线。或者按 Tab 键，将右边标签的层切换为另外的信号层，单击工作区的暂停键，即可继续布线。

（2）右击，退出该命令状态。

2. 设置过孔属性

单击过孔，右边标签打开过孔属性对话框，如图 7-12 所示。

1）“Definition（定义）”选项组

（1）“Net（网络）”：设置过孔所处的网络。

（2）“Name（名称）”：设置过孔所处的两个信号层名称。

（3）“Propagation Delay（传输延时）”：设置传输延时的时间。

（4）“Template（模板）”：设置焊盘模板类型。

（5）“（X/Y）”：设置焊盘中心点的 X、Y 坐标。

2）“Via Stack（焊盘堆栈）”选项组

（1）“Simple（简单的）”：可以设置过孔的通孔大小（Hole Size）、过孔的直径（Diameter）以及 X/Y 位置。

（2）“Top-Middle-Bottom（顶层 - 中间层 - 底层）”：需要指定在顶层、中间层和底层的过孔直径大小。

（3）“Full Stack（完全堆栈）”：对过孔的形状、尺寸逐层设置。

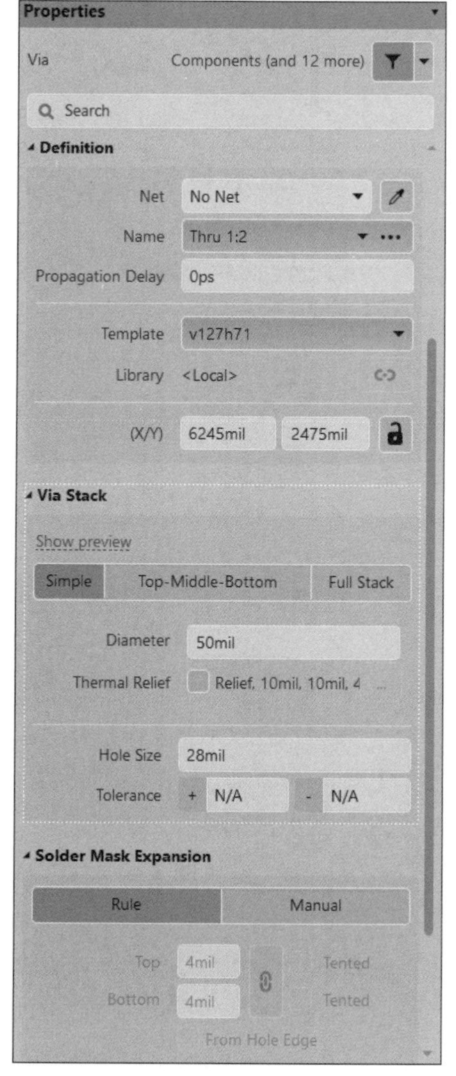


图 7-12 过孔属性对话框

### 7.2.3 补泪滴

补泪滴

在电路板设计中，为了让焊盘更坚固，防止在机械制板时焊盘与导线断开，常在焊盘和导线之间用铜膜布置一个过渡区，形状像泪滴，故常称作补泪滴（Teardrops）。

泪滴的放置可以执行主菜单命令“Tools”→“Teardrops...”，弹出“泪滴”对话框，如图 7-13 所示。

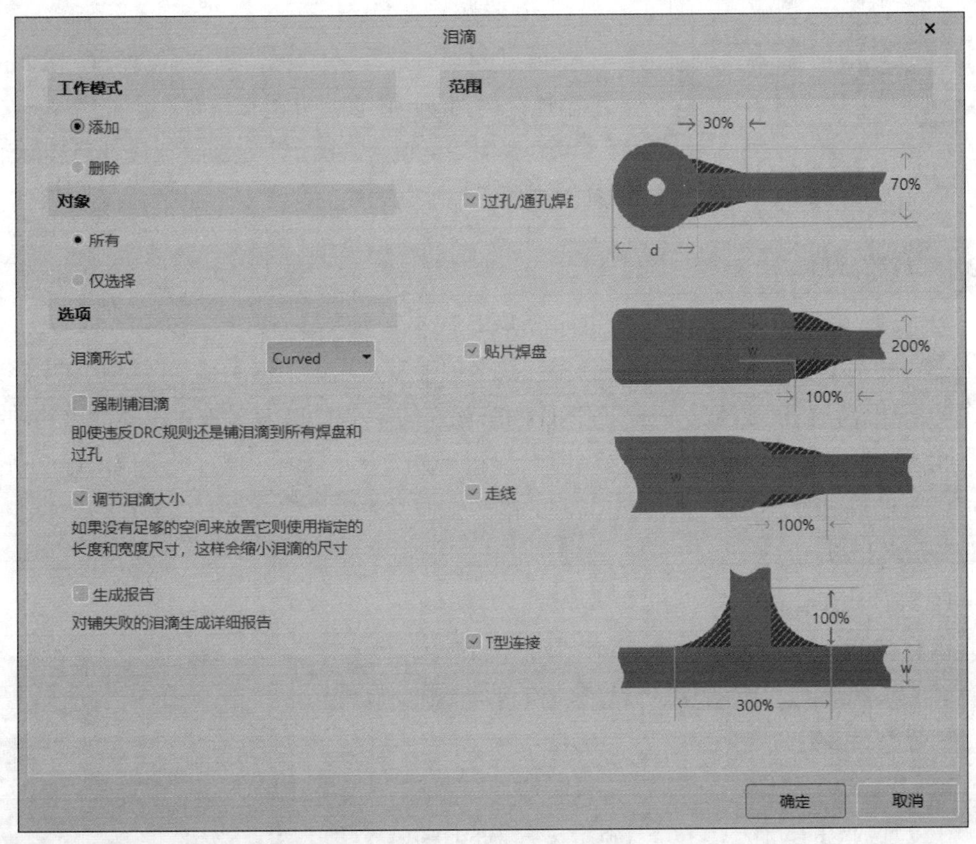


图 7-13　“泪滴”对话框

“泪滴”对话框中需要设置的参数如下。

1.“工作模式”选项区

“添加”选项，用于添加泪滴；“删除”选项，用于删除泪滴。

2.“对象”选项区

“所有”选项，用于对全部对象添加泪滴；“仅选择”选项，用于对选择的对象添加泪滴。

3.“选项”选项区

（1）泪滴形式：在下拉菜单中可以选择弧形（Curved）或直线（Line），分别表示用弧线添加泪滴或用直线添加泪滴。

（2）强制辅泪滴：选择该项，将强制对所有焊盘或过孔添加泪滴，这样可能导致在 DRC 时出现错误信息；取消选择该项，则对安全距离太小的焊盘不添加泪滴。

（3）调节泪滴大小：选择该项后，如果没有足够的空间放置特殊长度和宽度的泪滴，将会减小泪滴的大小。

（4）生成报告：选择该项后，添加泪滴的操作成功或失败后会自动生成一个有关

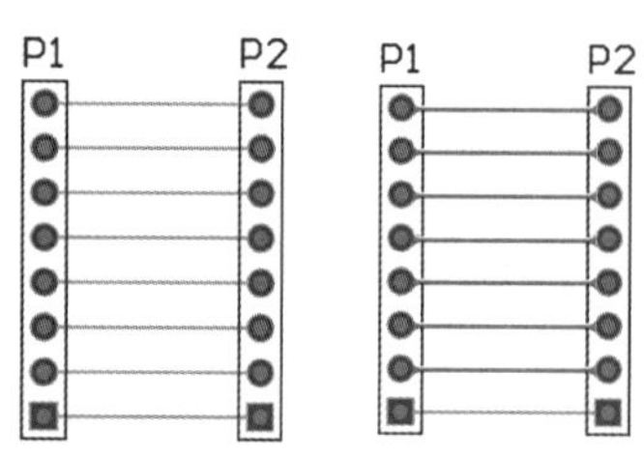

图 7-14 补泪滴前后焊盘与导线的连接变化

添加泪滴操作的报表文件，同时该报表在工作窗口显示出来。

4. “范围”选项区

可以分别对过孔 / 通孔焊盘、贴片焊盘、走线和 T 型连接的泪滴范围和尺寸进行设置。

设置完毕后单击“确定”按钮，完成补泪滴操作。补泪滴前后焊盘与导线的连接变化如图 7-14 所示。

### 7.2.4 放置敷铜

敷铜由一系列的导线组成，可以完成 PCB 内不规则区域的填充。在绘制 PCB 图时，敷铜主要是指把空余没有走线的部分用导线全部铺满，用铜箔铺满部分区域并和电路的一个网络相连，在多数情况下是和 GND 网络相连的。单面 PCB 敷铜可以提高电路的抗干扰能力，经过敷铜处理后制作的 PCB 会显得十分美观，同时，通过大电流的导电通路也可以通过敷铜的方法来加大其过电流的能力。通常敷铜的安全距离应该在一般导线安全距离的两倍以上。

1. 执行放置敷铜命令

执行“Place”→“Polygon Pour...”菜单命令，或者单击“Wiring”工具栏中的放置多边形平面，即可执行放置敷铜命令。

2. 设置敷铜属性

在放置敷铜的过程中，按下 Tab 键，右边的标签弹出对话框，如图 7-15 所示，可以设置的主要参数如下。

（1）“Net（网络）”：设置敷铜的网络连接。

（2）“Layer（层）”：设置敷铜的所在层。

（3）“Name（名称）”：设置敷铜的名称。

（4）填充模式：包括三项填充模式，分别是“Solid”“Hatched”和“None”。

①“Solid”选项：即敷铜区域内为全敷铜；用于删除孤立区域敷铜的面积限制值和凹槽的宽度限制值。

②“Hatched”选项：即向敷铜区域内填入网络状的敷铜；用于设置网格线的宽度、网格的大小、围绕焊盘的形状和网格的类型。

③“None”选项：即只保留敷铜边界，内部无填充；用于设置敷铜边界导线宽度和围绕焊盘的形

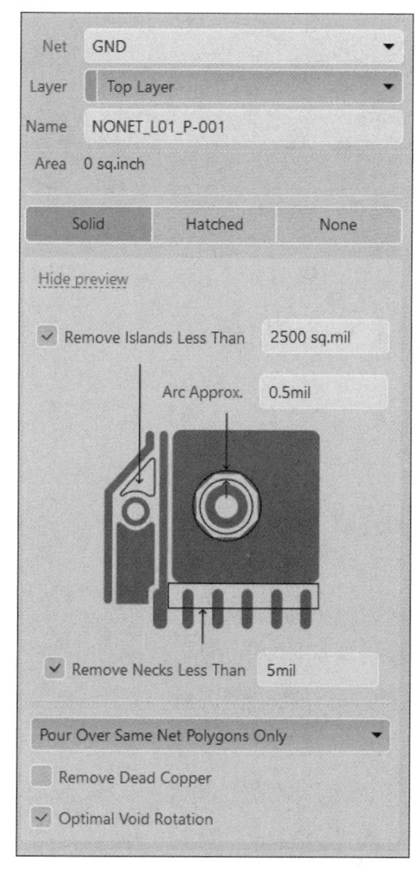

图 7-15 敷铜属性对话框

状等。

（5）“Pour Over Same Net Polygons Only”：下拉列表展开，包括如下三个选项。

① Don’t Pour Over Same Net Objects：用于设置敷铜的内部填充，不与同网络的元器件及敷铜边界相连。

② Pour Over All Same Net Objects：用于设置敷铜的内部填充和敷铜边界线，并与同网络的任何元器件相连，如焊盘、过孔、导线等。

③ Pour Over Same Net Polygons Only：用于设置敷铜的内部填充，只与敷铜边界线和同网络的焊盘相连。

### 7.2.5　放置文字和注释

在 PCB 设计中，有时需要在 PCB 上放置相应元器件的文字标注、电路注释或公司的产品标志等信息。必须注意的是所有的文字都放置在丝印层上。

1. 放置文字和注释的操作步骤

执行“Place”→“String”菜单命令，或“Wiring”工具栏中的放置字符串 A 按钮。鼠标指针变成十字形，将鼠标指针移动到合适的位置，单击就可以放置文字。系统默认的文字是“String”。

2. 文字和注释的对话框

在放置文字时按下 Tab 键，或在放置完成后单击字符串，将弹出文字属性设置对话框，如图 7-16 所示。

在文字属性设置对话框中可以设置的参数包括文本的放置角度（Rotation）、文本内容（Text）、文本放置图层（Layer）、文本高度（Text Height）和文本字体（Font）等，具体介绍如下。

（1）位置（Location）：可以设置文本的放置角度（Rotation）。

（2）属性（Properties）：可以设置文本内容（Text）、文本放置图层（Layer）、文本镜像（Mirror）和文本高度（Text Height）。

（3）字体（Font Type）：可进行“TrueType”“Stroke”和“BarCode”的字体设置。

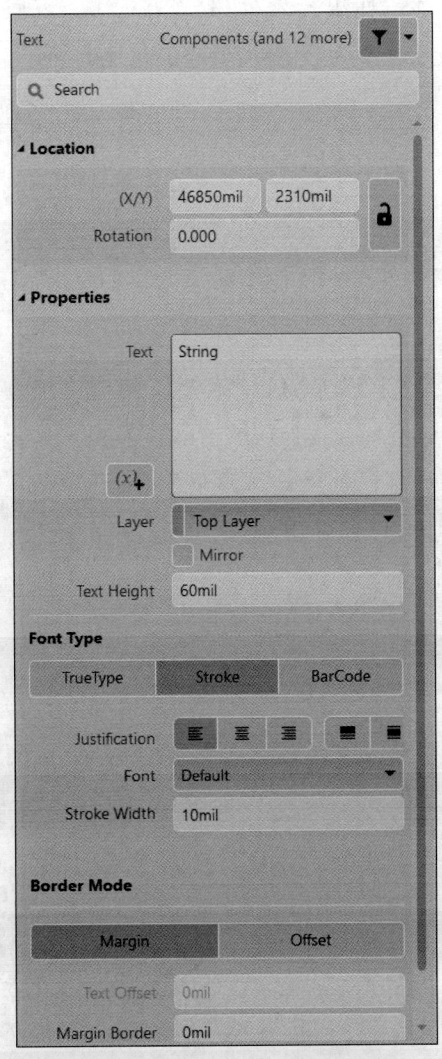


图 7-16　文字属性设置对话框

### 7.2.6　添加包地

在 PCB 中对高频电路板进行布线时，对重要的信号线进行包地处理，可以显著提高该信号的抗干扰能力，当然还可以对干扰源进行包地处理，使其不能干扰其他信号。下面对电路连线进行包地处理，如图 7-17 所示。

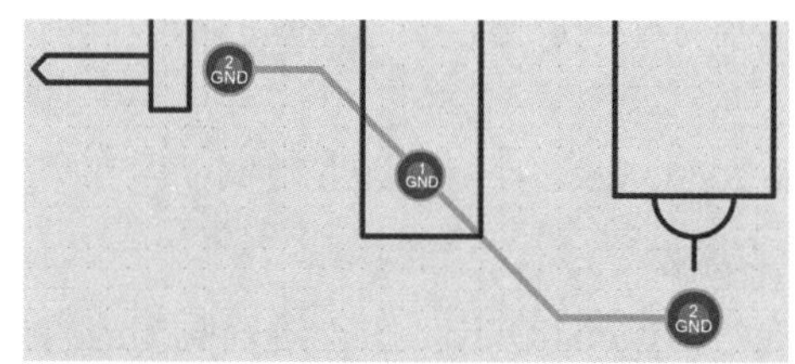

图 7-17 需要处理包地的线路

添加包地的具体操作步骤如下。

（1）选择需要包地的网络或者导线。执行菜单命令“Edit”→“Select”→“Net”，鼠标指针变成十字形，移动鼠标指针到需要进行包地处理的网络处单击，选择该网络。如果元器件未定义网络，可以执行菜单命令“Edit”→“Select”→“Connected Copper”，选择需要添加包地的导线。如图 7-18 所示。

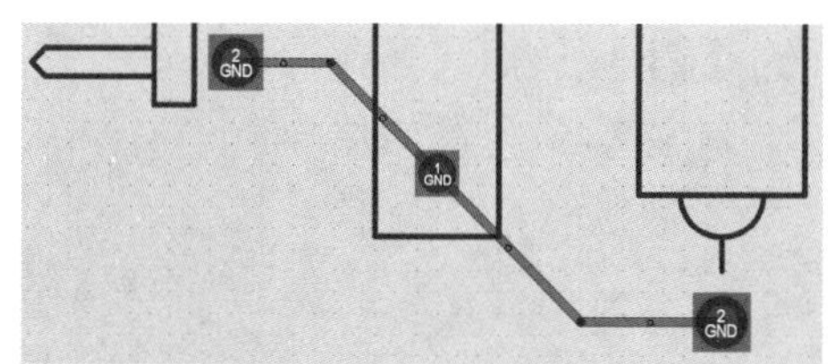

图 7-18 选择需要添加包地的导线

（2）放置包地导线。执行“Tools”→“Outline Selected Objects”菜单命令。系统自动对已经选择的网络或导线进行包地操作。完成包地操作后如图 7-19 所示。

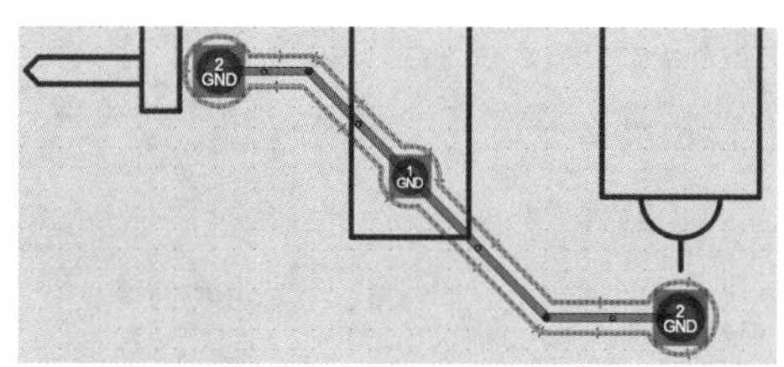

图 7-19 完成包地操作

（3）设置包地线网络为 GND。执行菜单命令“Edit”→“Select”→“Connected Copper”，选择包地导线，如图 7-20 所示。在右边的标签中，在“Net”选项后的下拉菜单中选择“GND”，此时包地网络将全部变为 GND 网络。如图 7-21 所示。

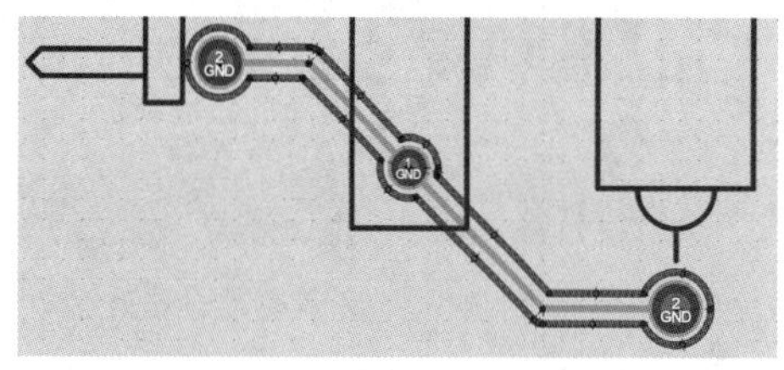

图 7-20 选择包地导线

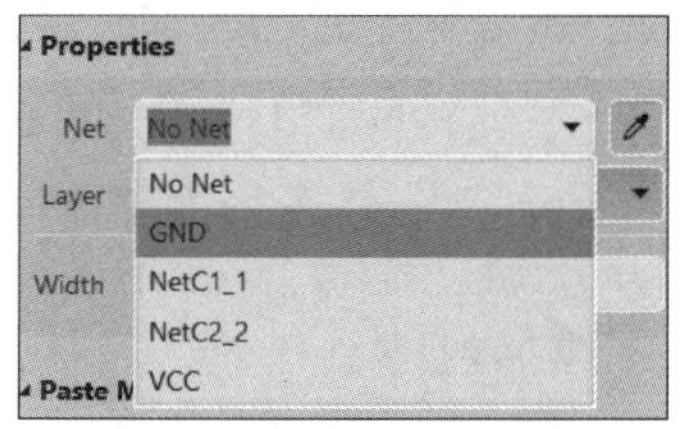


图 7-21 “Net”下拉列表框

### 7.2.7　添加安装孔

添加安装孔

电路板布线完成之后，就可以开始着手添加安装孔。安装孔通常采用过孔形式，并和接地网络连接，以便于后期的调试工作。添加安装孔的操作步骤如下。

（1）执行“Place”→“Via”菜单命令，或者单击快捷工具栏中的放置过孔按钮，或者按快捷键“P+V”，此时鼠标指针将变成十字形状，并带有一个过孔图形。

（2）按 Tab 键，系统弹出图 7-22 所示的“Properties”面板式标签，用户可以对以下选项进行设置。

①“(X/Y)”(过孔的位置)：设置过孔中心点的 X、Y 坐标。

②“Diameter”(过孔外径)：过孔作为安装孔使用，因此过孔内径比较大，设置为 100 mil。

③“Hole Size”(过孔内径)：设置过孔的内径。

通常，安装孔放置在电路板的四个角上，放置完安装孔的电路板如图 7-23 所示。

（3）设置完毕后按 Enter 键，即可放置一个过孔。

（4）此时，鼠标指针仍处于放置过孔状态，可以继续放置其他的过孔。

（5）右击或按 Esc 键即可退出该操作。

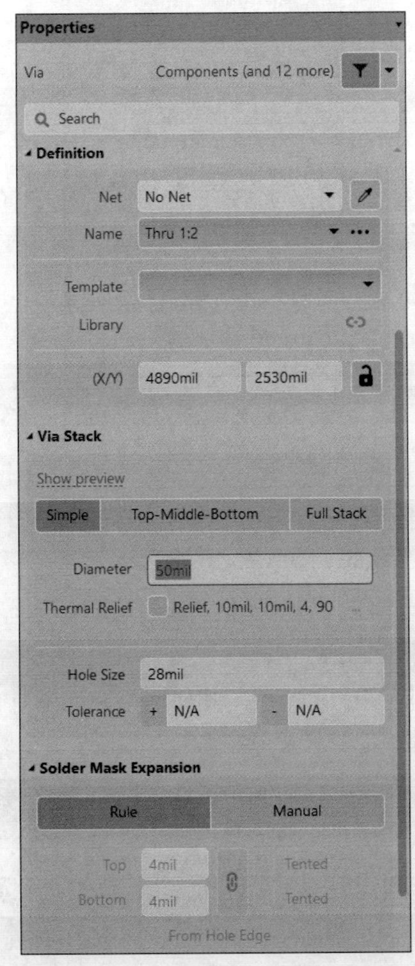


图 7-22　“Properties”面板式标签

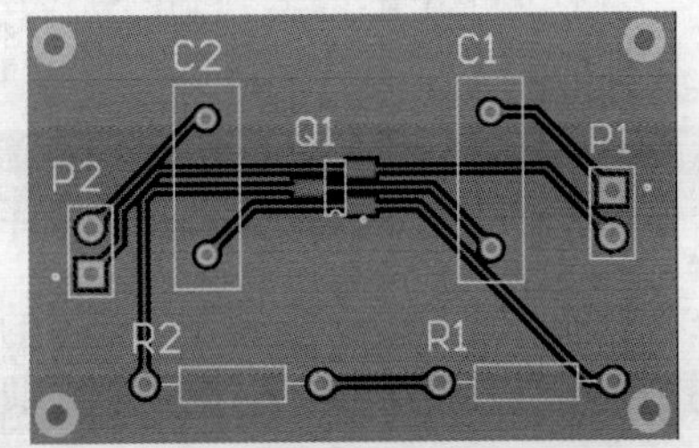


图 7-23　放置完成安装孔的电路板

# 任务 7.3 3D 效果图

手动布局完毕后，可以通过查看 3D 效果图，看看直观的视觉效果，以检查手动布局是否合理。

## 7.3.1 三维效果图显示

在 PCB 编辑器内，执行“View”→“3D Layout Mode”菜单命令，系统显示该 PCB 的 3D 效果图，按住 Shift 键显示旋转图标，在方向箭头上按住鼠标右键，即可旋转电路板，如图 7-24 所示。

在 PCB 编辑器内，单击右下角的“Panel”按钮，在弹出的快捷菜单中执行“PCB”命令，打开“PCB”面板，如图 7-25 所示。

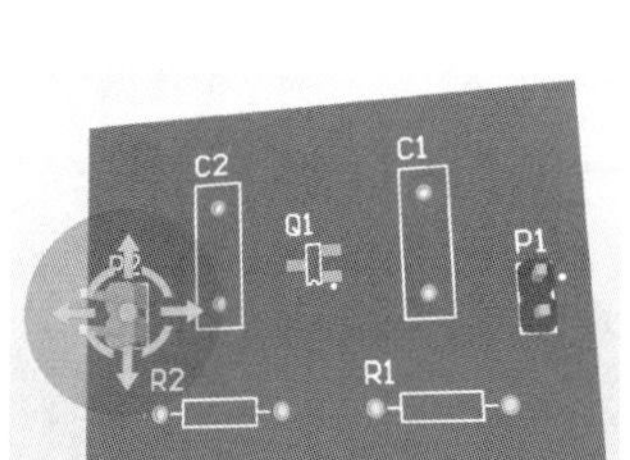


图 7-24 PCB 板 3D 效果图

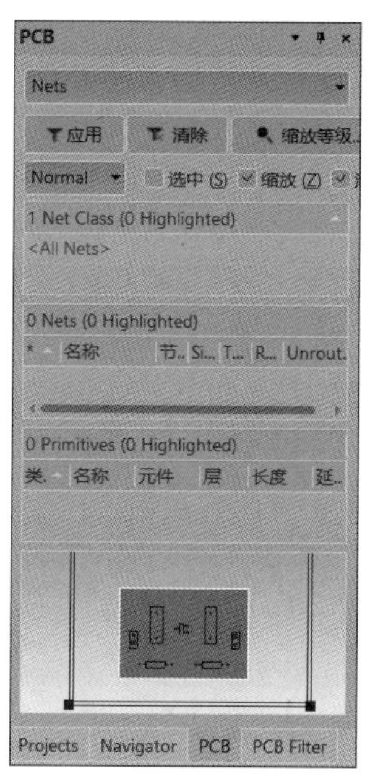


图 7-25 “PCB”面板

在“PCB”面板中显示为“3D Models”，该区域列出了当前 PCB 文件内的所有三维类型。选择其中一个元器件以后，则此网络呈高亮状态，如图 7-26 所示。

（1）对于高亮网络有“Normal”（正常）、“Mask”（遮挡）和“Dim”（变暗）三种显示方式，如图 7-26 所示的框架处，可通过下拉列表框进行选择。

① “Normal”（正常）：直接高亮显示选择的网络或元器件，其他网络及元器件的显示方式不变。

② “Mask”（遮挡）：高亮显示选择的网络或元器件，其他元器件和网络以遮挡方式显示（灰色），这种显示方式更为直观。

③ “Dim”（变暗）：高亮显示选择的网络或元器件，其他元器件和网络按色阶变暗显示。

（2）对于显示控制，有三个控制选项，即“选中”“缩放”“清除”，如图 7-26 所示的框架右边。

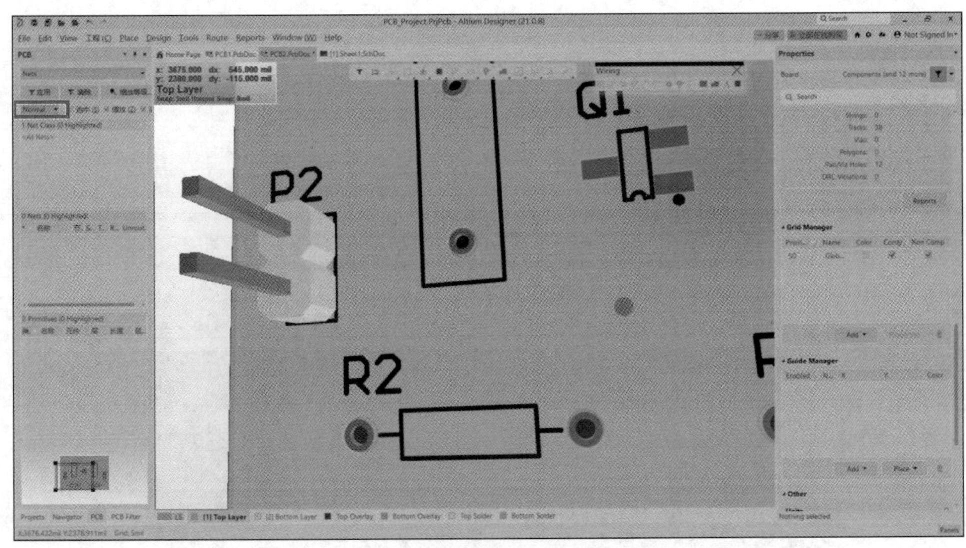

图 7-26　高亮显示元器件

① 选中：勾选该复选框，在高亮显示的同时选中选定的网络或元器件。

② 缩放：勾选该复选框，系统会自动将网络或元器件所在区域完整地显示在可视区域内。如果被选网络或元器件在图中所占区域较小，则会放大显示。

③ 清除：勾选该复选框，系统会自动清除选定的网络或元器件。

### 7.3.2 "View Configuration"（视图设置）面板

在 PCB 编辑器内，单击右下角的"Panel"按钮，在弹出的快捷菜单中执行"View Configuration"（视图设置）命令，打开"View Configuration"（视图设置）面板，设置电路板基本环境。

在"View Configuration"（视图设置）面板"View Options"（视图选项）选项卡中，显示三维面板的基本设置。不同情况下面板显示略有不同，如图 7-27 所示。

1. "General Settings"（通用设置）选项组

（1）在"Configuration"（设置）下拉列表框中可以选择三维视图设置模式，如图 7-28 所示，默认选择"Custom Configuration"（缺省设置）模式。

（2）3D：控制电路板三维模式开关，功能同菜单命令"View"→"3D Layout Mode"。

（3）Signal Layer Mode：控制三维模型中信号层的显示模式，可以打开与关闭单层模式。

（4）Projection：投影显示模式，包括"Orthographic"（正射投影）和"Perspective"（透视投影）。

（5）Show 3D Bodies：控制是否显示元器件的三维模型。

2. 3D Setting（三维设置）选项组

（1）Board thickness（Scale）：通过拖动滑动块，设置电路板的厚度，其将按比例显示。

（2）Color：设置电路板颜色模式，包括“Realistic”（逼真）和“By Layer”（随层）。

3. “Mask and Dim Setting”（屏蔽和调光设置）选项组

（1）Dim Objects（屏蔽对象）：设置对象屏蔽程度。

（2）Highlighted Objects（高亮对象）：设置对象高亮程度。

（3）Mask Objects（调光对象）：设置对象调光程度。

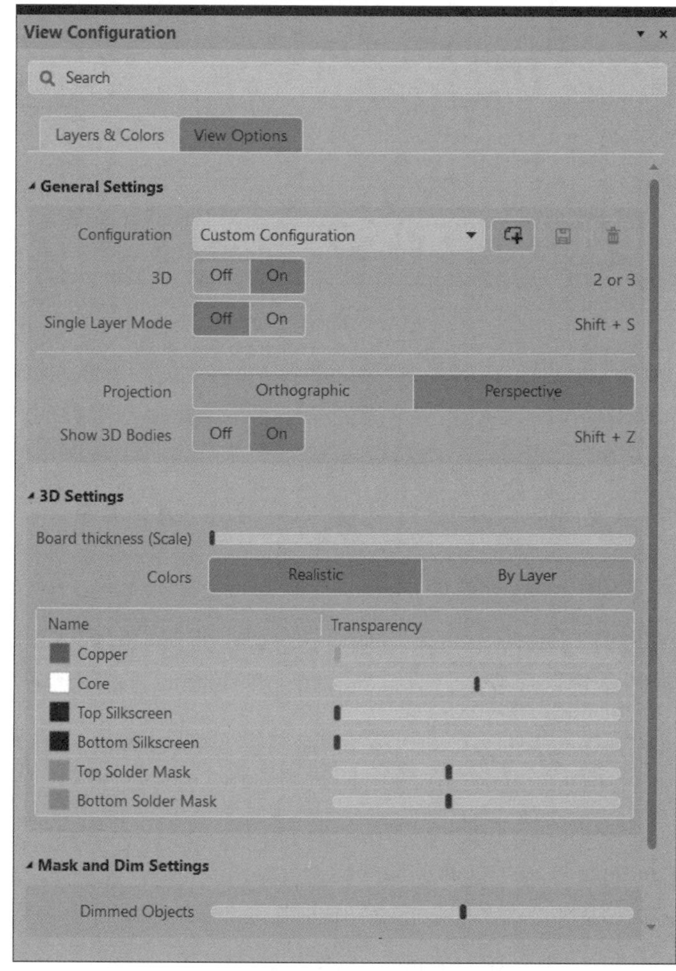


图 7-27 “View Options”（视图选项）选项卡

图 7-28 三维视图模式

### 7.3.3　三维动画制作

使用动画来生成元器件在电路板中指定零件点到点运动的简单动画。下面介绍通过拖动时间栏并旋转缩放电路板生成基本动画的方法。

在 PCB 编辑器内，单击右下角的“Panel”按钮，在弹出的快捷菜单中执行“PCB 3D Movie Editor”（电路板三维动画编辑器）命令，打开“PCB 3D Movie Editor”（电路板三维动画编辑器）面板，如图 7-29 所示。

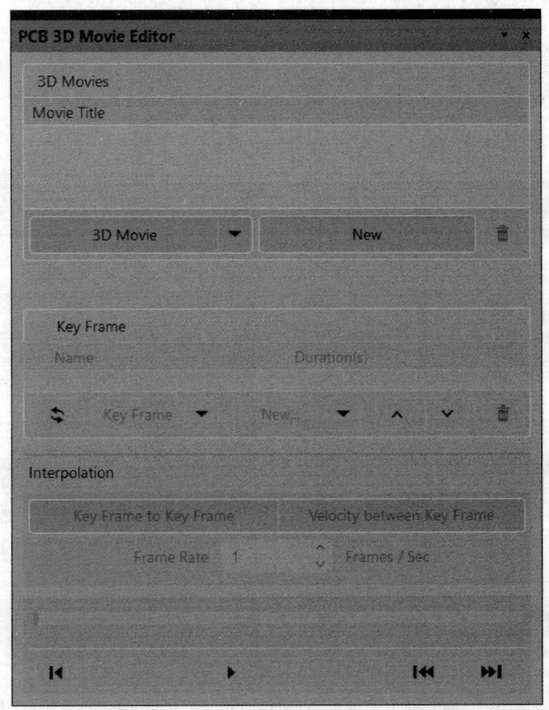


图 7-29　“PCB 3D Movie Editor”面板

1. “Movie Title”（动画标题）区域

在“3D Movie”（三维动画）按钮下执行“New”（新建）菜单命令或单击“New”（新建）按钮，在该区域创建 PCB 文件的三维模型动画，默认动画名称为“PCB 3D Video”。如图 7-30 所示。

2. “PCB 3D Video”（动画）区域

在该区域创建动画关键帧。在“Key Frame”（关键帧）按钮下执行“New”（新建）→“Add”（添加）菜单命令或单击“New”（新建）→“Add”（添加）按钮，创建第一个关键帧，如图 7-31 所示。

3. 再添加关键帧

单击“New”（新建）→“Add”（添加）按钮，继续添加关键帧，将时间设置为 3s，按住鼠标中键拖动，在视图中将视图进行缩放。

4. 继续添加关键帧

单击“New”（新建）→“Add”（添加）按钮，继续添加关键帧，将时间设置为 3s，按住 Shift 键与鼠标右键，在视图中将视图旋转。

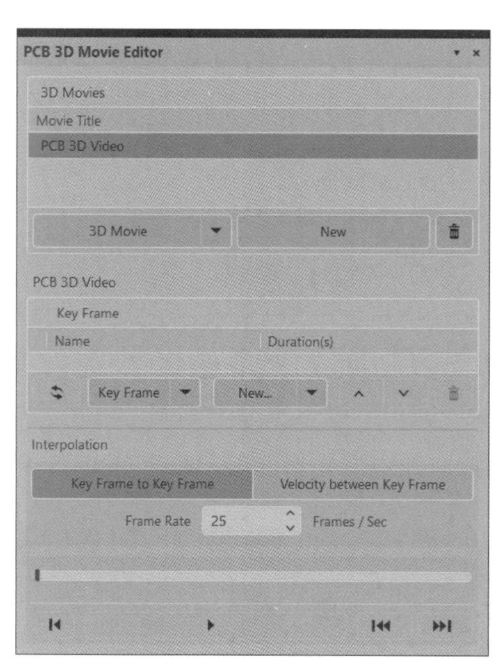


图 7-30　新建“PCB 3D Video”

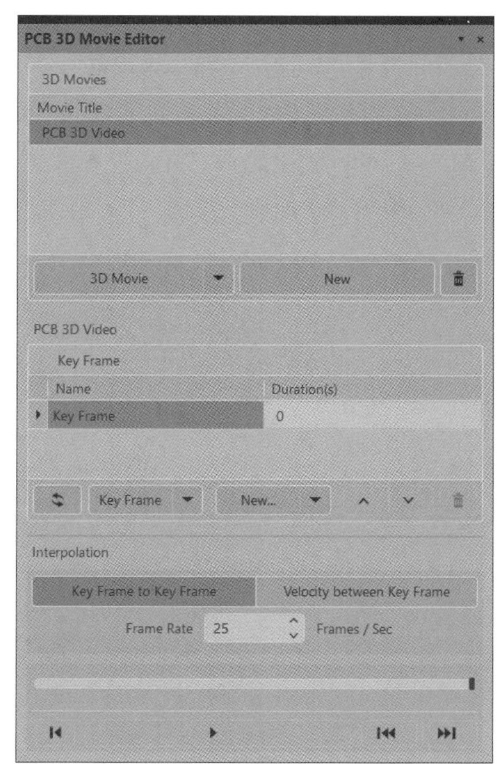


图 7-31　新建动画关键帧

### 7.3.4　三维 PDF 输出

（1）在 PCB 文件下，执行“File”→“Export”→“PDF 3D”菜单命令，弹出如图 7-32 所示的“Export File”（输出文件）对话框，输出电路板的三维模型 PDF 文件。

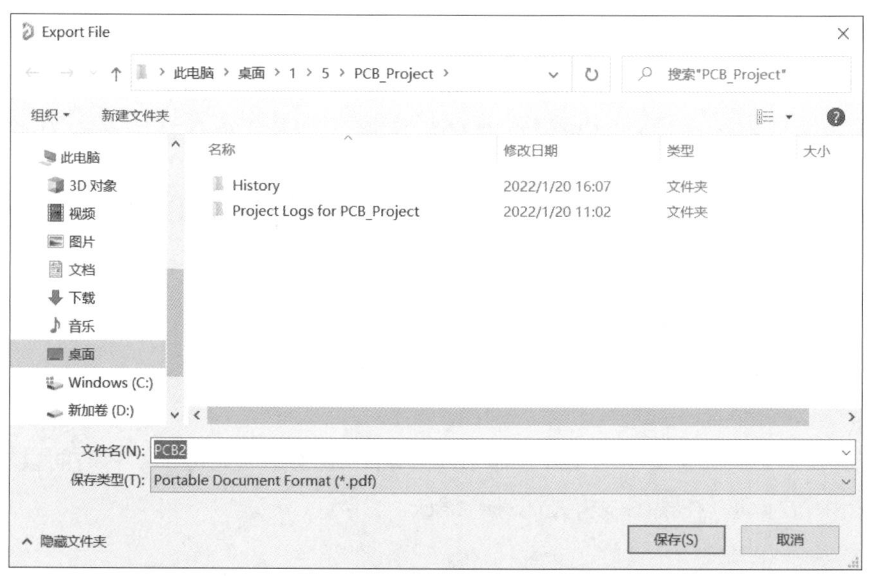


图 7-32　“Export File”（输出文件）对话框

（2）单击“保存”按钮，弹出“Export 3D”对话框。在该对话框中还可以选择 PDF 文件中显示的视图，进行页面设置，设置输出文件中的对象，如图 7-33 所示。单击“Export”按钮，即完成 PDF 输出。

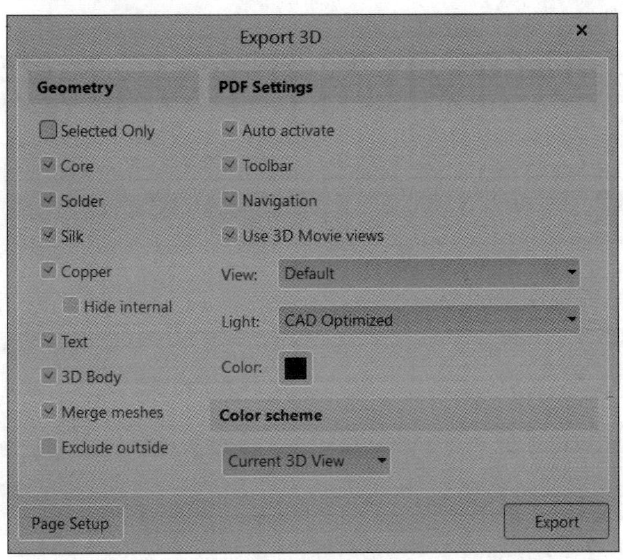


图 7-33 “Export 3D”对话框

## 国之骄傲，行业引领

### 复兴号电力动车组——中国研发的高速列车

2017 年 6 月 26 日，在京沪高铁两端的北京南站和上海虹桥站，“复兴号”双向首发。新一代标准动车组“复兴号”是中国自主研发、具有完全知识产权的新一代高速列车，它集成了大量现代国产高新技术，牵引、制动、网络、转向架、轮轴等关键技术实现重要突破，是中国科技创新的又一重大成果。

“复兴号”设置智能化感知系统，建立强大的安全监测系统，全车部署了 2500 余项监测点，比以往监测点最多的车型还多出约 500 个，能够对走行部状态、轴承温度、冷却系统温度、制动系统状态、客室环境进行全方位实时监测。它可以采集各种车辆状态信息 1500 余项，为全方位、多维度故障诊断、维修提供支持。此外，列车出现异常时，可自动报警或预警，并能根据安全策略自动采取限速或停车措施。在车头部和车厢连接处，还增设了碰撞吸能装置，如在低速运行中出现意外碰撞时，可通过装置变形，提高动车组的被动防护能力。

## 思考与练习

1. 简述泪滴操作过程。
2. 将图 6-80 中设计出来的 PCB 图，显示出 3D 效果图。

# 项目 8　印刷电路板的后期处理

**学习目标**

★ 掌握 DRC 的设置方法；
★ 掌握检查报告的生成过程；
★ 掌握 PCB 的输出打印方法。

**能力目标**

★ 能掌握 DRC 的设置方法；
★ 能掌握电路板的测量方法；
★ 能完成多种报表的输出。

**思政目标**

★ 具备精益求精的工匠精神；
★ 具备勤奋自律的自主学习能力；
★ 具备强烈的质量意识、标准意识；
★ 具备良好的团队协作能力。

## 任务 8.1　电路板的测量

Altium Designer 21 提供了电路板上的测量工具，方便设计电路时进行检查。测量功能在“Reports”菜单中，其中的测量部分如图 8-1 所示。

Measure Distance　Ctrl+M
Measure Primitives
Measure Selected Objects

图 8-1　“Reports”菜单的测量部分

### 8.1.1　测量电路板上两点间的距离

测量电路板两点间的距离

测量电路板上两点间的距离是通过执行“Reports”→“Measure Distance”菜单命令来实现的，如图 8-2 所示，此时鼠标变成十字形状出现在工作窗口中，在工作区单击需要测量的起点和终点位置，就会弹出测量结果，如图 8-3 所示。

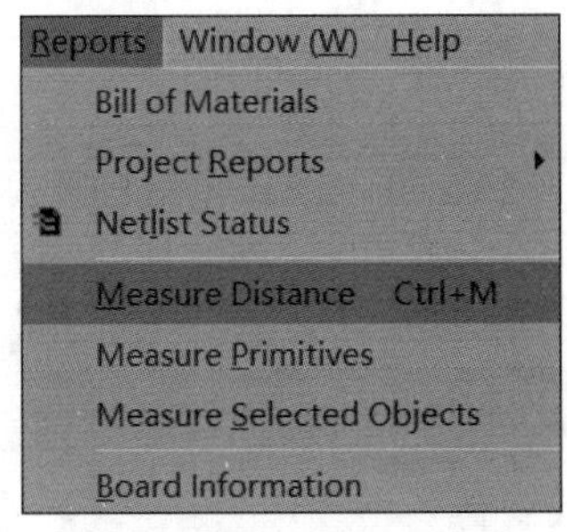


图 8-2 “Reports”菜单

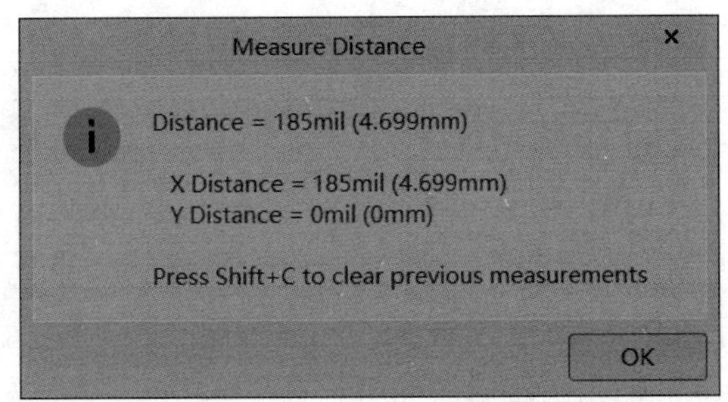


图 8-3 电路板上两点间的距离

### 8.1.2 测量电路板上对象间的距离

测量电路板上两点间的距离是通过执行“Reports”→“Measure Primitives”菜单命令来实现的，如图 8-3 所示，此时鼠标变成十字形状出现在工作窗口中，在工作区分别单击两个测量对象的焊盘，就会弹出测量结果，如图 8-4 所示。

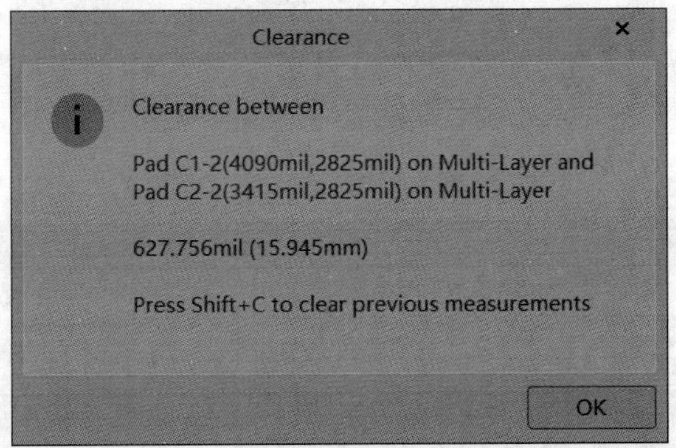


图 8-4 测量电路板上对象间的距离

### 8.1.3 测量电路板上导线的长度

测量电路板上导线的长度是通过执行“Reports”→“Measure Selected Objects”菜单命令来实现的，如图 8-5 所示，此时鼠标变成十字形状出现在工作窗口中，在工作区单击某个导线即可出现如图 8-5 所示的结果。

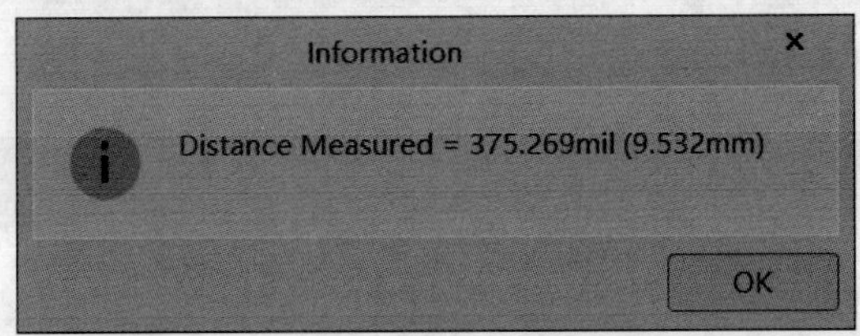


图 8-5 测量电路板上导线的长度

## 任务 8.2 设计规则检查

电路板设计完成之后，为了保证所进行的设计工作，如组件的布局、布线等符合所定义的设计规则，Altium Designer 21 提供了设计规则检查功能（Design Rule Check,

DRC），可对 PCB 的完整性进行检查。

### 8.2.1 DRC 的设置

设计规则检查可以测试各种违反走线规则的情况，如安全错误、未走线网络、宽度错误、长度错误、影响制造和信号完整性的错误。启动设置规则检查 DRC 的方法是：执行“Tools”→”Design Rule Check...”菜单命令，将打开“设计规则检查器”对话框，如图 8-6 所示。该对话框中左边是设计项，右边是具体的设计内容。

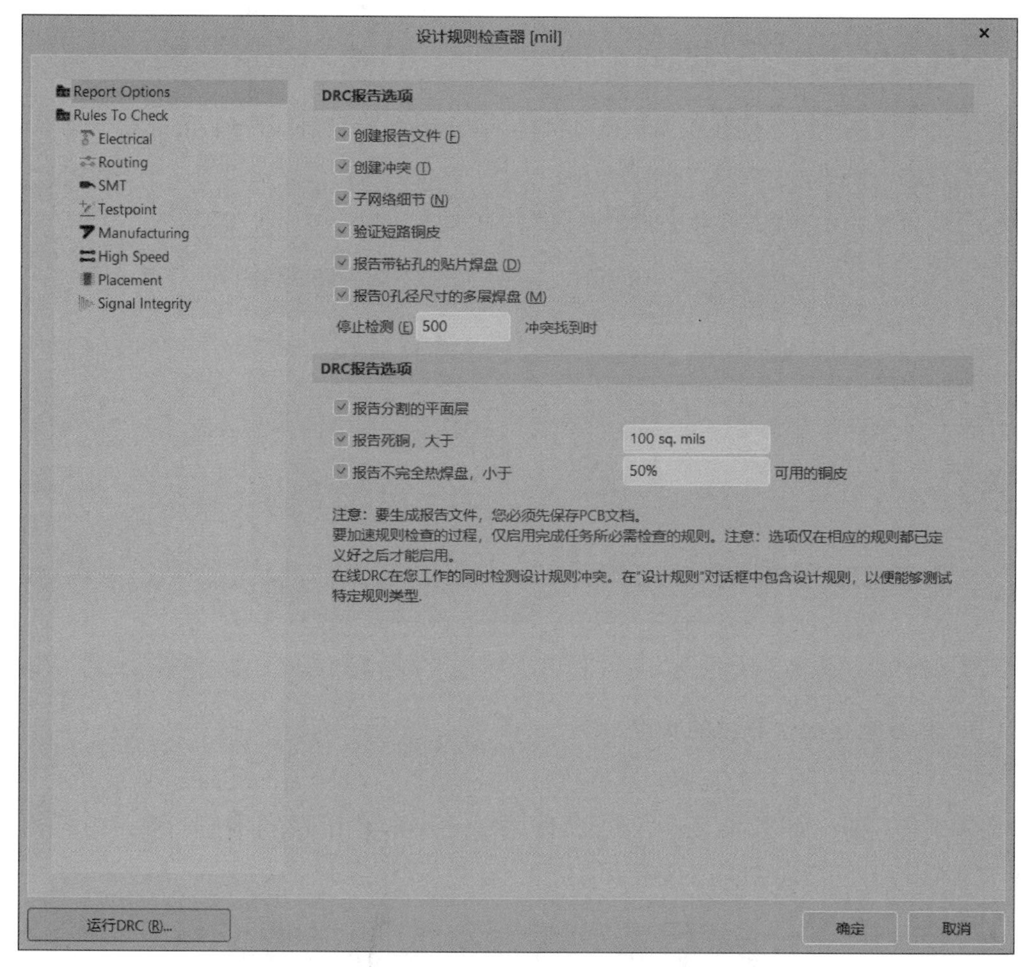


图 8-6 “设计规则检查器”对话框

1. Report Options 标签

在对话框左侧列表中单击“Report Options”（报告选项）文件夹目录，即显示 DRC 报告选项的具体内容。这里的选项是对 DRC 报告的内容和方式的设置，一般都应保持默认选择状态。其中一些选项的功能如下。

（1）“创建报告文件”复选框：运行批处理 DRC 后会自动生成报告文件（设计名 .DRC），包含本次 DRC 运行中使用的规则、违例数量和细节描述。

（2）“创建冲突”复选框：能在违例对象和违例消息之间直接建立链接，使用户可以直接通过“Messages”（信息）面板中的违例消息进行错误定位，找到违例对象。

（3）“子网络细节”复选框：对网络连接关系进行检查并生成报告。

（4）“验证短路铜皮”复选框：对覆铜或非网络连接造成的短路进行检查。

2. Rules To Check 标签

该页列出了八项设计规则，如图 8-7 所示，分别是“Electrical”（电气规则）、“Routing”（布线规则）、“SMT”（表贴式元器件规则）、“Testpoint”（测试点规则）、“Manufacturing”（制板规则）、“High Speed”（高频电路规则）、“Placement”（布局规则）、“Signal Integrity”（信号完整性分析规则）。这些设计规则都是在 PCB 设计规则和约束对话框中定义的设计规则。选择对话框左边的各选择项，详细内容在右边的窗口中显示出来，这些显示包括规则、种类等。“在线”列表示该规则是否在电路板设计的同时进行同步检查，即在线方法的检查。而“批量”列表示在运行 DRC 检查时要进行检查的项目。

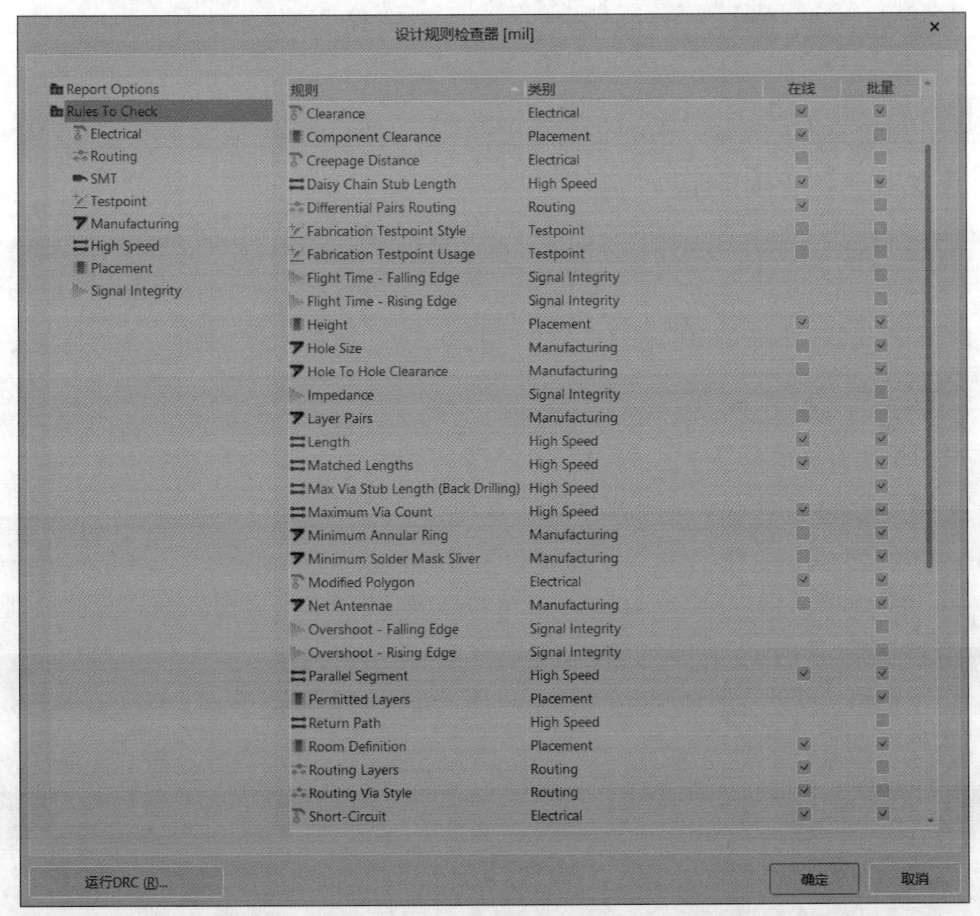


图 8-7　选择设计规则

### 8.2.2　生成检查报告

在“设计规则检查器”对话框中单击“运行 DRC”按钮，将进入规则检查。系统将打开“Messages”对话框，在这里列出了所有违反规则的信息项。其中，包括所违反的设计规则的种类、所在文件、错误信息、序号等，如图 8-8 所示。

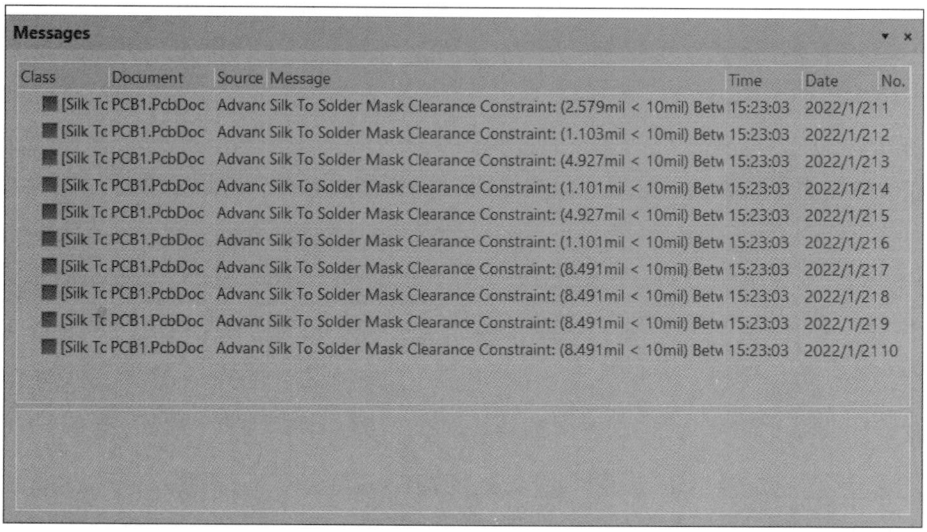

Messages

| Class | Document | Source | Message | Time | Date | No. |
|---|---|---|---|---|---|---|
| [Silk Tc | PCB1.PcbDoc | Advanc | Silk To Solder Mask Clearance Constraint: (2.579mil < 10mil) Betw | 15:23:03 | 2022/1/21 | 1 |
| [Silk Tc | PCB1.PcbDoc | Advanc | Silk To Solder Mask Clearance Constraint: (1.103mil < 10mil) Betw | 15:23:03 | 2022/1/21 | 2 |
| [Silk Tc | PCB1.PcbDoc | Advanc | Silk To Solder Mask Clearance Constraint: (4.927mil < 10mil) Betw | 15:23:03 | 2022/1/21 | 3 |
| [Silk Tc | PCB1.PcbDoc | Advanc | Silk To Solder Mask Clearance Constraint: (1.101mil < 10mil) Betw | 15:23:03 | 2022/1/21 | 4 |
| [Silk Tc | PCB1.PcbDoc | Advanc | Silk To Solder Mask Clearance Constraint: (4.927mil < 10mil) Betw | 15:23:03 | 2022/1/21 | 5 |
| [Silk Tc | PCB1.PcbDoc | Advanc | Silk To Solder Mask Clearance Constraint: (1.101mil < 10mil) Betw | 15:23:03 | 2022/1/21 | 6 |
| [Silk Tc | PCB1.PcbDoc | Advanc | Silk To Solder Mask Clearance Constraint: (8.491mil < 10mil) Betw | 15:23:03 | 2022/1/21 | 7 |
| [Silk Tc | PCB1.PcbDoc | Advanc | Silk To Solder Mask Clearance Constraint: (8.491mil < 10mil) Betw | 15:23:03 | 2022/1/21 | 8 |
| [Silk Tc | PCB1.PcbDoc | Advanc | Silk To Solder Mask Clearance Constraint: (8.491mil < 10mil) Betw | 15:23:03 | 2022/1/21 | 9 |
| [Silk Tc | PCB1.PcbDoc | Advanc | Silk To Solder Mask Clearance Constraint: (8.491mil < 10mil) Betw | 15:23:03 | 2022/1/21 | 10 |

图 8-8 “Messages”对话框

## 任务 8.3 电路板的报表输出

PCB 报表是了解印刷电路板详细信息的重要资料。该软件的 PCB 设计系统提供了生成各种报表的功能，它可以向用户提供有关设计过程及设计内容的详细资料。这些资料主要包括设计过程中的电路板状态信息、引脚信息、元器件封装信息、网络信息及布线信息等。

### 8.3.1 PCB 信息报表

PCB 信息报表对 PCB 的元器件网络和一般细节信息进行汇总报告。单击右侧“Properties”（属性）按钮，打开“Properties”（属性）面板“Board”（板）属性编辑，在“Board Information”（板信息）选项组中显示 PCB 文件中元器件和网络的完整细节信息，选定对象时显示的部分，如图 8-9 所示。

（1）汇总了 PCB 上的各类元器件，如导线、过孔、焊盘类的数量，报告了电路板的尺寸信息和 DRC 违例数量。

（2）报告了 PCB 上元器件的统计信息，包括元器件总数、各层放置数目和元器件标号列表。

（3）列出了电路板的网络统计，包括导入网络总数和网络名称列表。

（4）执行“Reports”→“Board Information”菜单命令，系统将弹出图 8-10 所示的“板级报告”对话框，通过该对话框可以生成 PCB 信息的报表文件，在该对话框的列表框中选择要包含在报表文件中的内容。勾选“仅选择对象”复选框时，报告中列出当前电路板中已经处于选择状态下的元器件信息。在“板级报告”对话框中单击“报告”按钮，系统将生成 Board Information Report（板信息报告）的报表文件，并自动在工作区内打开，PCB 信息报表如图 8-11 所示。

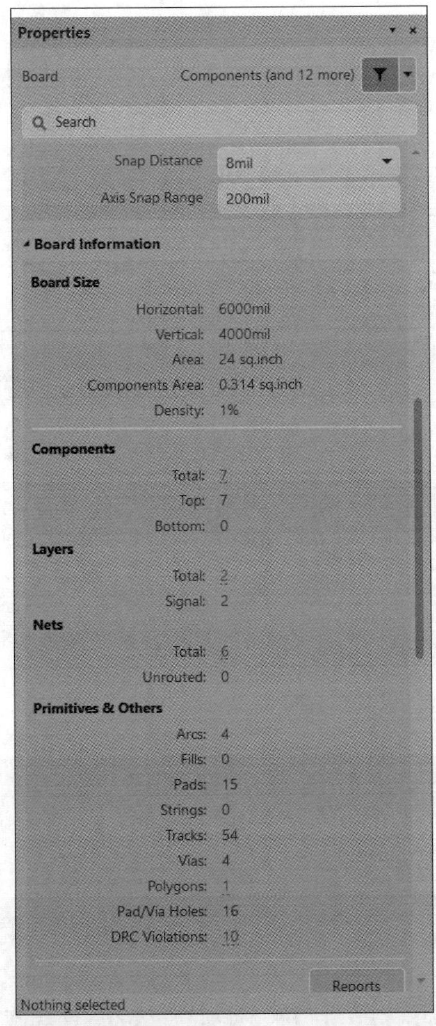


图 8-9 “Board Information”（板信息）属性编辑

板级报告

检查你希望包含在报告内的项目

Board Specifications
Layer Information
Layer Pair
Copper Area
Non-Plated Hole Size
Plated Hole Size
Non-Plated Slot Size
Plated Slot Size
Non-Plated Square Holes Size
Plated Square Holes Size
Top Layer Annular Ring Size
Mid Layer Annular Ring Size
Bottom Layer Annular Ring Size
Pad Solder Mask
Pad Paste Mask
Pad Pwr/Gnd Expansion

全部关闭 (O)　全部开启 (A)　仅选择对象 (S)

报告　关闭

图 8-10 “板级报告”对话框

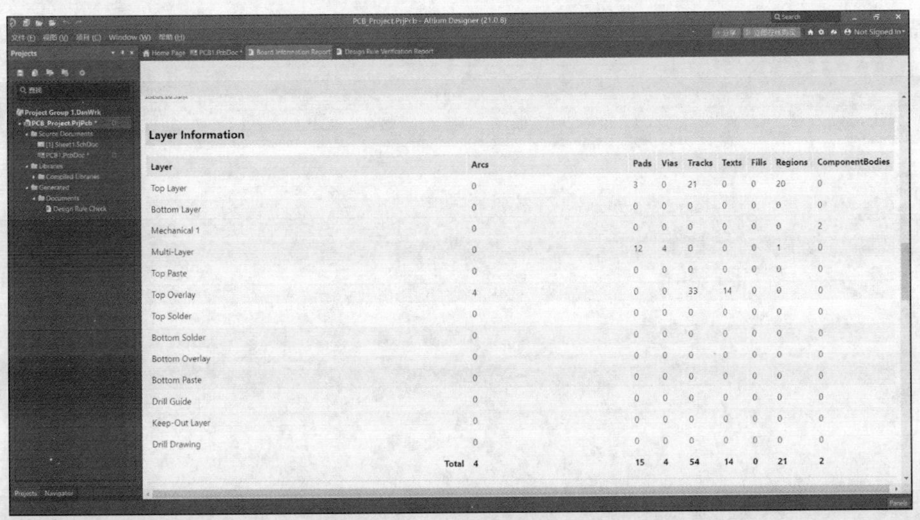

Layer Information

| Layer | Arcs | Pads | Vias | Tracks | Texts | Fills | Regions | ComponentBodies |
|---|---|---|---|---|---|---|---|---|
| Top Layer | 0 | 3 | 0 | 21 | 0 | 0 | 20 | 0 |
| Bottom Layer | 0 | 0 | 0 | 0 | 0 | 0 | 0 | 0 |
| Mechanical 1 | 0 | 0 | 0 | 0 | 0 | 0 | 0 | 2 |
| Multi-Layer | 0 | 12 | 4 | 0 | 0 | 0 | 1 | 0 |
| Top Paste | 0 | 0 | 0 | 0 | 0 | 0 | 0 | 0 |
| Top Overlay | 4 | 0 | 0 | 33 | 14 | 0 | 0 | 0 |
| Top Solder | 0 | 0 | 0 | 0 | 0 | 0 | 0 | 0 |
| Bottom Solder | 0 | 0 | 0 | 0 | 0 | 0 | 0 | 0 |
| Bottom Overlay | 0 | 0 | 0 | 0 | 0 | 0 | 0 | 0 |
| Bottom Paste | 0 | 0 | 0 | 0 | 0 | 0 | 0 | 0 |
| Drill Guide | 0 | 0 | 0 | 0 | 0 | 0 | 0 | 0 |
| Keep-Out Layer | 0 | 0 | 0 | 0 | 0 | 0 | 0 | 0 |
| Drill Drawing | 0 | 0 | 0 | 0 | 0 | 0 | 0 | 0 |
| Total | 4 | 15 | 4 | 54 | 14 | 0 | 21 | 2 |

图 8-11　PCB 信息报表

### 8.3.2 元器件清单报表

执行“Reports”→“Bill of Materials”（材料清单）菜单命令，系统弹出“元器件清单报表”设置对话框，如图 8-12 所示。

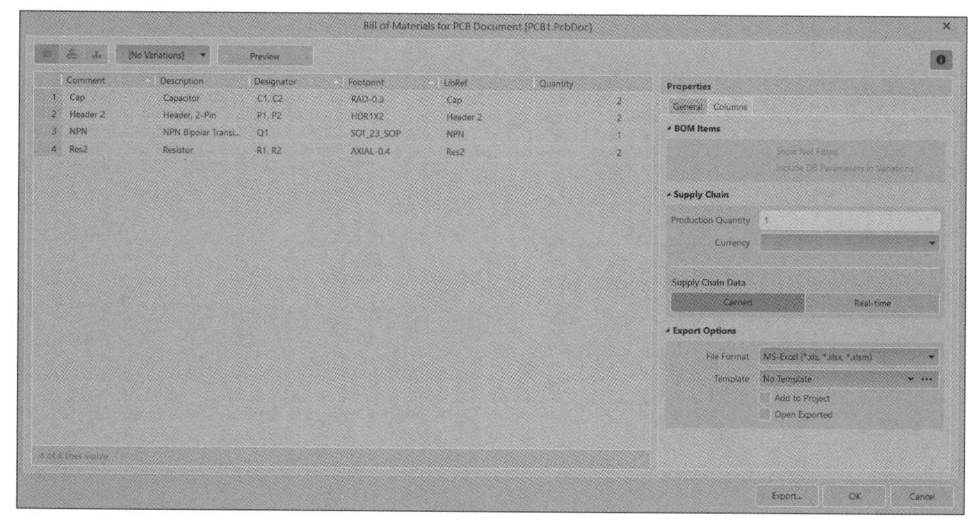


图 8-12 “元器件清单报表”设置对话框

在该对话框中，可以设置元器件清单。右侧两个选项卡含义如下。

（1）“General”（通用）选项卡：一般用于设置常用参数。

（2）“Columns”（纵队）选项卡：用于列出系统提供的所有元器件属性信息，如“Description”（元器件描述信息）、“Component Kind”（元器件种类）等。

### 8.3.3 网络表状态报表

网络表状态报表列出了当前 PCB 文件中所有的网络，并说明了它们所在的层面和网络中导线的总长度。执行“Reports”→“Netlist Status”菜单命令，生成的结果如图 8-13 所示。

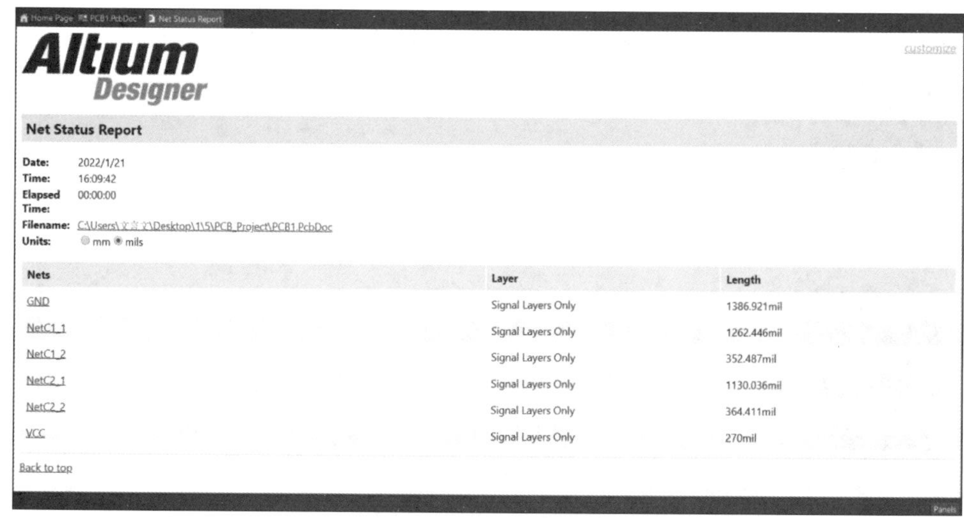


| Nets | Layer | Length |
| --- | --- | --- |
| GND | Signal Layers Only | 1386.921mil |
| NetC1_1 | Signal Layers Only | 1262.446mil |
| NetC1_2 | Signal Layers Only | 352.487mil |
| NetC2_1 | Signal Layers Only | 1130.036mil |
| NetC2_2 | Signal Layers Only | 364.411mil |
| VCC | Signal Layers Only | 270mil |



图 8-13 网络表状态报表

## 任务 8.4　电路板的打印输出

完成了 PCB 图的设计后，需要将 PCB 图输出以生成印刷板和焊接元器件。这就需要首先设置打印机的类型、纸张的大小和电路图的设定等，然后进行后续的打印输出。

（1）首先激活 PCB 图为当前文档，然后执行“File”→“页面设置”菜单命令，将打开“Composite Properties”对话框，如图 8-14 所示。可以在该对话框中指定页面方向（纵向或横向）和页边距，还可以指定纸张大小和来源，或者改变打印机属性。

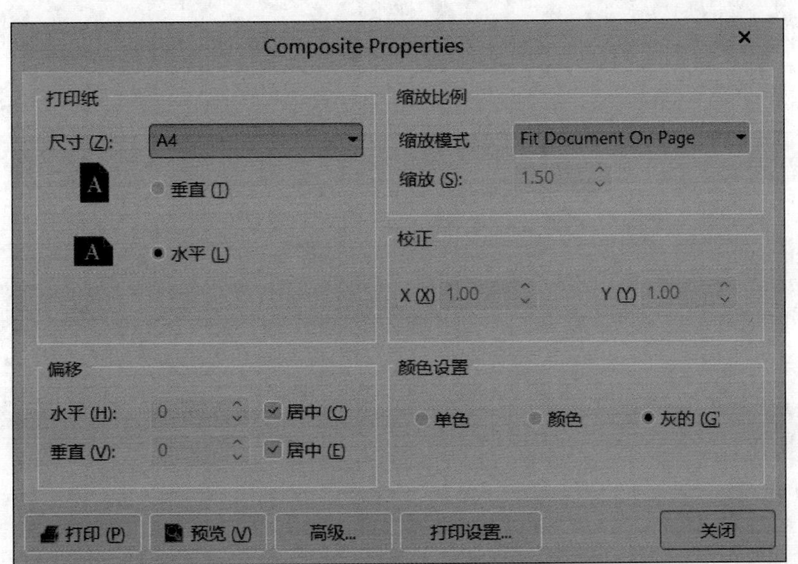


图 8-14　“Composite Properties”对话框

电路板的打印输出

（2）“打印纸”设置：在“打印纸”选项区域中，单击尺寸列表框后，在出现的下拉列表中选择打印纸张的尺寸，如图 8-15 所示。“垂直”和“水平”单选按钮用来设置纸张的打印方式是垂直还是水平。

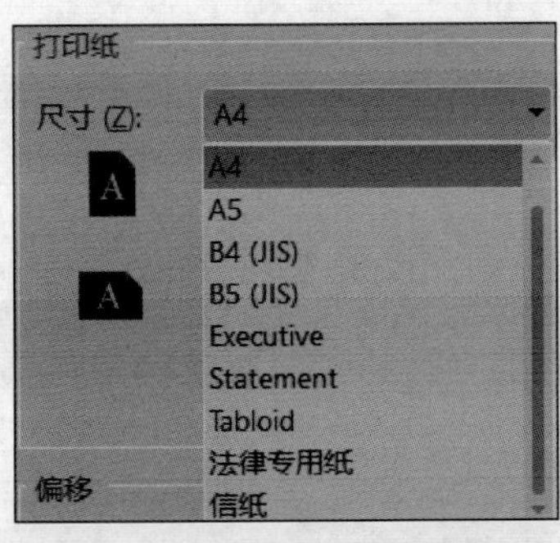


图 8-15　打印纸张的尺寸

（3）“高级选项”设置：单击“Composite Properties”对话框中的“高级 ...”按钮，将打开“PCB 打印输出属性”对话框，如图 8-16 所示。在该对话框中可设置要输出的工作层面的类型，设置好输出层面后，单击“确认”按钮确认操作。

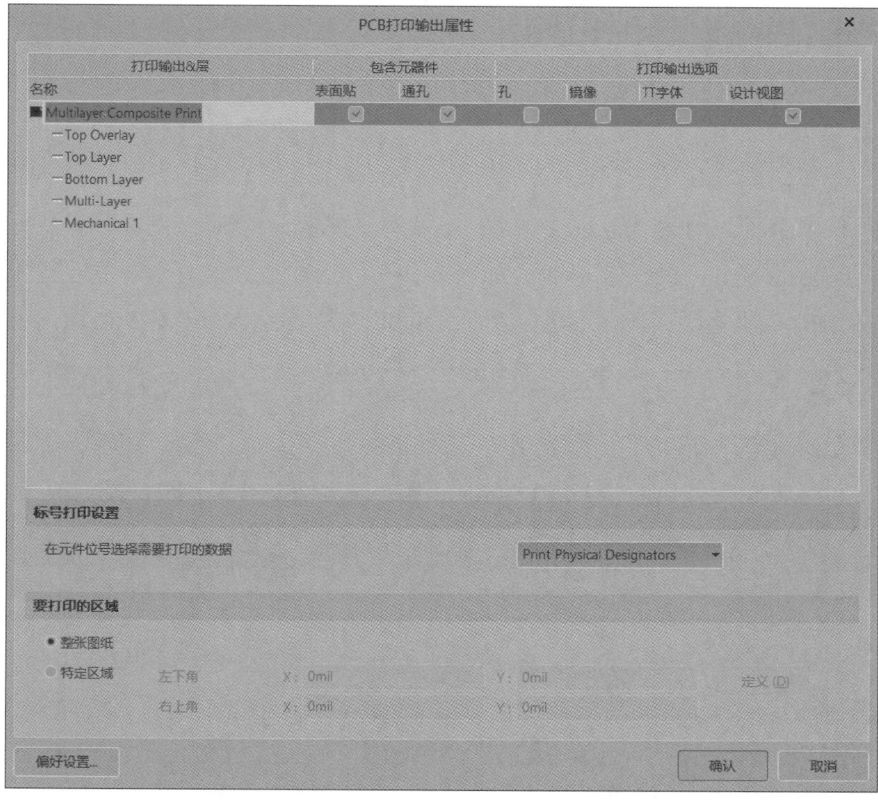


图 8-16 “PCB 打印输出属性”对话框

（4）“预览”设置：在进行上述页面设置和打印设置后，可以首先预览一下打印效果，单击“Composite Properties”对话框中“预览”按钮，即可获得打印预览效果，如图 8-17 所示。

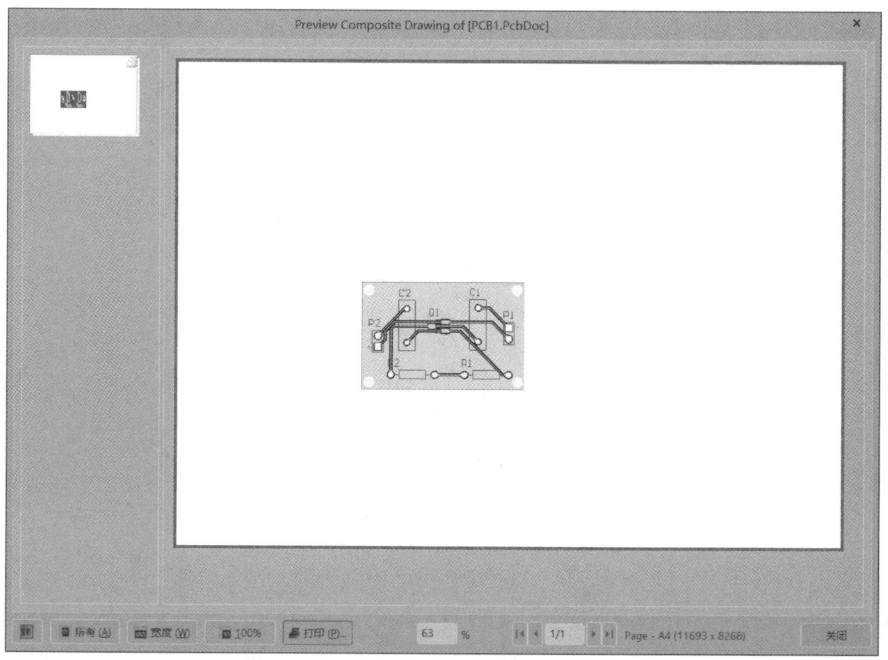


图 8-17 打印预览

（5）单击“预览”窗口中的“打印”按钮，或单击“Composite Properties”对话框中的“打印”按钮，都将会打开“Printer Configuration for”对话框，如图 8-18 所示。

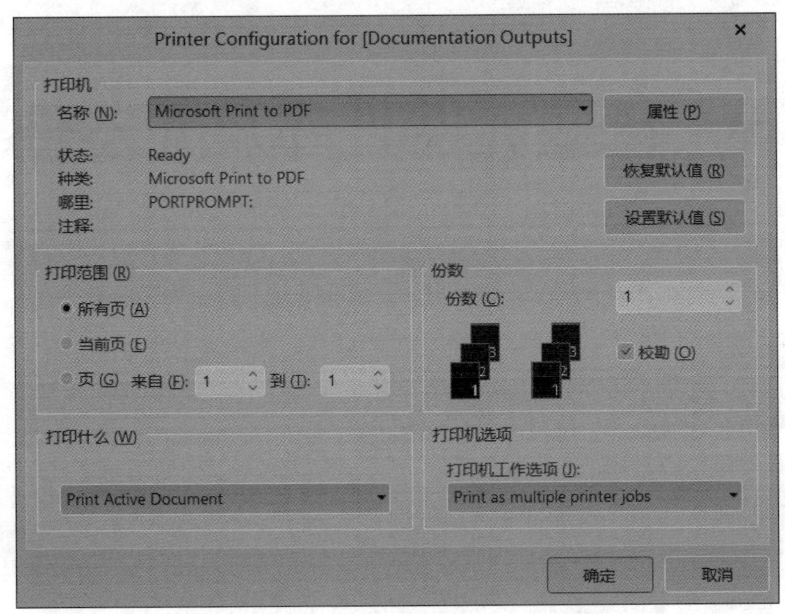


图 8-18　“Printer Configuration for”对话框

（6）单击“确定”按钮，完成打印工作。

## 国之骄傲，行业引领

### 嫦娥五号——中国首个实施无人月面取样返回的月球探测器

2020 年 11 月 24 日，长征五号遥五运载火箭搭载嫦娥五号探测器成功发射升空并将其送入预定轨道。12 月 17 日凌晨，嫦娥五号返回器携带月球样品着陆地球。嫦娥五号任务是中国探月工程的第六次任务，也是中国航天最复杂、难度最大的任务（截至 2020 年 12 月），实现了中国首次月球无人采样返回，助力月球成因和演化历史等科学研究。

嫦娥五号探测器总重 8.2 t，由轨道器、返回器、着陆器、上升器四部分组成，后续在经历地月转移、近月制动、环月飞行后，着陆器和上升器组合体将与轨道器和返回器组合体分离，轨道器携带返回器留轨运行，着陆器承载上升器择机实施月球正面预选区域软着陆，按计划开展月面自动采样等后续工作。

## 思考与练习

1. 概述各种 PCB 报表的生成方法。
2. 对图 6-80 中所绘制的 PCB 图使用设计规则检查操作，生成检查报告。

# 项目 9　创建元器件库及元器件封装

学习目标

★ 掌握元器件封装库的编辑器使用方法；
★ 掌握封装的绘制方法；
★ 掌握封装报表文件的输出方法。

能力目标

★ 能根据要求使用向导创建元器件封装；
★ 能掌握不规则封装的绘制方法；
★ 能熟练地应用绘制好的封装。

思政目标

★ 具备严谨细致、精益求精的工匠精神；
★ 具备自主创新的学习能力；
★ 具备规范操作意识；
★ 具备良好的团队协作能力。

虽然 Altium Designer 提供了丰富的元器件封装库资源，但是在实际的电路设计中，由于电子元器件技术的不断更新，一些特定的元器件封装仍需设计与绘制。另外根据工程项目的需要，建立基于该项目的元器件封装库，有利于在以后的设计中更加方便快速地调入元器件封装、管理工程文件。

## 任务 9.1　元器件封装库编辑器

在制作元器件封装之前，首先需要启动元器件封装编辑器。启动步骤如下。

（1）执行菜单命令“文件”→“新的 ...”→“库”→“PCB 元器件库”，如图 9-1 所示，就可以启动元器件封装编辑器，如图 9-2 所示。

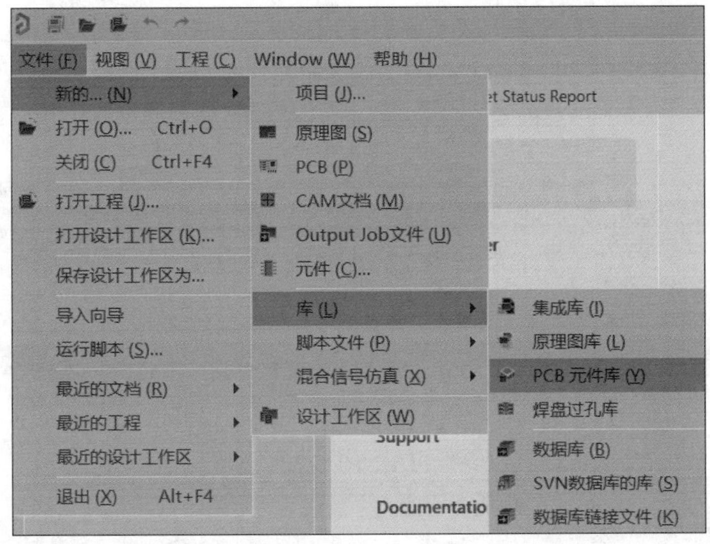


图 9-1　添加 PCB 元器件库

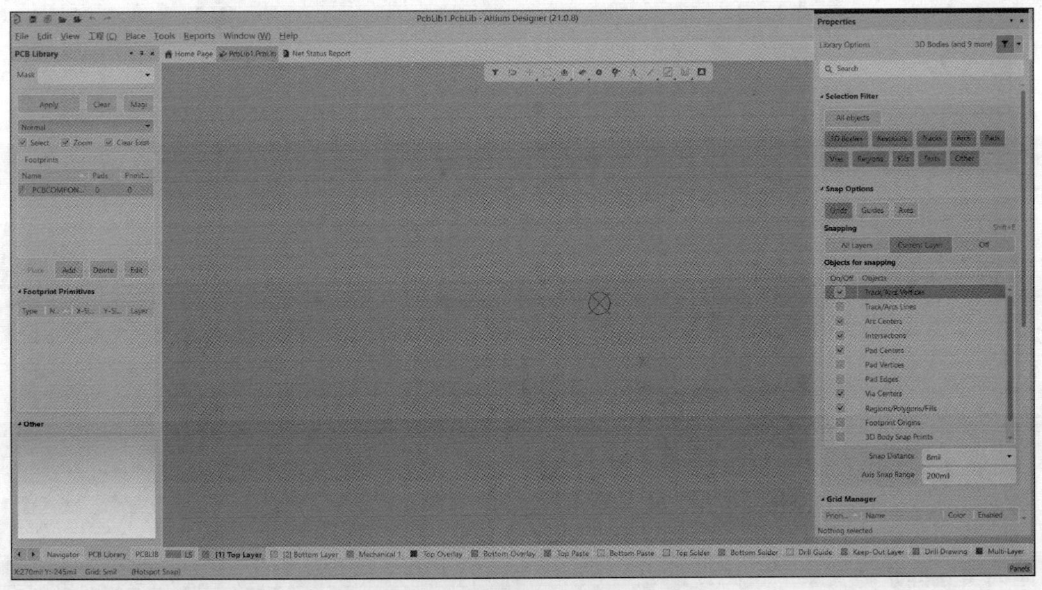


图 9-2　元器件封装编辑器界面

（2）保存元器件封装库，元器件封装库文件的扩展名为 .PcbLib，系统默认的文件名为 PcbLib1.PcbLib，保存时可以重命名再保存。

## 任务 9.2　手工创建元器件封装

元器件封装由焊盘和图形两部分组成，这里以图 9-3 所示元器件封装为例，介绍手工创建元器件封装的方法。

手工创建元器件封装

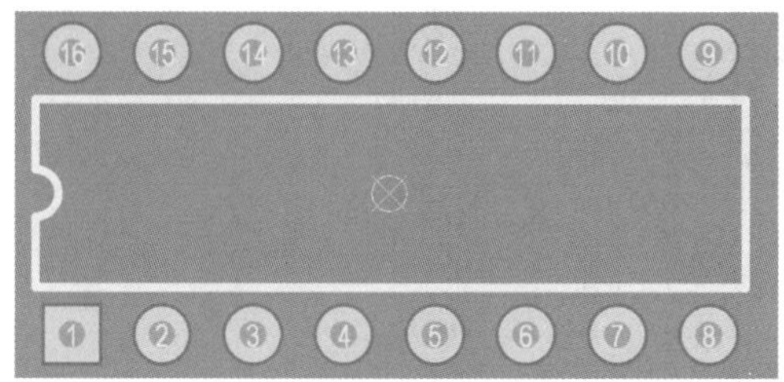

图 9-3　手工创建元器件封装实例

1. 新建元器件封装

在 PCB Library 面板中的“Footprints”列表框内单击“Edit”，如图 9-4 所示，系统则弹出如图 9-5 所示的“PCB 库封装”对话框，用户可以修改元器件的名称、描述、类型和高度等信息，在此输入封装名称“DIP-16”。

图 9-4　元器件列表框

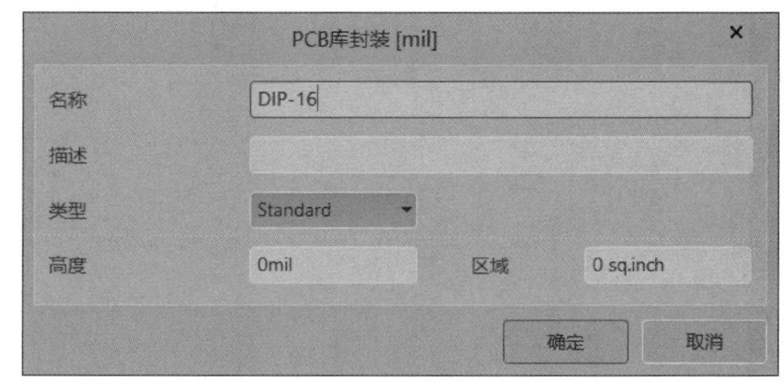


图 9-5　“PCB 库封装”对话框

2. 放置焊盘

在绘图区一次放置元器件的焊盘，这里共有 16 个焊盘需要放置。根据元器件引脚之间的实际间距将其水平距离设定为 100 mil，垂直距离为 300 mil，1 号焊盘放置于（−350，−150）点，并相应放置其他焊盘，如图 9-6 所示。

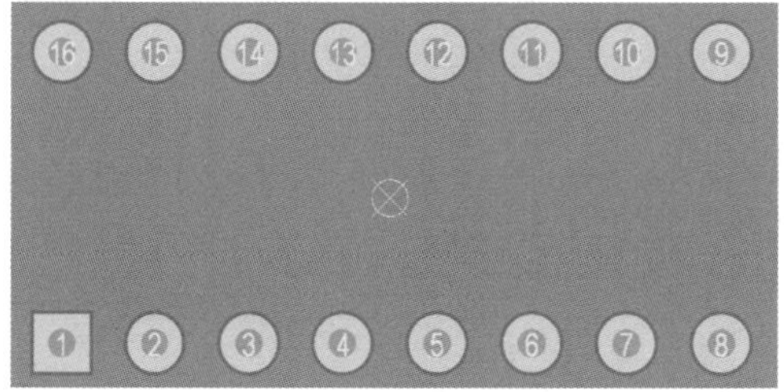

图 9-6　在工作区放置焊盘

单击焊盘，弹出“焊盘”属性设置对话框，如图 9-7 所示。可以设置焊盘的“位置”“孔洞信息”“属性”和“尺寸和外形”等信息。

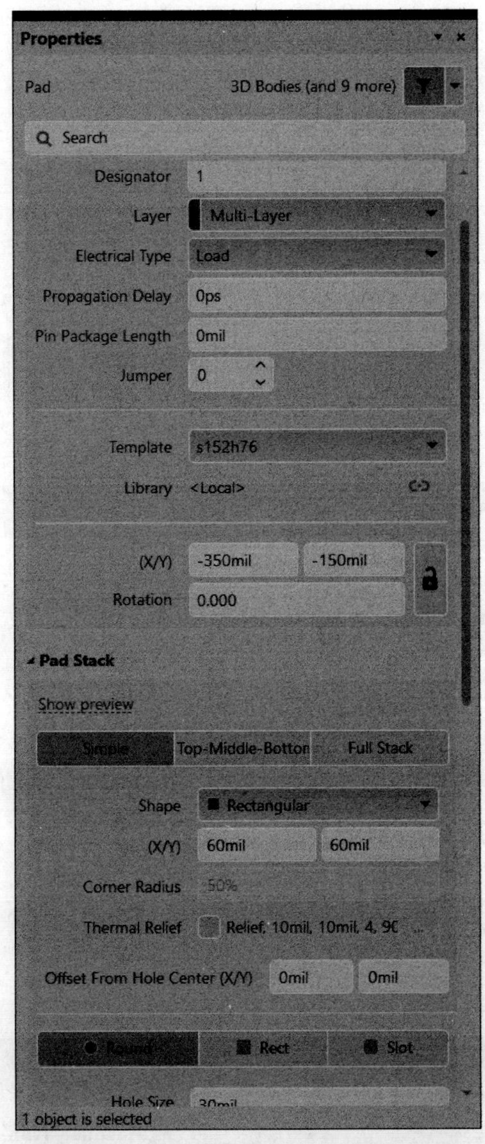


图 9-7 “Properties（属性）”对话框

3. 绘制直线

切换层到“Top overlay”层，执行“Place”→“Line”命令，或者单击快捷工具栏上的，光标变成十字状，将光标移动到适当的位置后，单击确定元器件封装外形轮廓线的起点，随后绘制元器件的外形轮廓，左下角坐标为（-390，-100），右上角的坐标为（390，100），如图 9-8 所示。左端开口的坐标分别为（-390，-25）和（-390，25）。这些线条的精确坐标可以在绘制了线条后再设置。

4. 绘制圆弧

执行菜单命令“Place”→“Arc(Center)”，在外形轮廓线上绘制圆弧，圆弧的参数为半径 25 mil，圆心位置为（-390，0），起始角为 270°，终止角为 90°。执行命令后，光标变成十字状，将光标移动到合适的位置后，先单击确定圆弧的中心，然后移动鼠标单击确定圆弧的半径，最后确定圆弧的起点和终点。这段圆弧的精确坐标和尺寸可以在绘制了圆弧后再设置，绘制完的图形如图 9-9 所示。

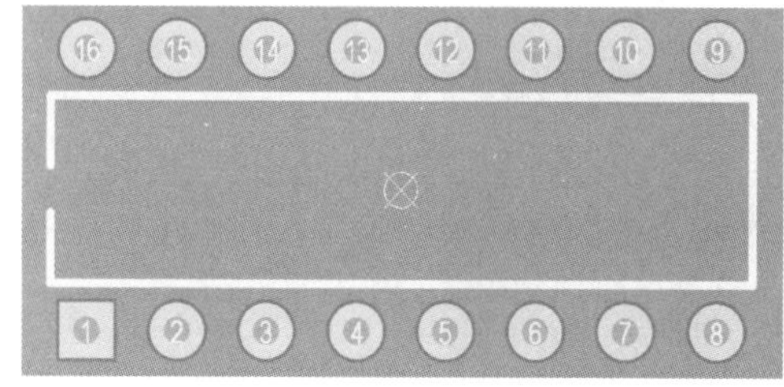

图 9-8　绘制外轮廓后的图形

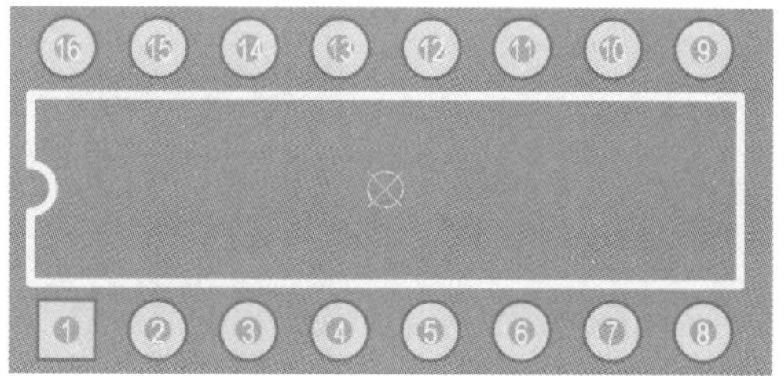

图 9-9　绘制元器件的外形轮廓

5. 保存

绘制元器件封装后，单击“File”→“保存”，或者直接单击“PCB 库标准”工具栏上的按钮，完成保存工作。

## 任务 9.3　使用向导创建元器件封装

Altium Designer 提供的元器件封装向导允许用户预先定义设计规则，在这些设计规则定义结束后，元器件封装编辑器会自动生成相应的新元器件封装。

使用向导创建元器件封装

下面以图 9-10 所示的实例来介绍利用向导创建元器件封装的基本步骤。

（1）启动并进入元器件封装编辑器。

（2）执行“Tools”→“Footprint Wizard...”菜单命令。

（3）执行该命令后，系统会弹出如图 9-11 所示的界面，这样就进入了元器件封装创建向导，接下来可以选择封装形式，并可以定义设计规则。单击“Next”按钮。

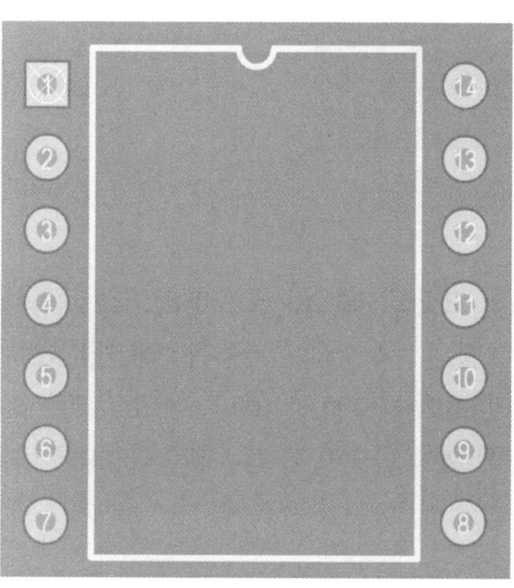

图 9-10　利用向导创建元器件封装的实例

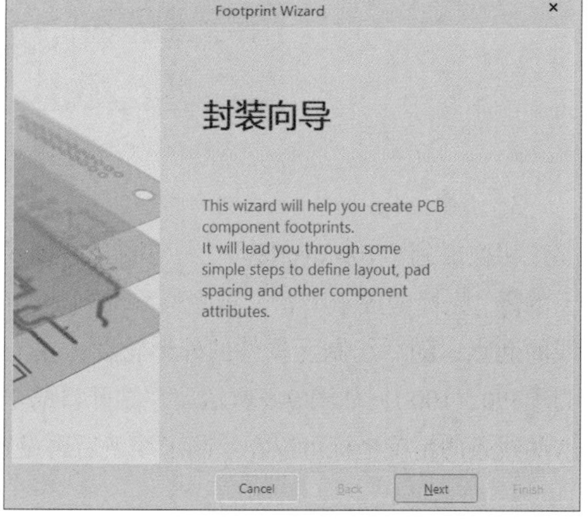


图 9-11　元器件封装向导界面

（4）系统弹出“器件图案”对话框，如图 9-12 所示，单击 Next 按钮。

在此对话框中，可以设置元器件的外形。Altium Designer 提供了 12 种元器件封装的外形供用户选择，其中包括 Ball Grid Arrays（BGA，球栅阵列封装）、Capacitors（电容封装）、Diodes（二极管封装）、Dual in-line Package（DIP 双列直插封装）、Edge Connectors（边连接样式）、Leadless Chip Carrier（LCC，无引线芯片载体封装）、Pin Grid Arrays（PGA，引脚网格阵列封装）、Quad Packs（QUAD，四边引出扁平封装 PQFP）、Small Outline Package（小尺寸封装 SOP）、Resistors（电阻样式）等。

根据本实例要求，选择 DIP 双列直插封装外形。另外在对话框的下面还可以选择元器件封装的度量单位，有 Metric（公制）和 Imperial（英制）。

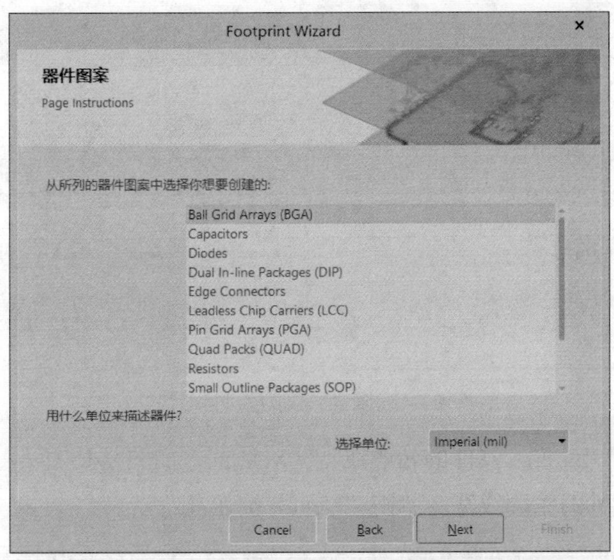


图 9-12　选择元器件封装外形

（5）系统弹出“双列直插封装”对话框，如图 9-13 所示，在此对话框中，可以设置焊盘的有关尺寸。用户只需在需要修改的位置单击，然后输入尺寸即可。单击“Next”按钮。

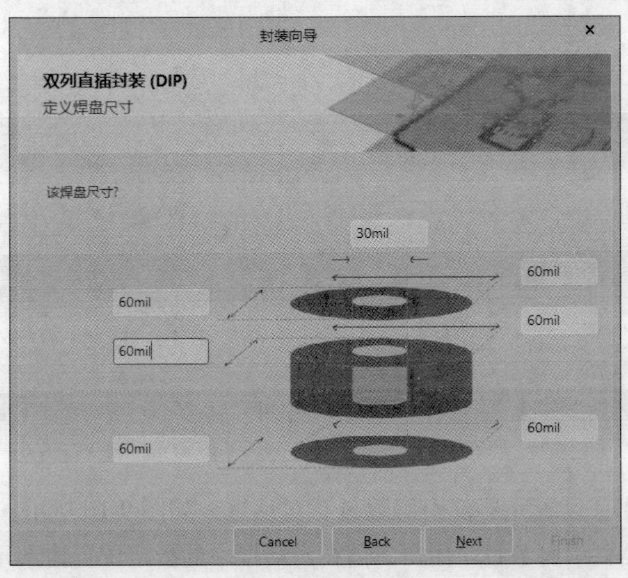


图 9-13　设置焊盘尺寸

（6）系统弹出“设置引脚的间距和尺寸”对话框，如图 9-14 所示，用户在该对话框中，可以设置引脚的水平间距、垂直间距和尺寸。单击“Next”按钮。

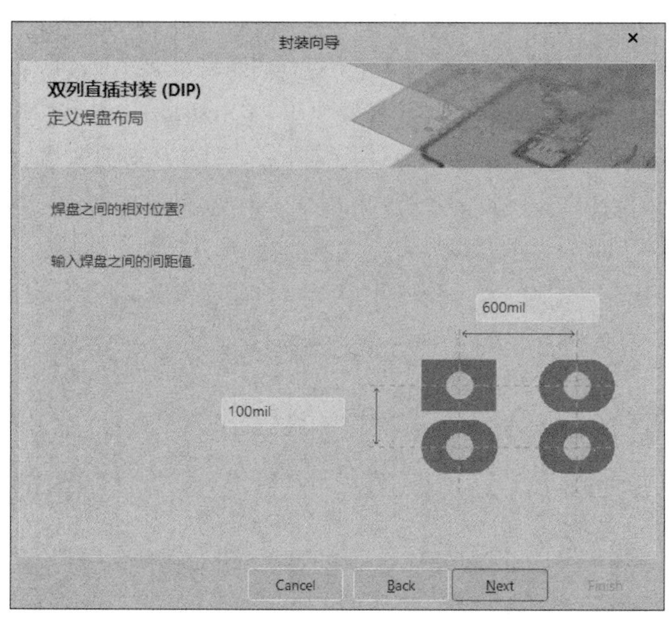


图 9-14　设置引脚的间距和尺寸

（7）系统弹出“设置元器件的轮廓线宽”对话框，如图 9-15 所示，用户在该对话框中，可以设置元器件的轮廓线宽。单击“Next”按钮。

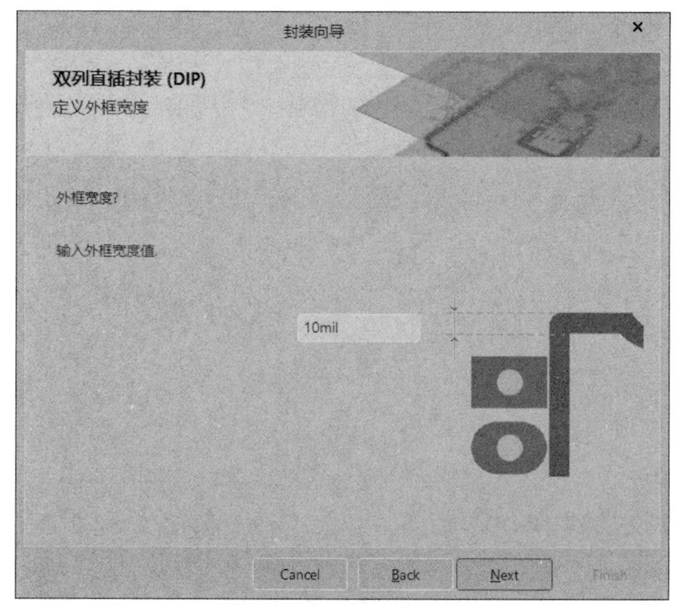


图 9-15　设置元器件的轮廓线宽

（8）系统弹出“设置元器件引脚数量”对话框，如图 9-16 所示，用户在该对话框中，可以设置元器件引脚数量。用户只需在对话框中的指定位置输入元器件引脚数量即可。单击“Next”按钮。

图 9-16　设置元器件引脚数量

（9）系统弹出“设置元器件封装名称”对话框，如图 9-17 所示，该对话框中，用户可以设置元器件封装的名称。单击“Next”按钮。

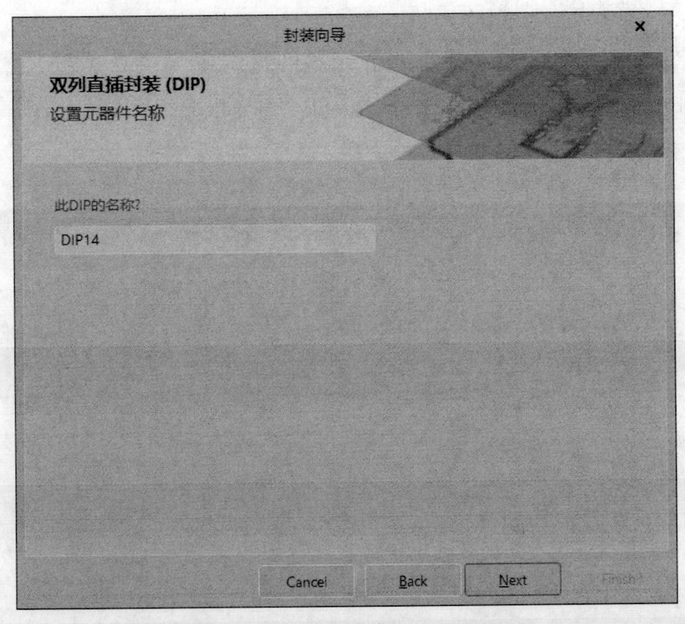


图 9-17　设置元器件封装名称

（10）系统将会弹出完成对话框，如图 9-18 所示，单击 Finish 按钮，即可完成对新元器件封装设计规则的定义，同时按设计规则生成了新的元器件封装。

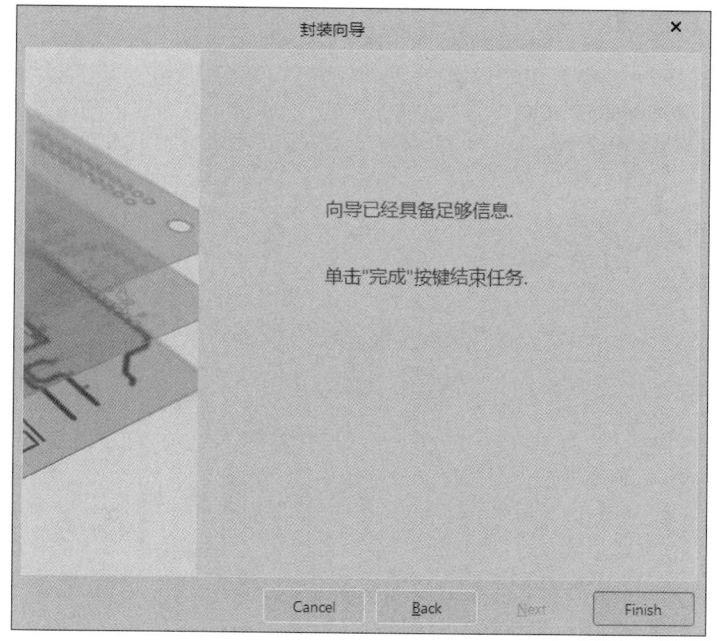


图 9-18 向导制作完成

## 任务 9.4 封装报表文件

### 9.4.1 设置元器件封装规则检查

元器件封装绘制好以后，还需要进行元器件封装规则检查。在元器件封装编辑器中，执行“Reports”→“Component Rule Check...”菜单命令，系统弹出“元器件规则检查”对话框，如图 9-19 所示。

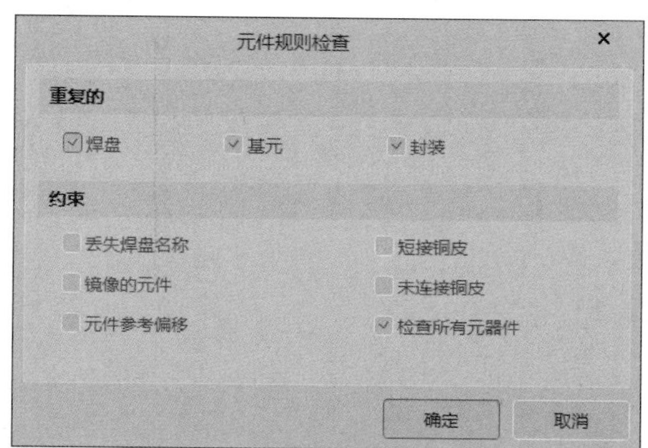


图 9-19 “元器件规则检查”对话框

在“元器件规则检查”对话框的“重复的”选项中设置需要进行重复性检测的工程，重复的焊盘、基元及封装。在“约束”选项设置其他约束条件，一般应选中“丢失焊盘名称”复选框和“检查所有元器件”复选框。

### 9.4.2　创建元器件封装报表文件

在元器件封装编辑器中，执行“Reports”→“Component”菜单命令，系统对当前被选中元器件生成元器件封装报表文件，扩展名为 *.CMP。

### 9.4.3　封装库文件报表文件

在元器件封装编辑器中，选择执行“Reports”→“Library List”菜单命令，系统对当前元器件封装库生成元器件封装库报表文件，扩展名为 *.REP。

在元器件封装编辑器中，选择执行“Reports”→“Library Report...”菜单命令，系统对当前元器件封装库生成元器件封装库报告文件。

**国之骄傲，行业引领**

**东风 -17 弹道导弹——中国研发高超声速滑翔变轨导弹**

东风 -17 弹道导弹于 2019 年 10 月 1 日国庆阅兵中出现于阅兵式战略打击方队，具备全天候、无依托、强突防的特点，可对中近程目标实施精确打击。

东风 -17 是用来消灭敌人重要反导防空系统的专门化工具。最大射程 2000 多千米。其发射方式是垂直发射，大部分飞行轨迹是按照抛物线飞行，根据作战需要可以在再入大气层的前后进行滑翔变轨飞行。高超声速飞行器是当今航空航天领域的前沿技术，其高速度和高机动性可以突破任何导弹防御系统，对现有防御体系来说是前所未有的威胁。据相关资料显示，目前世界上几乎不存在能够拦截东风-17 的防空火力。

## 思考与练习

1. 新建一个封装库并使用向导创建如下封装。

（1）创建一个名称为“DIP30 双列直插式元器件”的封装，具体参数要求如下。

① 焊盘为圆形，孔内径为 28 mil，外径为 58 mil；

② 设置两排焊盘之间的距离为 800 mil，相邻焊盘之间的距离为 120 mil；

③ 元器件封装轮廓线宽度为 8 mil；

④ 焊盘的总数为 30。

（2）创建一个名称为“DIP-42 双列直插式元器件”的封装，具体参数要求如下。

① 焊盘为圆形，孔内径为 26 mil，外径 55 mil；

② 设置两排焊盘之间的距离为 580 mil，相邻焊盘之间的距离为 120 mil；

③ 元器件封装轮廓线宽度为 12 mil；

④ 焊盘的总数为 42。

（3）创建有针插式极性电容的封装，名称为“RB.2/.8”，具体参数要求如下。

① 焊盘为圆形，孔内径为 27 mil，外径 54 mil；

② 如图 9-20 焊盘之间的距离为 200 mil；

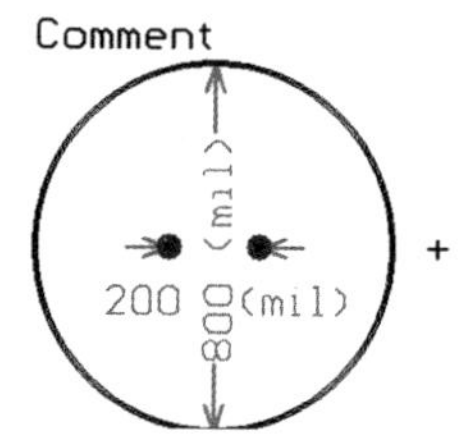


图 9-20　极性电容的封装

③ 轮廓的外直径为 800 mil；

④ 元器件封装轮廓线宽度为 8 mil。

2. 手动绘制封装，名称为“JDIANQI”，如图 9-21 所示（全国大学生电子设计竞赛优秀作品的功能模块元器件封装）。

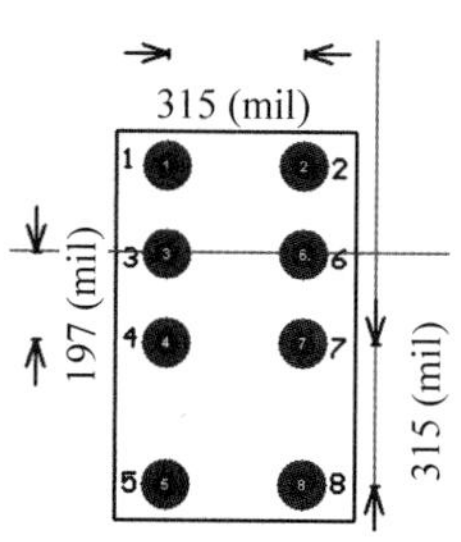


图 9-21　继电器的封装

# 项目 10 印刷电路板的制作

学习目标

★ 掌握电路板的制作方法；

★ 了解需要制作的电路原理；

★ 掌握制板系统的基本操作方法。

能力目标

★ 能根据 PCB 图制作电路板；

★ 能分析电路图提高制板的质量；

★ 能熟悉制作电路板的操作细节。

思政目标

★ 具备严谨细致、精益求精的工匠精神；

★ 具备规范操作意识；

★ 具备确保工具、设备和自身安全的能力；

★ 具备良好的团队协作精神及较高的组织沟通能力。

作为电子产品设计师，除了熟练绘制原理图、按照产品要求设计 PCB 以外，还需要承担样机制作、调试等任务。前面的章节已介绍了印刷电路板的设计方法、设计工艺、报表形成和图纸打印等知识。此章将学习印刷电路板的制作过程。

## 任务 10.1 原稿制作

把设计好的电路图用激光（喷墨）打印机以透明的菲林或半透明的硫酸纸打印出来。

电路板的制作

（1）未曝光部分会被显影剂除去从而露出铜面，而已曝光部分则会被固化。所以打印原稿时应选择负片打印，即线路要保留的线条的地方是透明的，需要除去铜层的地方是不透明的（专业线路板厂生产胶片也是如此）。一般使用单面感光板，打印 Bottom layer / Bottom solder 等层不需要镜像打印（这里需要设计者仔细考虑，哪些层需要镜像输出，哪些层不用，不要等蚀刻、钻孔完成后，才发现电路印反了）。

（2）线路部分如有透光破洞，需以油性黑笔修补。

（3）稿面需保持清洁无污物。

## 任务 10.2　曝光

首先去掉感光板的外包装，将打印好的胶片的打印面（碳粉面 / 墨水面）贴在蓝色的感光膜面上，用两块擦洗干净的玻璃一上一下紧压原稿及感光板，越紧密解析度越高。玻璃板四周用夹子固定好，防止搬动、翻面时感光板与胶片发生位移。此过程可以在一般室内环境光线条件下进行，不用担心室内环境光线会造成感光板曝光。

合适的曝光时间，与底片打印质量和感光板存放时间有关，上述时间为参考值，建议实际制作时先用小块边角试曝，以确定准确的曝光时间。

1. 单层板

STR-FⅡ环保型快速制板系统可以制作单面和双面线路板，其曝光工艺操作简便，而且曝光时间非常短，可在 60 ～ 90 s 之内完成全部曝光工作。该系统主机如图 10-1 所示。

1）放置光印板

将光印板置于真空夹之玻璃上并与吸气口保持 10 cm 以上的距离，然后在光印板上放置图稿，图稿正面贴于光印板之上，如图 10-2 所示。

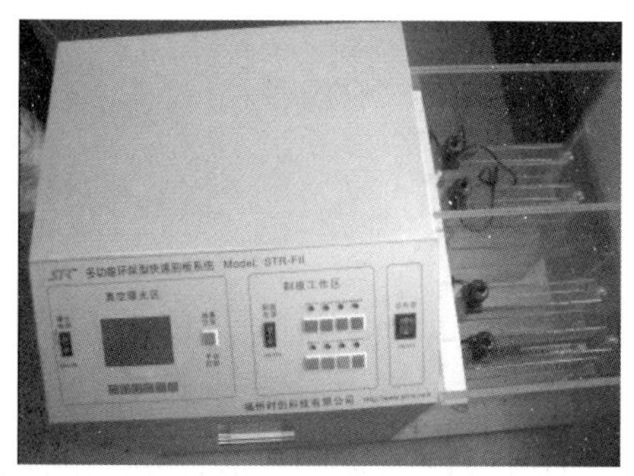

图 10-1　STR-FII 环保型快速制板系统主机

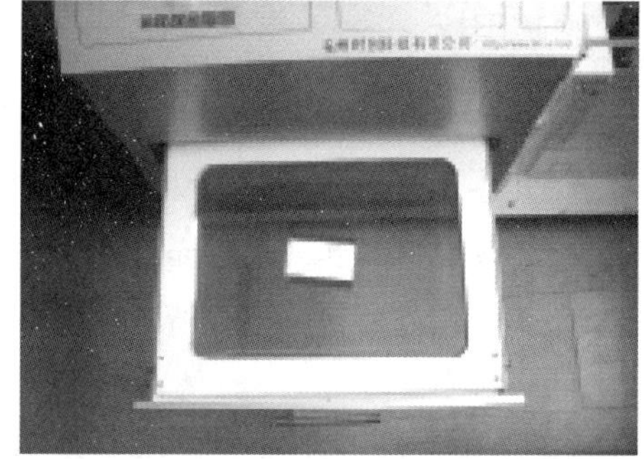

图 10-2　放置光印板

2）设置参数

曝光时间（以 STR 光印板为准）：硫酸纸图稿为 60 ～ 90 s，普通 A4 复印纸图稿为 150 ～ 190 s，如果线路不够黑，请勿延长时间以免线路部分渗光，建议用两张图稿对正贴合以增加黑度。光印板的曝光时间一般为 170 ～ 200 s。图 10-3 所示为参数设置区。

3）取出光印板

曝光好后，将真空扣往外扳并轻轻往上推，如图 10-4 所示。

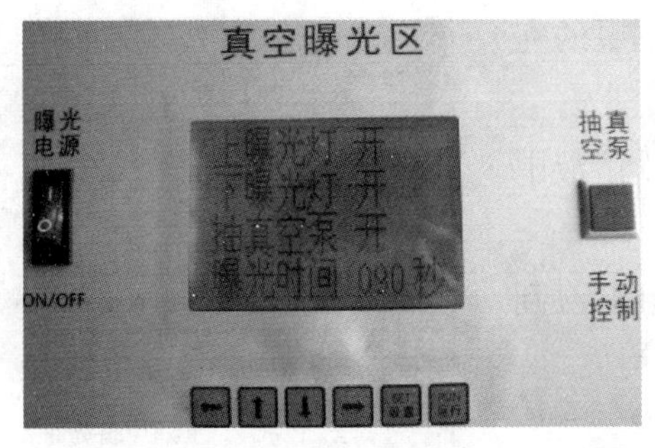


图 10-3　设置参数区

图 10-4　取出光印板

2. 双层板

平常用这台仪器主要制作单面板的电路板，如果需要制作双面板，可以采用以下两种方法。

（1）需要将原稿双面对正，胶纸固定，与未撕保护膜之感光板对好且固定，用 1.0 mm 小钻头对角钻定位孔。最后在两根小钻头的帮助下对准位置，用胶纸固定后即可分别曝光。

（2）原稿双面对正，两边用胶纸固定，再插入感光板。以双面胶纸将原稿与感光板粘贴固定，即可曝光。

## 任务 10.3　显影

（1）调制显像剂：1 包 20 g 的显影剂配 2000 mL 水，可显影约 8 片 10 cm × 15 cm 单面感光板（矿泉水瓶上面一般标有容量，可参照，调显像剂请用塑料盆，不能用金属盆）。显影液无毒无害，可以接触。

（2）显像：膜面朝上将感光板（双面板宜悬空）置于显影液中，如图 10-5 所示，以毛刷刷洗板面，直到蚀刻部分露出光亮铜箔，轮廓清晰时即完成显像。显影时显影液温度控制在 33 ～ 37℃。正常曝光的感光板，膜面有较强的附着力，能耐一般刮擦，但操作时也不要用金属物刮擦。

图 10-5　显影

（3）水洗：用清水冲洗电路板。

（4）干燥及检查：为了确保膜面无任何损伤，最好能进行干燥并检查。

## 任务 10.4　蚀刻

三氯化铁蚀刻液具有一定的腐蚀性，使用中需注意不要沾到皮肤上。如不慎入眼，请立即用大量清水冲洗并迅速就医。一般 500 g 的三氯化铁需要调配 1000 ～ 1200 mL 的水。尽量用热水化开，可以避免把细线条蚀刻断。

（1）蚀刻：将电路板放进蚀刻液中，如图 10-6 所示。蚀刻时间为 5 ～ 15 min，蚀刻时轻轻搅拌蚀刻液。也可以用毛刷或棉签等，边蚀刻边轻刷铜面，可加快蚀刻速度并使线条边缘锋利。一般的擦拭不会破坏膜层的完整性。

（2）水洗：蚀刻完成后，将板从三氯化铁溶液中取出，使用清水将板两面冲洗干净。

（3）干燥：利用吹风机吹干，短路处用小刀刮净，断线处用油性笔等修补。

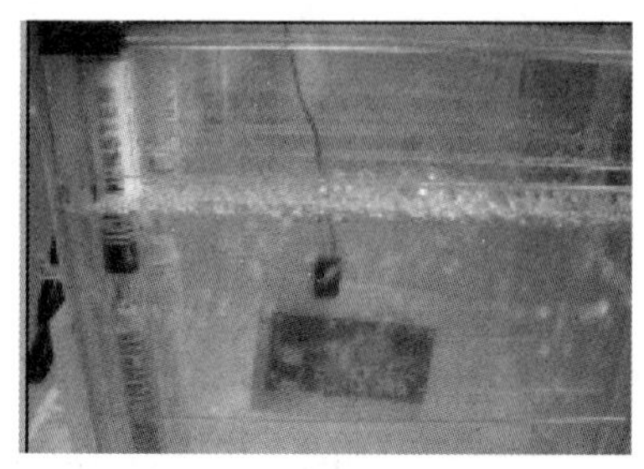

图 10-6 蚀刻电路板

## 任务 10.5 制作实例

### 10.5.1 延时照明开关

图 10-7 所示是延时照明开关的电路原理图。该电路在电源被接通、电灯点亮后，延时一段时间，自动切断电源，熄灭电灯。

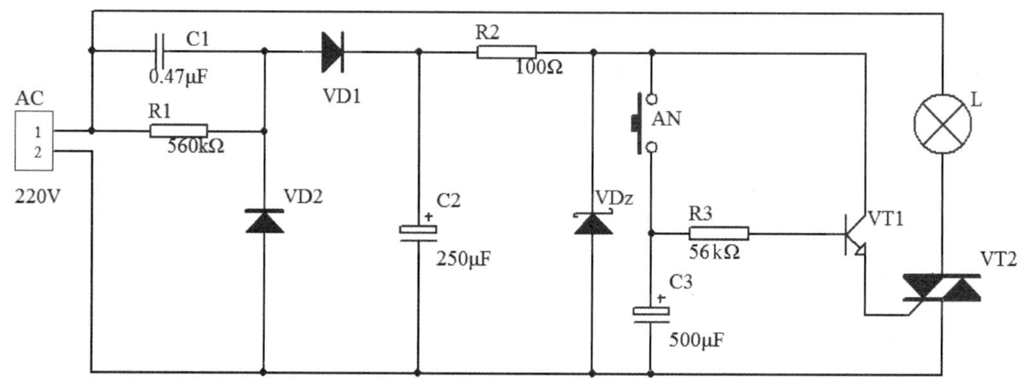


图 10-7 延时照明开关

### 10.5.2 光控小夜灯

图 10-8 所示是光控小夜灯的电路原理图。该电路在电源被接通后由于光敏电阻的作用，灯亮或者熄灭。外边光亮，灯光熄灭；黑夜降临，灯光渐亮。

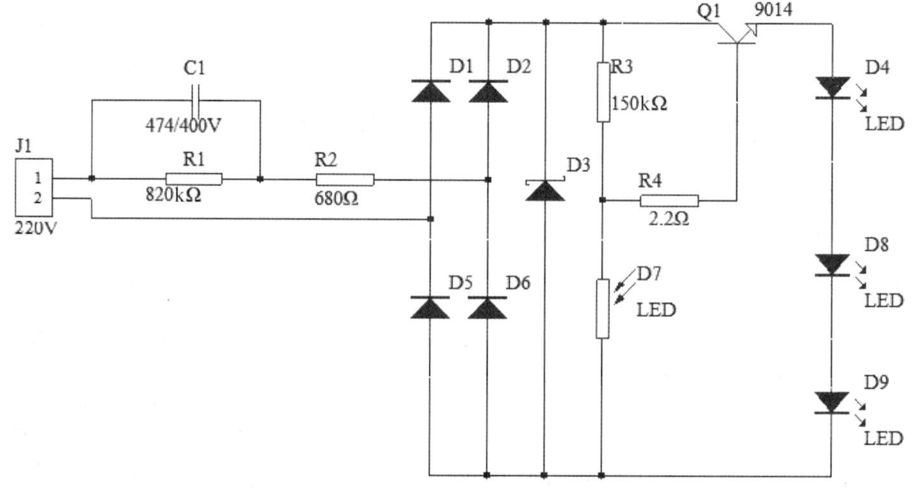


图 10-8 光控小夜灯

### 10.5.3 温度报警电路

图 10-9 所示是温度报警电路。555 定时器组成音频振荡器，三极管 VT 组成温度控制电路。在正常温度下，三极管 VT 的基极电位大于发射极电位，处于截止状态，集电极输出低电平，使 555 定时器的直接置 0 端 RD 为低电平，多谐振荡器停止振荡，扬声器不发出声响。

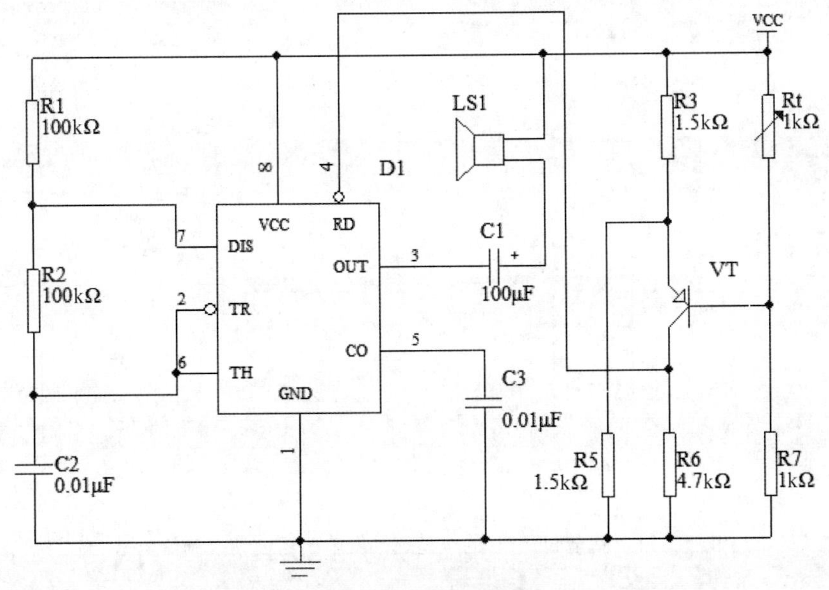


图 10-9 温度报警电路

### 10.5.4 基于 CD4017 的三相交流电相序指示器

图 10-10 所示是基于 CD4017 的三相交流电相序指示器电路。该电路由稳压电路、计数分配器 LED 驱动电路组成。采用 LED 发光二极管指示三相交流电的相序是否正确。当发光二极管 LED 闪亮（其闪烁频率约为 100 kHz），说明相序排列正确；当 LED 不亮时，说明相序错误。

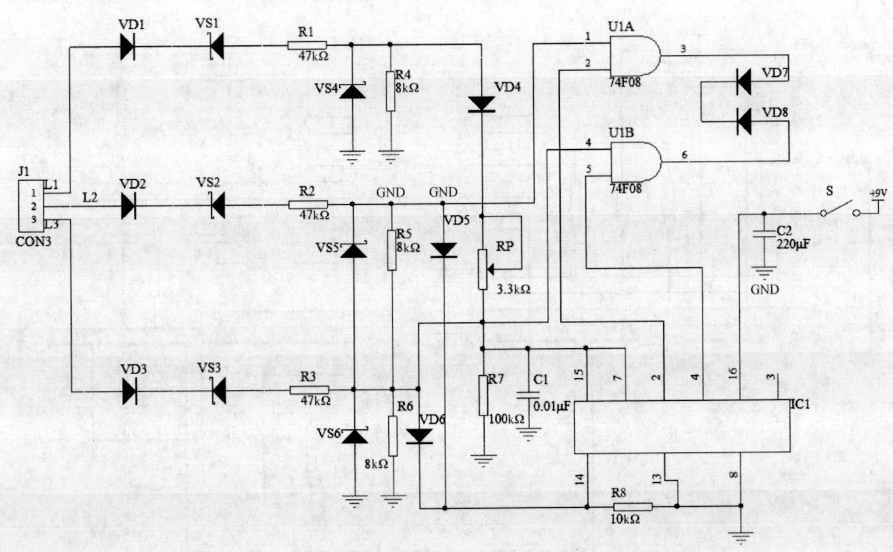


图 10-10 基于 CD4017 的三相交流电相序指示器电路

### 10.5.5 基于 NE555 的小型燃油发电机组自动控制器

图 10-11 所示是基于 NE555 的小型燃油发电机组自动控制器电路。该电路由启动脉冲发生器控制电路、计数器控制电路、声光报警电路和供电切换电路组成。该控制器能在市电停电后自动启动发电机组进行发电；当市电恢复供电后，又能使发电机组自动转为市电供电。

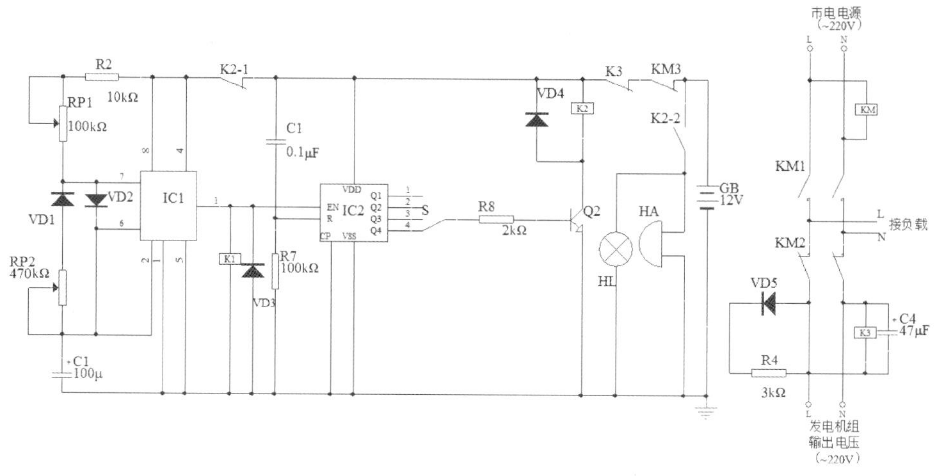


图 10-11 基于 NE555 的小型燃油发电机组自动控制器电路

### 10.5.6 基于 ISD1420 的袖珍固体录音控制器

图 10-12 所示是基于 ISD1420 的袖珍固体录音控制器电路。该电路由电源电路和录放电路组成。其中，电源电路由外接 +5 V 直流电源供电；录放电路由单片 20 s 语音录放集成电路 ISD1420 及电平触发放音按键 SB1、边沿触发放音 SB2、录音按键 SB3、录音指示发光二极管 LED、扬声器 LS1 及驻极体电容话筒 MK1 等外围元器件组成。通过控制按键 SB1、SB2、SB3 可使控制器工作于录音和放音工作模式。

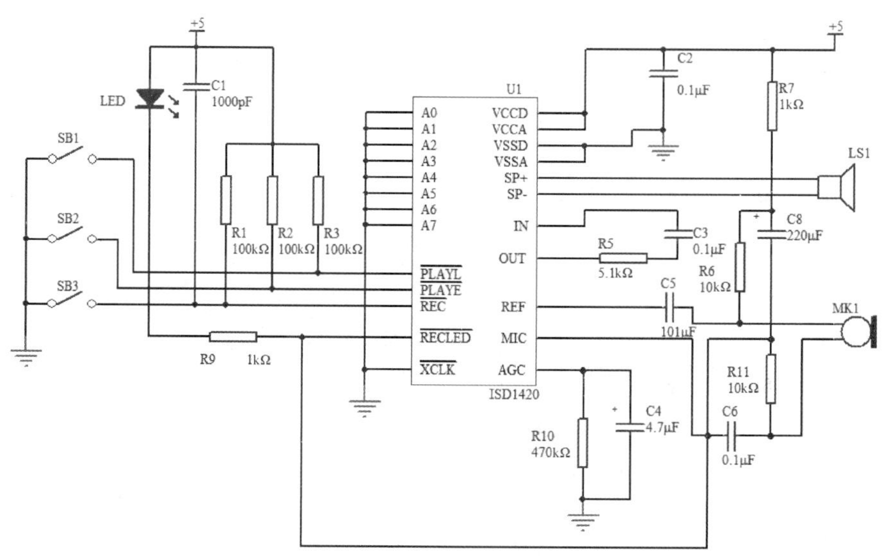


图 10-12 基于 ISD1420 的袖珍固体录音控制器电路

**国之骄傲，行业引领**

**001A 型航母——中国首艘自主设计和建造的国产航母**

我国首艘国产航母于 2017 年 4 月 26 日上午在大连正式下水！001A 型航母结构类似“辽宁舰”，属于中型滑跃起飞常规动力航母，001A 型航母是中国真正意义上的第一艘国产航空母舰。

001A 型航母采用常规动力装置，搭载国产歼 -15 飞机和其他型号舰载机，固定翼飞机采用滑跃起飞方式；舰上配有满足任务需要的各型设备。001A 型航母的设计和建造吸取了“辽宁舰”科研试验和训练的有益经验，在许多方面将有新的改进和提高，如新型雷达、通信、武器等核心系统将全部采用中国最新型号。

## 思考与练习

1. 一般曝光时间是多少？
2. 水与显影剂的比例一般是多少？

# 参考文献

[1] 孟培，段荣霞 . Altium Designer 20 电路设计与仿真从入门到精通 [M]. 北京：人民邮电出版社，2021.

[2] 云智造技术联盟 . Altium Designer 20 电路设计完全实战一本通 [M]. 北京：化学工业出版社，2021.

[3] 张利国 . Altium Designer 18 电路板设计入门与提高实战 [M]. 北京：电子工业出版社，2020.

[4] 毛琼，李瑞，胡仁喜，等 . Altium Designer 18 从入门到精通 [M]. 北京：机械工业出版社，2019.

[5] 颜晓河 . 印刷电路板设计与制作 [M]. 西安：西安电子科技大学出版社，2019.

[6] 万冬 . 印制电路板设计技术与实务 [M]. 北京：中国铁道出版社，2015.

[7] 郑振宇，黄勇，龙学飞 . Altium Designer 21 电子设计速成实战宝典 [M]. 北京：电子工业出版社，2021.

[8] 王秀艳，姜航，谷树忠 . Altium Designer 教程——原理图、PCB 设计 [M]. 北京：电子工业出版社，2019.

[9] 任枫轩，孙雷明，秦连铭 . 基于 Altium Designer 的 PCB 设计与制作实践 [M]. 北京：科学出版社，2019.

[10] 张利国，高静 . Protel 入门与实战 108 例 [M]. 北京：中国电力出版社，2014.